散乱の量子論

砂川重信著

岩波全書 296

まえがき

物体の微視的構造を探るもっとも一般的な方法は，その物体に粒子(または波動)を衝突させて，散乱された粒子の分布の様子を調べることである．そこで，現代物理学における実験的研究の成果のほとんどは，量子力学における散乱理論にもとづく計算の結果と比較されることになる．したがって，量子力学をはじめとする現代物理学に関するほとんどすべての教科書には，多かれ少なかれ散乱理論の記述が含まれているのは当然のことであろう．しかしながら，現在のところ，これらの書物における散乱の理論の解説は，簡単なポテンシャル散乱の時間に依存しない理論および時間に依存する摂動論の第1近似の理論に限られているといってよいであろう．一方，第2次大戦の後 Lippmann および Schwinger によって，散乱現象を量子力学的状態の転移としてとらえ，理論を演算子法により記述する一般理論が開発された．これによるその後の散乱理論の発展にはまことに目覚しいものがあった．現在の散乱問題の理論的研究は，もっぱらこの新形式の理論，すなわちS行列の理論にもとづいてなされているのである．

散乱理論に関する成書がまだ1冊もない我が国の現状を考え，またその現代物理学に占める位置および最近の理論の発展をかえりみるとき，このような書物をまとめておくことは，あながち無意味ではないであろう．浅学の著者があえてこの書物を著わした動機はここにある．読者の対象としては，すでに量子力学の初歩的知識をもつ学部上級の学生および修士課程の大学院生ならびに一般研究者を考えている．本書によって，新しい散乱理論が多くの学生・研究者によって広く利用されるようになれば幸いである．

本書の記述の方針としては，いわゆる純粋数学的厳密性よりも，散乱現象に対する物理的描像の厳密な定式化に重点をおき，一般論を実際問題に応用できるように心掛けたつもりである．書物を書くとき，何を書くかよりも，何を書かないかの方が大切であるといわれる．知っていること，調べたことのすべてを，限られた紙数の中で書いたら，それは結局何も書かなかったことと同じになってしまうであろう．そこで本書では，話を非相対論的体系に限った．相対論的体系をも扱えば，必然的に場の量子論の解説をおこなうことになり，それはこのような小冊子では不可能だからである．また，素粒子物理学における有効な方法として，近頃とみに発展した S 行列の解析性，分散関係式，Regge 極の理論等も一切省略した．これらの理論が必要なのは，相対論的な高エネルギーにおける現象においてであるからである．なお紙数の関係で，近似法に関しても変分法その他割愛せざるをえなかったものもある．しかし，本書は散乱理論の教科書として，素粒子関係の学生・研究者にとっては必要条件，その他の物理学の領域を専攻する人々にとっては必要かつ十分条件を大体みたしているものと考えている．

第1章では，散乱現象における観測量である散乱断面積の定義を与え，さらに古典力学における散乱理論を解説する．第2章では，ポテンシャルによる1粒子の散乱の時間に依存しない理論を述べ，第3章では第2章の理論に対する部分波展開の方法を解説する．これらの理論は昔からよく知られたものであり，その方法は古典物理学における波動の散乱の問題における方法と本質的に同等である．第4章で時間に依存する散乱理論，すなわち散乱現象を状態間の量子力学的転移としてとらえる一般理論を展開する．これが戦後発展した S 行列の理論であり，本書の中核となる部分である．この理論は，第2章の理論よりもより一般的な理論であり，第2章においてはその存在を前提としているポテンシャルがない体系，たとえば場と場とが相互作用しているようなより複雑な体系にも適用可能である．最後の第5章では，最近の研究の成果にもとづいて組み替え散乱の理論を述べる．したがって，ここの記述の内容は従来の文献にみられるものとかなり違うことをお断りしておく．

全体を通じて，他の文献を引用して，“計算の結果こうなる”ということはせず，著者自身の計算にもとづいて，その計算過程をくわしく述べた．そのため自己流の部分が多く，そのことと著者の非才のため，思いがけない誤りをおかしてはいないかと怖れるものである．

おわりに，このような書物が世に出た最大の原因は，岩波書店牧野正久氏のまことにねばり強い勧誘によるものであり，また出版にあたっては宮内久男氏に大変お世話になったことを記して，ここに深く感謝の意を表わす次第である．

1976年秋

著者しるす

目　　次

第1章　散乱現象と観測量

§1　散乱断面積

物質の原子的構造や，原子・分子，さらに原子核・素粒子のような微小な対象の内部構造を調べようとするとき，それらをつまんで眺めるというわけにはいかない．このようなとき考えられる一つの方法は，何かの粒子をいま調べようとしている対象に衝突させ，衝突によって散乱されてくる粒子の分布の様子を調べることである．いま仮に，図1.1に示すような木箱のなかに特定の形をもつ小石を並べて固定しておいたとする．この小石の形や並べ方を木箱をあけずに知りたい場合に，外部から木箱に向けて水平に，ピストルを乱射してみる．すると，石に命中して方向を変えて出てくる弾丸の方向分布の様子や，石に命中せずに箱の外に素通りして出てくる弾丸の数などから，箱の中の小石の形およびその配列の仕方などを推測することができるはずである．しかし，このような推測をするには，あらかじめ小石の形とそれらの配列の仕方を適当に仮定して，力学の法則にもとづいて，素通りする弾丸の数や散乱された弾丸の方向分布などを計算しておく必要が

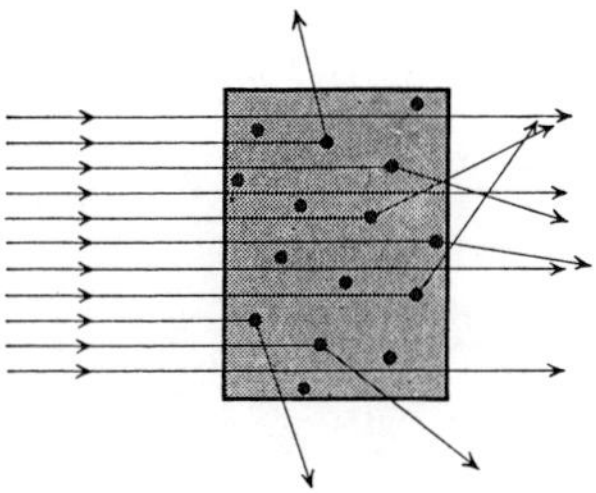

図1.1　箱の中の小石による弾丸の散乱

ある．この計算の結果と実測の結果とを比較することによって，木箱の中の小石の形やそれらの並べ方を推測することができるわけである．

上に述べた譬え話は，弾丸を光子・電子・中性子・陽子などにおきかえ，木箱の中の小石を原子・分子・原子核・素粒子などと考え直せば，われわれがこれから扱う現実の話になる．ピストルの役目をするのが，サイクロトロンその他の加速器である．

素粒子物理学，原子核物理学，物性物理学のいずれかを問わず，現代物理学における実験のほとんどが，その本質においては，調べようとする対象に粒子を入射し，対象との衝突によって散乱されてくる粒子の分布を調べることにあるということができよう．このように考えると，散乱の理論の物理学において占める役割の重要性はおのずから明らかであろう．

それでは，このような実験において観測される物理量はどのようなものであろうか．古典的，または量子力学的粒子が，図1.2に示すように，ある標的(target)に衝突し散乱されるものとする．このとき，実験により直接測定できる量は，原点Oにおかれた標的から十分に遠くに離れた場所に散乱されてくる粒子の数である．いま，z 方向に毎秒単位面積を通って入射してくる粒子数を N 個であるとし，原点Oを中心とする半径 r の球面上の面要素 $\mathrm{d}S$ に垂直に出てくる粒子の流れの強度，つまり毎秒 $\mathrm{d}S$ を通って散乱されてくる粒子数を ΔN とする．すると

$$\Delta N \propto N\,\mathrm{d}S/r^2$$

である．$\mathrm{d}\Omega = \mathrm{d}S/r^2$ は $\mathrm{d}S$ を原点からみた立体角であるから

$$\Delta N = \sigma(\theta) N \mathrm{d}\Omega \tag{1.1}$$

と書くことができる．ここで比例定数 $\sigma(\theta)$ は図1.2の角 θ の関数であり，この角 θ を**散乱角**(scattering angle)という．(1.1)の関

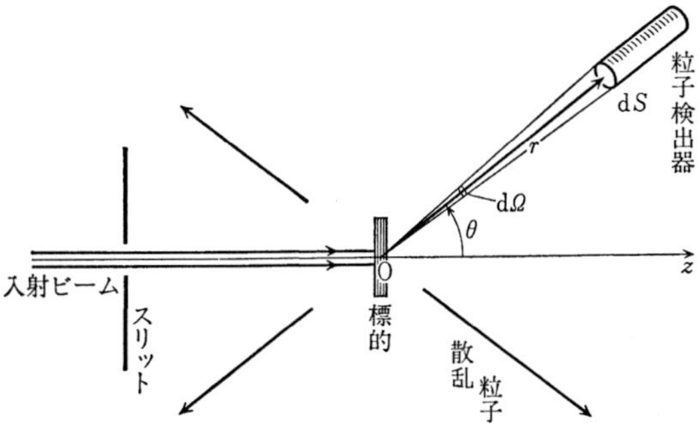

図1.2 散乱の実験

係から比例定数$\sigma(\theta)$は，毎秒単位面積を通って1個の粒子が入射したとき，散乱角θの方向の単位立体角内に散乱されてくる粒子数の割合を表わすことがわかる．この量は，次元的には$[N]=$ $\mathrm{cm}^{-2}\cdot\mathrm{s}^{-1}$，また$[\Delta N]=\mathrm{s}^{-1}$であるから，$[\sigma(\theta)]=\mathrm{cm}^2$となり，したがって面積の次元をもっている．そこでこの$\sigma(\theta)$を**微分断面積**(differential cross-section)という．また，これを全立体角にわたり積分したものを**全断面積**(total cross-section)という．すなわち，

$$\sigma^{\mathrm{tot}}=\int\sigma(\theta)\mathrm{d}\Omega. \tag{1.2}$$

この全断面積は毎秒単位断面積を通って，1個の粒子が入射するとき，衝突をおこし散乱される全粒子数の割合を表わしている．仮に標的として小さな円板をおき，これに古典的粒子が入射したとすると，その散乱の全断面積は標的の円板の面積に等しい．したがって，原子による電子の散乱などの場合には，その全断面積の大きさの程度は，Bohr半径$a_0=5.29\times10^{-9}$ cmを使うと，大よそ$\sigma^{\mathrm{tot}}\sim a_0^2=2.80\times10^{-17}$ cm^{2}の程度のものであり，原子核や素粒子を標的としたときには，それらの全断面積の大きさの程度は大よ

そ 10^{-24} cm^2 で与えられる．そこで，核物理学や素粒子物理学では

$$1\ \mathrm{barn}(\text{バーン}) \equiv 10^{-24}\mathrm{cm}^2,$$

$$1\ \mathrm{millibarn} \equiv 10^{-27}\mathrm{cm}^2$$

などの単位が用いられる．

実験で利用される標的は，1個の原子や原子核ではなく，多数の原子・分子から構成されている物体の薄い板を重ね合わせたものである．標的板の表面から測って，z cm の所での入射粒子数が $N(z)\ \mathrm{cm}^{-2}\cdot\mathrm{s}^{-1}$ であるとすると，z から $z+\mathrm{d}z$ までの薄い物質層を通過する間に散乱されて進行方向（z 方向）から失われる粒子数は，

$$n\sigma^{\mathrm{tot}}\,N(z)\mathrm{d}z$$

で与えられる．ここで n は標的粒子の粒子数密度(particle number density)である．このとき，標的があまり厚いと，入射粒子は標的の内部で2度，3度と衝突を繰り返し，いわゆる**多重散乱**(multiple-scattering) をおこす．すると，散乱される粒子数は標的の厚さに比例しなくなる．それを避けるために標的板を薄くするのである．さて，話をもどそう．$z+\mathrm{d}z$ の場所でまだ入射方向を保ち，散乱を受けない粒子数 $N(z+\mathrm{d}z)$ は

$$N(z+\mathrm{d}z) = N(z) - n\sigma^{\mathrm{tot}}N(z)\mathrm{d}z$$

で与えられる．これより，微分方程式

$$\frac{\mathrm{d}N(z)}{\mathrm{d}z} = -n\sigma^{\mathrm{tot}}N(z)$$

をうる．したがって，標的の表面上($z=0$)での入射粒子数を $N(0)$ と書くと，この微分方程式を解くことにより，深さ z における粒子数 $N(z)$ は

$$N(z) = N(0)\exp(-n\sigma^{\mathrm{tot}}z) \tag{1.3}$$

で与えられることになる．そこで標的板の厚さ z を色々に変えて，z 方向に素通りして透過してくる粒子数 $N(z)$ を測定することに

より，全断面積 σ^{tot} を実験的に決定することができる．この方法を**減衰法**(attenuation method) という．

また，色々な場所に粒子検出器をおき，それぞれの散乱角 θ における散乱粒子の相対強度を測定し，それらの全立体角上の総和が，上で決定した全断面積の値に一致するようにその絶対値を決めることによって，微分断面積 $\sigma(\theta)$ を求めることができる．

したがって，散乱の理論の目的は，この散乱断面積を理論的に計算することにあるということになる．

§2　古典力学における散乱の理論

量子力学的な体系における散乱の理論にはいる前に，古典力学における散乱の理論を解説しておこう．こうすることによって，量子力学的な散乱の問題の特徴を理解できるからである．

いま，古典力学の法則にしたがって運動する粒子が，図 1.3 に示すように，原点 O のまわりに球対称に拡がっているポテンシャルによる力の作用を受けるときの散乱を考えよう．スリットに入射する粒子が古典的粒子であるときには，入射粒子のスリット上での位置および速度を与えると，その後の粒子の運動の軌道は完全に決まってしまう．これに対して量子力学的粒子の場合には，

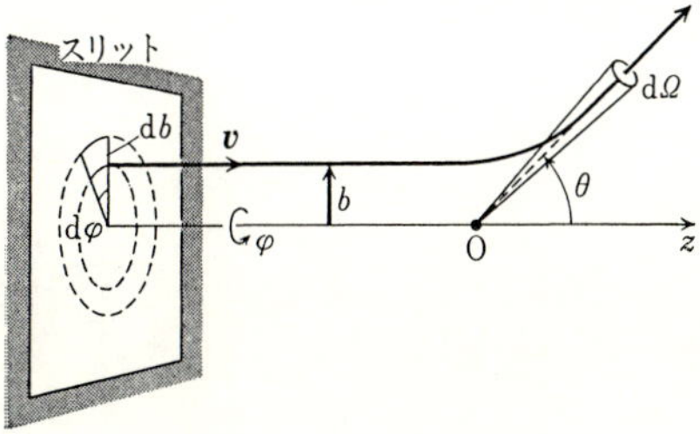

図 **1.3**　古典力学における散乱

不確定性関係のために，スリット上の粒子の運動量を決めると，その入射した位置がわからなくなってしまう．いまの場合には，古典的粒子の入射速度 v を決めたとき，その粒子が散乱されて出ていく方向は，図1.3の入射粒子の z 軸からの距離 b によって決定してしまう．つまり，散乱角 θ は b の関数として与えられる．あるいは，b を θ の関数として，$b=b(\theta)$ と表わすこともできる．この b を**衝突径数**(impact parameter)という．すると，図1.3の散乱角 θ の方向の微小立体角 $\mathrm{d}\Omega$ のなかに散乱されてくる粒子は，スリット上の $b\mathrm{d}\varphi\mathrm{d}b$ なる微小面を通って入射した粒子であることがわかる．ここで角 φ は，z 軸のまわりの角である．さて，スリットから一様に単位面積当り，毎秒1個の粒子が入射してくるとき，単位時間にスリット面上の $b\mathrm{d}\varphi\mathrm{d}b$ なる微小面を通過する確率 $\mathrm{d}\sigma$ は，明らかにその面積 $b\mathrm{d}\varphi\mathrm{d}b$ に等しい．すなわち

$$\mathrm{d}\sigma = b\mathrm{d}\varphi\mathrm{d}b = b(\theta)\frac{\mathrm{d}b(\theta)}{\mathrm{d}\theta}\mathrm{d}\theta\mathrm{d}\varphi$$

である．これは，微小立体角 $\mathrm{d}\Omega=\sin\theta\,\mathrm{d}\theta\mathrm{d}\varphi$ の中に散乱されて出てくる確率であるから，単位立体角内に散乱される確率，つまり，微分断面積 $\sigma(\theta)$ は

$$\sigma(\theta) = \frac{\mathrm{d}\sigma}{\mathrm{d}\Omega} = \frac{1}{\sin\theta}b(\theta)\frac{\mathrm{d}b(\theta)}{\mathrm{d}\theta} \qquad (2.1)$$

で与えられる．このようにして，古典力学における散乱の理論では，軌道関数 $b(\theta)$ さえ求まれば，(2.1)の公式により微分断面積を計算することができる．

(1) 井戸型ポテンシャルによる散乱

上に述べた一般論を，原点Oを中心とし，半径 a の球内に拡がる井戸型ポテンシャル

$$V(r) = \begin{cases} -V_0 & r<a, \\ 0 & r>a \end{cases} \qquad (2.2)$$

に，質量 m の古典的粒子が衝突する場合に適用しよう．ただし，ここで $V_0>0$ である．入射粒子の速さを v，衝突径数を b とする．また，井戸の中における粒子の速さを v' とし，ポテンシャルの中心Oから井戸の内部の粒子の軌道までの距離を b' とする．このとき，エネルギー保存則は

$$\frac{1}{2}mv^2 = \frac{1}{2}mv'^2 - V_0 \tag{2.3}$$

で表わされ，また，中心Oのまわりの角運動量保存則は

$$mvb = mv'b' \tag{2.4}$$

である．(2.3)から

$$v' = \sqrt{v^2 + \frac{2V_0}{m}}$$

をうる．また，ポテンシャルの境界面上における粒子の入射角を α，屈折角を β と書くと，図1.4から

$$b = a\sin\alpha, \qquad b' = a\sin\beta \tag{2.5}$$

である．したがって

$$\frac{\sin\alpha}{\sin\beta} = \frac{b}{b'}$$

である．一方，(2.4)より，これは

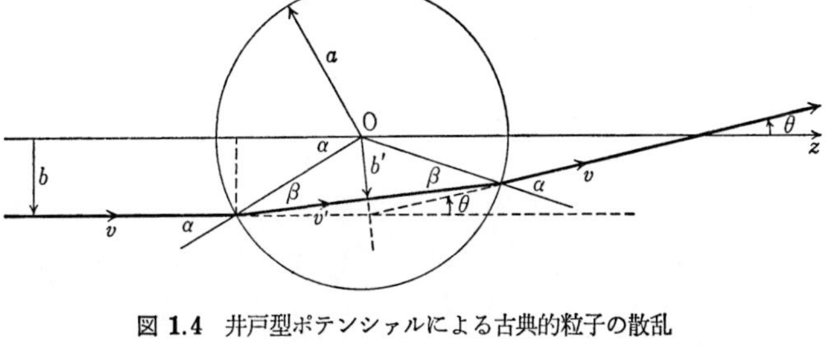

図 **1.4** 井戸型ポテンシャルによる古典的粒子の散乱

$$\frac{\sin\alpha}{\sin\beta} = \frac{v'}{v} = \frac{\sqrt{v^2+2V_0/m}}{v} > 1 \qquad (2.6)$$

となり，この式はポテンシャル境界面上での粒子の屈折の法則を与えている．ここで，光の屈折の法則と(2.6)とを比較しておこう．光の場合には，真空中の光の速さをv，物質中のそれをv'としたとき，屈折の法則は

$$\frac{\sin\alpha}{\sin\beta} = \frac{v}{v'}$$

で表わされ，このとき$v>v'$である．この法則は力学における(2.6)の関係とちょうど反対の関係になっていることに注意されたい．

さて，図1.4から明らかなように，散乱角θは

$$\theta = 2(\alpha-\beta) \qquad (2.7)$$

で与えられる．そこで(2.5)のbと散乱角θとの関係を求めよう．(2.7)より

$$\sin\alpha = \sin\left(\frac{\theta}{2}+\beta\right)$$

である．ここで$v'/v\equiv\gamma$と書き，(2.6)の関係を用いて屈折角βを消去すると

$$\sin^2\alpha = \frac{\gamma^2\sin^2(\theta/2)}{\gamma^2-2\gamma\cos(\theta/2)+1}$$

をうる．これを(2.5)の第1式に代入すると，

$$b^2(\theta) = a^2\sin^2\alpha = \frac{a^2\gamma^2\sin^2(\theta/2)}{\gamma^2-2\gamma\cos(\theta/2)+1} \qquad (2.8)$$

をうる．(2.1)の微分断面積は

$$\sigma(\theta) = \frac{1}{2\sin\theta}\frac{\mathrm{d}}{\mathrm{d}\theta}b^2(\theta) \qquad (2.9)$$

と書き直されるから，(2.8)をθで微分すればよい．初等的な微分計算の後，微分断面積は

$$\sigma(\theta)=\frac{a^2\gamma^2}{4\cos(\theta/2)}\frac{(\gamma-\cos(\theta/2))(1-\alpha\cos(\theta/2))}{(\gamma^2-2\alpha\cos(\theta/2)+1)^2} \tag{2.10}$$

で与えられる．このとき $\gamma\equiv v'/v>1$ であり，また衝突径数 b のとる値は $a\geqq b\geqq 0$ の範囲に限られるため，(2.10)のなかの散乱角 θ のとる値には制限があって，その範囲内で(2.10)はつねに正であることに注意しよう．全断面積は(2.10)をその θ の範囲にわたって積分すれば求まるが，それより(2.5)の関係を用いたほうが簡単である．すなわち，図1.4から明らかなように，入射角 α のとる値の範囲は0から $\pi/2$ までである．したがって

$$\sigma^{\text{tot}}=2\pi\int_0^a b\mathrm{d}b=2\pi a^2\int_0^{\pi/2}\sin\alpha\cdot\cos\alpha\mathrm{d}\alpha=\pi a^2 \tag{2.11}$$

となり，これは井戸型ポテンシャルの幾何学的断面積そのものと一致する．

(2)　Rutherford 散乱

Rutherford 散乱は重い原子核による α 粒子の散乱である．ここではこの現象を古典力学にもとづいて考えることにしよう．核の質量は α 粒子の質量 m に比較して大きいとし，したがって核は α 粒子の衝突の前後で静止しつづけるとする．電荷 Ze をもつ重い核と，電荷 Q をもつ α 粒子の間には，Coulomb の斥力が作用する．古典力学の結果によると，このとき α 粒子は図1.5に示すような双曲線H上を運動する．図のKは核の位置を示し，これは右側の双曲線H′の焦点にある．双曲線の性質から $\overline{\mathrm{OA}}=\overline{\mathrm{OL}}=a$，$\overline{\mathrm{AB}}=\overline{\mathrm{LK}}=b$ である．したがって $\overline{\mathrm{OK}}\equiv\epsilon=\sqrt{a^2+b^2}$，$\overline{\mathrm{AK}}\equiv l=a+\epsilon$ である．また，$a=\epsilon\cos\theta'$，$b=\epsilon\sin\theta'$ である．これらの関係から

$$l=\epsilon(1+\cos\theta')=b\cdot\frac{1+\cos\theta'}{\sin\theta'}=b\cot\frac{\theta'}{2} \tag{2.12}$$

であることを知る．ここで b は核に対する α 粒子の衝突径数である．

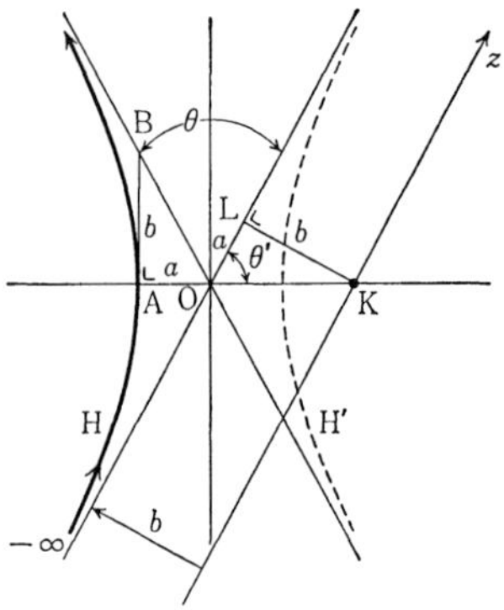

図 **1.5**　Rutherford 散乱

さて，スリット面上の点(図の$-\infty$の点)とA点におけるエネルギー保存則と角運動量保存則とは，それぞれ

$$\frac{1}{2}mv^2 = \frac{1}{2}mv_A{}^2 + \frac{ZeQ}{l} \tag{2.13}$$

$$mvb = mv_A l \tag{2.14}$$

で表わされる．ここでvは入射粒子の速さで，v_AはA点における速さである．(2.12)，(2.13)，(2.14)から，l, v_Aを消去すると

$$b = \frac{ZeQ}{mv^2}\tan\theta' = \frac{ZeQ}{mv^2}\cot\frac{\theta}{2} \tag{2.15}$$

をうる．(2.15)の最後の等号では，$\theta'=(\pi-\theta)/2$ の関係を利用した．(2.15)を(2.1)に代入することにより，微分断面積は

$$\sigma(\theta) = \left(\frac{ZeQ}{2mv^2}\right)^2 \frac{1}{\sin^4(\theta/2)} \tag{2.16}$$

で与えられることがわかる．

(2.16)の微分断面積は，θの小さい方向，つまり前方で大きい値をとり，$\theta=0$ では無限大となる．このため，(2.16)の微分断面積を全立体角にわたって積分すると，その値は発散してしまう．これは，α粒子が原子核からいくら遠く離れても Coulomb の斥力

が作用するとしたためである．実際には，原子核のまわりには電子が存在し，その負電荷によって，原子核の正電荷は“しゃへい”され，そのため，α 粒子が標的原子から少し離れると Coulomb 力は作用しない．その効果を考慮すれば，前方への微分断面積は有限になり，また全断面積も発散しない．

§3 実験室系と重心系

図 1.2 に示されているように，散乱の実験では，静止している標的に向けて粒子を入射させる場合が多い．このように，衝突前に標的粒子が静止している座標系を**実験室系**(laboratory system)という．一方，理論的立場からは，入射粒子と標的粒子の重心(質量中心)の運動を分離して，それらの相対運動を問題にすると好都合である．なぜなら，重心の運動を分離することにより，2 粒子系の自由度 6 を 1 粒子系の自由度 3 に減少させてしまうことができるからである．そこで重心に対して静止している座標系を考えて，これを**重心系**または**質量中心系**(center-of-mass system)という．多くの場合，散乱の理論はこの重心系で構成されている．したがって，重心系で計算した断面積は，それを実験室系におけるそれに変換して，はじめて実験の結果と比較することができるわけである．ここでは，この変換の方法を説明する．

重心系では，図 1.6 (a) に示されているように，質量がそれぞれ m_1 と m_2 の 2 個の粒子が，はじめその全運動量が 0 に保たれる速度でたがいに近づき，そして衝突後には遠ざかっていく．いま，これらの粒子が散乱前には，z 軸にそって，それぞれ速さ $v_1{}^i, v_2{}^i$ で近づき，衝突後には速さ $v_1{}^f, v_2{}^f$ で，z 軸からそれて遠ざかるとする．このとき，運動量保存則より

$$m_1 v_1{}^f - m_2 v_2{}^f = m_1 v_1{}^i - m_2 v_2{}^i = 0 \tag{3.1}$$

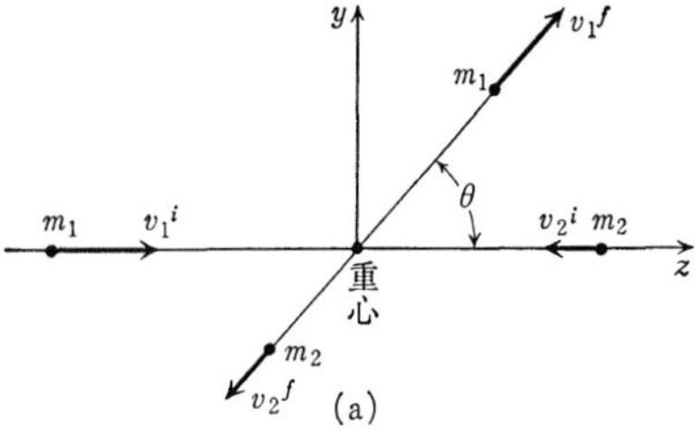

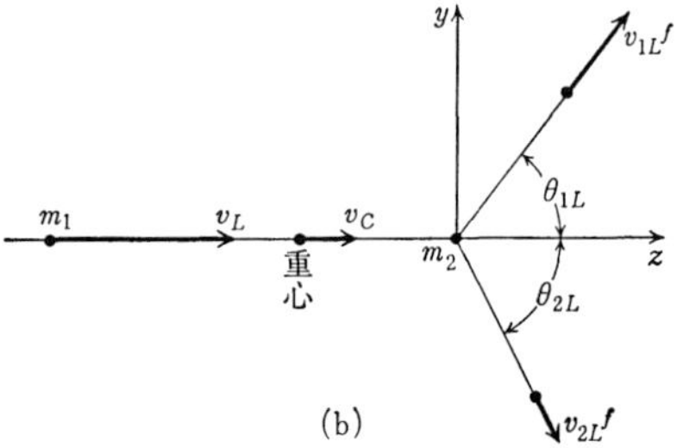

図 **1.6**　重心系(a)と実験室系(b)

である．また，たがいに重心から遠く離れたところでは，粒子間には力は作用しなくなるので，エネルギー保存則は

$$\frac{1}{2}m_1(v_1{}^f)^2+\frac{1}{2}m_2(v_2{}^f)^2 = \frac{1}{2}m_1(v_1{}^i)^2+\frac{1}{2}m_2(v_2{}^i)^2 \qquad (3.2)$$

で表わされる．

さて一方，図1.6(b)に示されているように，粒子2が静止し，粒子1が v_L の速さで z 軸の正の方向に入射してくる実験室系を考えよう．ここで簡単のため $m_2 \geqq m_1$ であるとする．したがって，この系でのはじめの全運動量は $m_1 v_L$ である．このとき，2粒子の重心の速さ v_C は

$$v_C = \frac{m_1}{m_1+m_2}v_L$$

で与えられる．そこで，重心系における衝突前の2粒子の速さと，

実験室系におけるそれらの速さとの間には

$$
\begin{aligned}
v_1{}^i &= v_L - v_C = \frac{m_2}{m_1+m_2} v_L, \\
v_2{}^i &= -v_C = -\frac{m_1}{m_1+m_2} v_L
\end{aligned}
\tag{3.3}
$$

の関係がある．また，(3.1)，(3.2)および(3.3)から，重心系における衝突後の2粒子の速さは

$$
v_1{}^f = \frac{m_2}{m_1+m_2} v_L, \quad v_2{}^f = \frac{m_1}{m_1+m_2} v_L \tag{3.4}
$$

で与えられる．重心系での散乱角を θ とすると，衝突後の重心系での2粒子の速度ベクトルの y 方向と z 方向の成分は，それぞれ

$$
\begin{aligned}
v_{1,}{}^f{}_y &= v_1{}^f \sin\theta = \frac{m_2}{m_1+m_2} v_L \sin\theta \\
v_{1,}{}^f{}_z &= v_1{}^f \cos\theta = \frac{m_2}{m_1+m_2} v_L \cos\theta, \\
v_{2,}{}^f{}_y &= -v_2{}^f \sin\theta = -\frac{m_1}{m_1+m_2} v_L \sin\theta \\
v_{2,}{}^f{}_z &= -v_2{}^f \cos\theta = -\frac{m_1}{m_1+m_2} v_L \cos\theta
\end{aligned}
\tag{3.5}
$$

である．一方，実験室系における衝突後の速度ベクトルの y 方向と z 方向の成分をうるには，(3.5)の重心系の速度の z 方向の成分の値に，重心の速さ v_C を加えればよい．すなわち，

$$
\begin{aligned}
v_{1L,}{}^f{}_y &= \frac{m_2}{m_1+m_2} v_L \sin\theta \\
v_{1L,}{}^f{}_z &= \frac{m_1+m_2\cos\theta}{m_1+m_2} v_L, \\
v_{2L,}{}^f{}_y &= -\frac{m_1}{m_1+m_2} v_L \sin\theta \\
v_{2L,}{}^f{}_z &= \frac{m_1-m_1\cos\theta}{m_1+m_2} v_L
\end{aligned}
\tag{3.6}
$$

である．ここで実験室系における粒子1と粒子2の散乱角をそれぞれ θ_{1L}, θ_{2L} と書くと

$$\tan\theta_{1L} = \frac{v_{1L,}{}^{f}{}_{y}}{v_{1L,}{}^{f}{}_{z}} = \frac{\sin\theta}{\tau+\cos\theta},$$
$$\tan\theta_{2L} = \frac{v_{2L,}{}^{f}{}_{y}}{v_{2L,}{}^{f}{}_{z}} = -\frac{\sin\theta}{1-\cos\theta} \qquad (3.7)$$

となる．ここで $\tau \equiv m_1/m_2 \leqq 1$ である．(3.7)が重心系と実験室系における散乱角の間の関係を与える式である．あるいは，(3.7)を変形すると

$$\cos\theta_{1L} = \frac{\tau+\cos\theta}{\sqrt{1+2\tau\cos\theta+\tau^2}} \qquad (3.8)$$

と表わすこともできる．

重心系において，立体角 $\mathrm{d}\Omega = \sin\theta\mathrm{d}\theta\mathrm{d}\varphi$ の中に粒子1が散乱される断面積は $\sigma(\theta)\mathrm{d}\Omega$ で与えられ，一方実験室系で粒子1が立体角 $\mathrm{d}\Omega_{1L} = \sin\theta_{1L}\mathrm{d}\theta_{1L}\mathrm{d}\varphi_{1L}$ の中に散乱される断面積は $\sigma(\theta_{1L})\mathrm{d}\Omega_{1L}$ である．さて，立体角 $\mathrm{d}\Omega$ と $\mathrm{d}\Omega_{1L}$ で表わされる領域は，空間内の同一の特定の領域である．$\mathrm{d}\Omega$ と $\mathrm{d}\Omega_{1L}$ とは，単にその領域をそれぞれの座標系で表現したにすぎない．したがって，その領域内に散乱されてくる粒子数は，どちらの座標系からみても同じ値で与えられる．ゆえに

$$\sigma(\theta_{1L})\mathrm{d}\Omega_{1L} = \sigma(\theta)\mathrm{d}\Omega \qquad (3.9)$$

である．いまの場合には，$\mathrm{d}\varphi_{1L} = \mathrm{d}\varphi$ であるから

$$\frac{\mathrm{d}\Omega_{1L}}{\mathrm{d}\Omega} = \frac{\mathrm{d}\cos\theta_{1L}}{\mathrm{d}\cos\theta} \qquad (3.10)$$

となる．(3.10)に(3.8)を代入し，微分計算を実行すると

$$\sigma(\theta_{1L}) = \sigma(\theta)\frac{(1+2\tau\cos\theta+\tau^2)^{2/3}}{1+\tau\cos\theta} \qquad (3.11)$$

をうる．この式が重心系と実験室系とにおける微分断面積の間の関係を与える公式である．

(3.8)の関係から，$m_2 \gg m_1$，つまり $\tau \ll 1$ のときには，$\cos\theta_{1L} \cong \cos\theta$ となり，$\theta_{1L} \cong \theta$ である．このときには，実験室系の散乱角 θ_{1L} と重心系のそれ θ とはほとんど同じである．これは当然のことであろう．つぎに，$m_1 = m_2$ のときを考えると，このときには $\cos\theta_{1L} = \cos(\theta/2)$ である．つまり，$\theta_{1L} = \theta/2$ となる．したがって，θ が 0 から π まで変化するのにともなって，実験室系の θ_{1L} は 0 から $\pi/2$ までの範囲に変化する．すなわち，実験室系での最大散乱角は 90° である．

第2章　時間に依存しない散乱の理論

§1　2粒子系の重心運動の分離

無限に重いとみなすことのできる標的粒子を考える場合には，散乱の理論を展開するにあたって実験室系でものを考えたらよいが，標的粒子の質量を入射粒子のそれと比較して無限大であると考えることが不適当なときには，考えている全体系をはじめから2粒子系として扱わなければならない．第1章，§3で説明したように，このときには重心系でものを考えたほうが好都合である．そこで散乱の量子論にはいる前に，量子力学的な2粒子系の重心運動を分離する方法を説明しておこう．

2個の粒子の質量をそれぞれm_1, m_2とし，それらの間に作用する力のポテンシャルをVとする．Vは2粒子の相対距離の関数であるとする．この体系を記述するSchrödingerの方程式は

$$i\hbar\frac{\partial\psi(\boldsymbol{r}_1,\boldsymbol{r}_2;t)}{\partial t}=\left[-\frac{\hbar^2}{2m_1}\triangle_1-\frac{\hbar^2}{2m_2}\triangle_2+V(|\boldsymbol{r}_1-\boldsymbol{r}_2|)\right]\psi(\boldsymbol{r}_1,\boldsymbol{r}_2;t) \tag{1.1}$$

で与えられる．ここで$\boldsymbol{r}_1$と$\boldsymbol{r}_2$とは，図2.1に示すように，原点Oから測った各粒子の位置ベクトルである．

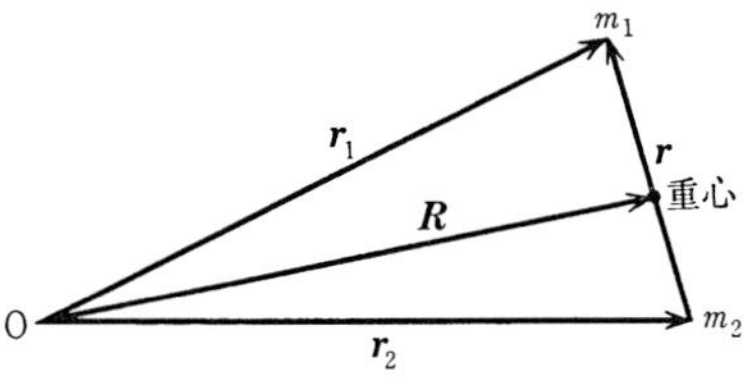

図 **2.1**　重心座標と相対座標

ここで重心座標ベクトル$\boldsymbol{R}$と相対座標ベクトル$\boldsymbol{r}$を，それぞれ

$$\boldsymbol{R}=\frac{m_1\boldsymbol{r}_1+m_2\boldsymbol{r}_2}{m_1+m_2},\qquad \boldsymbol{r}=\boldsymbol{r}_1-\boldsymbol{r}_2 \tag{1.2}$$

で定義する．(1.1)の Schrödinger の方程式を$\boldsymbol{R}$と$\boldsymbol{r}$を変数として表わすには，(1.2)の関係を利用して，ただ変数変換をしさえすればよいわけである．しかし，そのようにすると，その計算は意外に面倒になるし，また見通しも悪い．後に利用するような，より複雑な座標系の場合などでは，実際問題としてどうにもならなくなってしまうのである．そこで，どのような複雑な場合にも通用する，一般的かつ見通しのよい方法を説明しよう．ここで実行するのは，(1.2)の変換の場合であるが，この方法は他の場合にも適用できるのである．

(1.1)で記述される体系のラグランジャンLは，$\dot{\boldsymbol{r}}\equiv \mathrm{d}\boldsymbol{r}/\mathrm{d}t$と書くと

$$L=m_1\dot{\boldsymbol{r}}_1^2/2+m_2\dot{\boldsymbol{r}}_2^2/2-V(|\boldsymbol{r}_1-\boldsymbol{r}_2|) \tag{1.3}$$

で与えられる．すると，$\boldsymbol{r}_1$と$\boldsymbol{r}_2$に正準共役な運動量は，それぞれ

$$\boldsymbol{p}_1=\frac{\partial L}{\partial \dot{\boldsymbol{r}}_1}=m_1\dot{\boldsymbol{r}}_1,\qquad \boldsymbol{p}_2=\frac{\partial L}{\partial \dot{\boldsymbol{r}}_2}=m_2\dot{\boldsymbol{r}}_2 \tag{1.4}$$

である．一方，(1.2)を時間微分すると

$$\dot{\boldsymbol{R}}=\frac{m_1\dot{\boldsymbol{r}}_1+m_2\dot{\boldsymbol{r}}_2}{m_1+m_2},\qquad \dot{\boldsymbol{r}}=\dot{\boldsymbol{r}}_1-\dot{\boldsymbol{r}}_2 \tag{1.5}$$

となる．これを逆に解いて，(1.3)に代入すれば

$$L=\frac{1}{2}M\dot{\boldsymbol{R}}^2+\frac{1}{2}\frac{m_1m_2}{m_1+m_2}\dot{\boldsymbol{r}}^2-V(|\boldsymbol{r}|) \tag{1.6}$$

をうる．(1.6)から，$\boldsymbol{R}$と$\boldsymbol{r}$に対する正準共役な運動量は

$$\boldsymbol{P}=\frac{\partial L}{\partial \dot{\boldsymbol{R}}}=M\dot{\boldsymbol{R}},\qquad \boldsymbol{p}_r=\frac{\partial L}{\partial \dot{\boldsymbol{r}}}=\frac{m_1m_2}{m_1+m_2}\dot{\boldsymbol{r}} \tag{1.7}$$

で与えられる．ここで$M=m_1+m_2$である．(1.7)の右辺に(1.5)

を代入し，さらに(1.4)を利用すれば，正準運動量の間の関係

$$\boldsymbol{P} = \boldsymbol{p}_1 + \boldsymbol{p}_2, \qquad \boldsymbol{p}_r = \frac{m_2 \boldsymbol{p}_1 - m_1 \boldsymbol{p}_2}{m_1 + m_2} \tag{1.8}$$

をうる．

これまでは，すべての量はc-数，つまり古典的な量であると考えてきたが，それらをq-数，つまり量子力学的な量であるとみなせば，これらの量に対して正準交換関係が要求される．すなわち，古い量，$\boldsymbol{r}_1, \boldsymbol{p}_1$ および $\boldsymbol{r}_2, \boldsymbol{p}_2$ に対しては

$$[\boldsymbol{r}_1, \boldsymbol{p}_1] = [\boldsymbol{r}_2, \boldsymbol{p}_2] = i\hbar \tag{1.9}$$

であり，その他の交換関係は0である．さて，(1.2)と(1.8)の変換を用いれば，新しい量 $\boldsymbol{R}, \boldsymbol{P}$ および $\boldsymbol{r}, \boldsymbol{p}_r$ に対する交換関係を導くことができる．その結果は，容易にわかるように

$$[\boldsymbol{R}, \boldsymbol{P}] = [\boldsymbol{r}, \boldsymbol{p}_r] = i\hbar \tag{1.10}$$

で，その他は交換可能になる．すなわち，(1.2)および(1.8)の変換により，交換関係の形は不変に保たれ，したがって変換(1.2)および(1.8)は正準変換である．

さて，(1.1)の右辺のハミルトニアンは，正準変数 $\boldsymbol{p}_1, \boldsymbol{r}_1$ および $\boldsymbol{p}_2, \boldsymbol{r}_2$ で表わすと

$$H = \frac{1}{2m_1}\boldsymbol{p}_1^{\,2} + \frac{1}{2m_2}\boldsymbol{p}_2^{\,2} + V(|\boldsymbol{r}_1 - \boldsymbol{r}_2|) \tag{1.11}$$

である．これに，(1.2)と(1.8)の変換をほどこせば

$$H = \frac{1}{2M}\boldsymbol{P}^2 + \frac{1}{2m}\boldsymbol{p}_r^{\,2} + V(|\boldsymbol{r}|) \tag{1.12}$$

をうる．ここで m は**換算質量**(reduced mass)で

$$\frac{1}{m} = \frac{1}{m_1} + \frac{1}{m_2} \tag{1.13}$$

で定義されている．

(1.12)のハミルトニアンで記述される体系の Schrödinger の方

程式は

$$i\hbar\frac{\partial\psi(\boldsymbol{R},\boldsymbol{r};t)}{\partial t}=\left[-\frac{\hbar^2}{2M}\triangle_R-\frac{\hbar^2}{2m}\triangle_r+V(|\boldsymbol{r}|)\right]\psi(\boldsymbol{R},\boldsymbol{r};t) \tag{1.14}$$

で与えられ，これが重心座標と相対座標とで表わした目的の方程式である．

(1.14)において

$$\psi(\boldsymbol{R},\boldsymbol{r};t)=\frac{1}{\sqrt{(2\pi)^3}}\exp\left[-i\left(\frac{1}{2M}\boldsymbol{P}'^2+E\right)t/\hbar\right]\exp\left[\frac{i\boldsymbol{P}'\cdot\boldsymbol{R}}{\hbar}\right]\psi(\boldsymbol{r}) \tag{1.15}$$

とおくと，

$$\left(-\frac{\hbar^2}{2m}\triangle_r+V(r)\right)\psi(\boldsymbol{r})=E\psi(\boldsymbol{r}) \tag{1.16}$$

をうる．ここで $\boldsymbol{P}'$ は運動量演算子 $\boldsymbol{P}$ の固有値であり，平面波 $\exp[i\boldsymbol{P}'\cdot\boldsymbol{R}/\hbar]$ は，運動量 $\boldsymbol{P}'$ で運動する重心の平面波を表わしている．(1.16)は相対座標 $\boldsymbol{r}$ のみをふくみ，こうして重心の運動は分離されてしまった．(1.16)の方程式は空間に固定しているポテンシャル $V(r)$ の作用のもとにある1粒子の Schrödinger 方程式とまったく同じ形になっている．ただし，(1.16)の質量 m は(1.13)で定義された換算質量であることに注意しよう．

§2 散乱の積分方程式

散乱現象を理論的に扱う方法には二つの方法が考えられる．はじめに，それらの考え方を直観的かつ古典的に説明しておこう．ホースから水を勢いよく放出して，その筒先を漬け物石に向けたとしよう．水は石にぶつかって四方に飛び散るであろう．さて，しばらく水を出しっぱなしにして，全体の状況が定常的になったとき，この散乱の様子を1枚の写真にとったとする．すると，この1枚の写真のプリントは入射した水が石によって散乱される全体像を示している．この時間的に変わらない全体像を考察するのが，散乱現象を扱う第1の方法である．これに対して，第2の方法というのは，ホースから放出される水の1滴に目をつけて，その水滴がどのように散乱されていくかを時間的に追跡していく方法である．

量子力学における散乱理論の出発点はSchrödingerの方程式

$$i\hbar\frac{\partial\psi}{\partial t} = H\psi \tag{2.1}$$

である．上に述べた第1の方法の考え方では，(2.1)のかわりに，その定常的な方程式

$$H\psi = E\psi \tag{2.2}$$

を考え，これを散乱現象に適応した境界条件のもとに解くことによって，散乱の問題を扱うということになる．この方法は，じつは数学的には古典的な波動，たとえば音波の物体による散乱の問題と本質的に変わることはない．ただ，量子力学的な波動関数が確率波を表わすのに対して，古典的な音波の波動関数は物質の密度の変動を表わしているという違いがあるだけである．この第1の方法に対して，第2の方法は，それを量子力学的な言葉に翻訳すれば次のようなことになる．すなわち，はじめ入射粒子と標的粒子が十分に遠くに離れていたときに設定された状態が，粒子間に作用する相互作用の影響によって，時間的に変化していく様子を，(2.1)のSchrödingerの方程式にもとづいて追跡していく．そして，ある時間を経たとき，その時刻における状態のうちに，いま観測しようとしている状態がどれだけ含まれているかという確率を求めるということになる．つまり，はじめの状態から終りの状態への転移確率を求めるということである．この方法は第1の方法と比較すると，より量子力学特有の考え方に沿った方法で

あり，また後に明らかにされるように，第1の方法よりも一般性のある方法である．しかし，これらの二つの方法の導く結果が一致するか否かは自明のことではない．

この章では第1の方法によって，量子力学的体系の散乱理論を展開し，第2の方法については第4章以下で述べることにする．

さて，量子力学における定常的な問題を大づかみに分類すると，次の2種類の問題になる．その一つは固有値問題である．このときには，遠方で0になるような波動関数を(2.2)の解として求める．このとき，エネルギー固有値 E は勝手な値をとることが許されず，ある特定の値 E_n しかとることができない．この固有値 E_n と，それに対応する固有関数 ψ_n を求めるのが固有値問題である．もう一つの問題が，ここでの主題である時間に依存しない方法での散乱問題である．このときは固有値問題と異なり，系のエネルギー E は入射粒子と標的粒子のもつエネルギーとして，あらかじめ実験状況に対応して与えられている．そして，問題は(2.2)の微分方程式を散乱現象に即応した境界条件のもとに解くということにある．

さて，2粒子系の散乱を重心系で取り扱おう．このとき，出発点の Schrödinger 方程式は(1.16)で与えられる．エネルギー E は実験状況を設定するときに与えられるものであり，その値は当然正の値をとる．そこで，

$$k^2 = \frac{2mE}{\hbar^2}, \qquad U = \frac{2mV}{\hbar^2} \tag{2.3}$$

とおく．ここで $k=|\boldsymbol{k}|$ は波数を表わしている．すると(1.16)は

$$(\triangle+k^2)\psi_k(\boldsymbol{r}) = U(\boldsymbol{r})\psi_k(\boldsymbol{r}) \tag{2.4}$$

となる．(2.4)の右辺の U を0とすれば，この方程式は古典物理学でよく知られた **Helmholtz の方程式**である．以下の議論では，

ポテンシャル $V(r)$ は距離 $r=|\boldsymbol{r}|$ の関数として，大きい r に対して十分に速く消えるものと仮定する．そしてCoulomb-ポテンシャルのように，無限遠方にまでゆっくりと尾を引く場合は除外することにする．Coulomb-ポテンシャルは，きわめて特殊な場合であって，このときには(2.4)は厳密に解くことができる．しかしその解き方は他の場合には適用できず，またこれに関しては，ほとんどすべての量子力学の教科書にくわしい説明がある．したがって，本書ではこの問題は省略する．

微分方程式(2.4)を散乱の問題として解くには，散乱現象に即応した境界条件を与えなくてはならない．図2.2に示されているように，散乱状態を表わす波動関数は，ポテンシャルの中心Oから十分に遠く離れた所では，z 軸の正の方向に進行する平面波と，原点Oを中心として拡がる外向きの球面波とから成り立っている．したがって，散乱の波動関数の無限遠方での様子は

$$\psi_k(\boldsymbol{r}) \xrightarrow[r\to\infty]{} (2\pi)^{-3/2}\left[\exp(ikz)+\frac{f(\theta)}{r}\exp(ikr)\right] \qquad (2.5)$$

で表わされる．これが散乱問題の境界条件であり，(2.4)を(2.5)の条件のもとで解くわけである．ここで $f(\theta)$ は散乱波の振幅で，一般に散乱角 θ の関数であり，**散乱振幅**(scattering amplitude)とよばれている．(2.5)の右辺の第1項の平面波が，z 軸の正の

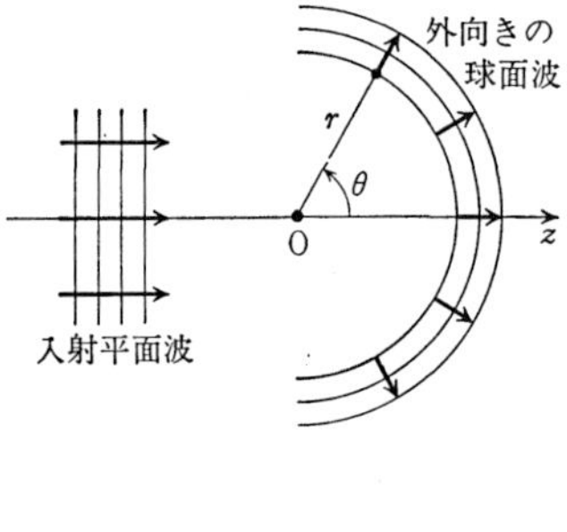

図 **2.2**　無限遠方における散乱の境界条件

方向に進行し，また第2項の球面波が外向きに拡がっていくことは，(1.15)に含まれている因子 $\exp[-iEt/\hbar]$ を考慮にいれれば理解できる．なお，(2.5)の右辺の係数 $(2\pi)^{-3/2}$ は，入射平面波を

$$(2\pi)^{-3}\int_{-\infty}^{\infty}\exp\{-i(\boldsymbol{k}'-\boldsymbol{k})\cdot\boldsymbol{r}\}\mathrm{d}^3\boldsymbol{r}=\delta^3(\boldsymbol{k}-\boldsymbol{k}') \qquad (2.6)$$

であるように規格化したことによって現れたものである．つまり，

$$\frac{1}{(2\pi)^3}\int_0^{2\pi}\mathrm{d}x\int_0^{2\pi}\mathrm{d}y\int_0^{2\pi}\mathrm{d}z|\exp(ikz)|^2=1 \qquad (2.7)$$

であるから，$(2\pi)^3\,\mathrm{cm}^3$ の立方体内に1個の粒子が存在するように**規格化**(normalization)してある．

微分方程式(2.4)にもどろう．(2.4)の右辺を非斉次項とみなすと，(2.4)の一般解は，Helmholtz の方程式

$$(\triangle+k^2)\phi_k(\boldsymbol{r})=0 \qquad (2.8)$$

の一般解と，微分方程式

$$(\triangle+k^2)\chi_k(\boldsymbol{r})=U(r)\psi_k(\boldsymbol{r}) \qquad (2.9)$$

の特解 $\chi_k(\boldsymbol{r})$ の和で与えられる．(2.9)の特解を求めるために，

$$(\triangle+k^2)G_0(\boldsymbol{r})=\delta^3(\boldsymbol{r}) \qquad (2.10)$$

なる微分方程式を考えよう．この $G_0(\boldsymbol{r})$ が求まると，(2.9)の特解 χ_k は

$$\chi_k(\boldsymbol{r})=\int\mathrm{d}^3\boldsymbol{r}'G_0(\boldsymbol{r}-\boldsymbol{r}')U(\boldsymbol{r}')\psi_k(\boldsymbol{r}') \qquad (2.11)$$

で与えられる．なぜなら

$$(\triangle+k^2)\chi_k(\boldsymbol{r})=\int\mathrm{d}^3\boldsymbol{r}'\delta^3(\boldsymbol{r}-\boldsymbol{r}')U(\boldsymbol{r}')\psi_k(\boldsymbol{r}')=U(r)\psi_k(\boldsymbol{r})$$

となって，(2.11)の χ_k はたしかに(2.9)の特解になっているからである．すなわち，$G_0(\boldsymbol{r})$ は微分方程式(2.9)の **Green 関数**である．

(2.10)を解くには，(2.10)の両辺を Fourier 積分で表わすとよい．すなわち

$$G_0(\boldsymbol{r}) = \int G_0(\boldsymbol{k}') \exp(i\boldsymbol{k}'\cdot\boldsymbol{r}) \mathrm{d}^3\boldsymbol{k}',$$
$$\delta^3(\boldsymbol{r}) = (2\pi)^{-3} \int \exp(i\boldsymbol{k}'\cdot\boldsymbol{r}) \mathrm{d}^3\boldsymbol{k}' \tag{2.12}$$

と表わす．これらを(2.10)に代入して，両辺を比較すると

$$(k^2 - \boldsymbol{k}'^2) G_0(\boldsymbol{k}') = (2\pi)^{-3}$$

をうる．これを(2.12)の第1式に代入すれば

$$G_0(\boldsymbol{r}) = \frac{1}{(2\pi)^3} \int \mathrm{d}^3\boldsymbol{k}' \frac{\exp(i\boldsymbol{k}'\cdot\boldsymbol{r})}{k^2 - k'^2} \tag{2.13}$$

となる．そこでこの右辺の積分を実行するために，図2.3のように，$\boldsymbol{r}$ 方向を z 軸にえらび，$\boldsymbol{k}'$ を球座標(k', θ', φ')で表わすと，

$$G_0(\boldsymbol{r}) = \frac{1}{(2\pi)^3} \int_0^\infty k'^2 \mathrm{d}k' \int_0^\pi \sin\theta' \mathrm{d}\theta' \, \frac{\exp(ik'r'\cos\theta')}{k^2 - k'^2} \int_0^{2\pi} \mathrm{d}\varphi'$$
$$= \frac{1}{2\pi^2} \frac{1}{r} \int_0^\infty \frac{k' \sin k'r'}{k^2 - k'^2} \mathrm{d}k' \tag{2.14}$$

となる．この最後の k' に関する積分は，$k' = k$ のところに極(pole)をもつから，このままでは(2.14)の積分は意味をもたない．したがって，$G_0(\boldsymbol{r})$ を決めるためには，この極を避ける処方を与える必要がある．そのためにまず，(2.14)の最後の積分の被積分関数が k' に関して偶関数であることを利用して

$$G_0(\boldsymbol{r}) = \frac{1}{4\pi^2 r} \int_{-\infty}^{\infty} \frac{k' \sin k'r}{k^2 - k'^2} \mathrm{d}k' = -\frac{1}{16\pi^2 ir} [I_1 - I_2] \tag{2.15}$$

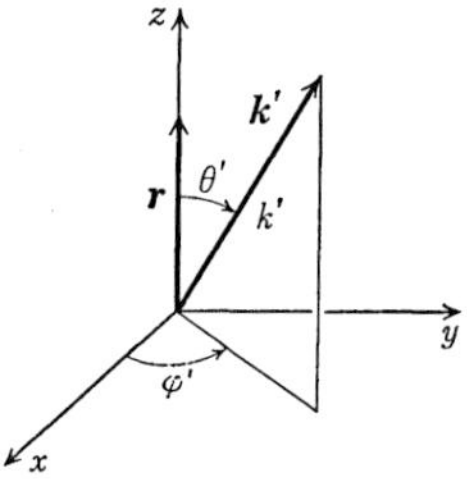

図 **2.3**　球座標系

と書き変えておく．ここで

$$I_1=\int_{-\infty}^{\infty}\left(\frac{1}{k'+k}+\frac{1}{k'-k}\right)\exp(ik'r)\mathrm{d}k' \tag{2.16}$$

$$I_2=\int_{-\infty}^{\infty}\left(\frac{1}{k'+k}+\frac{1}{k'-k}\right)\exp(-ik'r)\mathrm{d}k' \tag{2.17}$$

である．I_1 と I_2 の積分には，$k'=\pm k$ の所に 2 個の極がある．そこで k' に関する複素平面を考え，I_1 と I_2 の積分範囲を，図 2.4 に示すような閉じた積分路に変える．このとき，極を避ける方法に色々のやり方がある．積分 I_1 の場合には，積分路を図の実線で示すように上方に閉じ，極は図の C_+ と C_- の二つの方法で避けることにする．すると，I_1 の留数は

C_+ のとき　$I_1=2\pi i\exp(ikr)$

C_- のとき　$I_1=2\pi i\exp(-ikr)$

である．積分 I_2 については，積分路を図の点線のように下方に閉じる．このとき

C_+ のとき　$I_2=-2\pi i\exp(ikr)$

C_- のとき　$I_2=-2\pi i\exp(-ikr)$

となる．上の結果から，(2.15) はそれぞれの積分路に応じて

$$G_0^{(\pm)}(\mathbf{r})=-\frac{1}{4\pi r}\exp(\pm ikr) \tag{2.18}$$

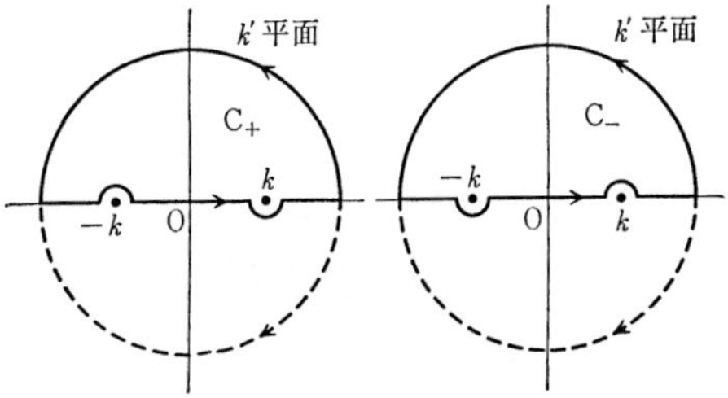

図 2.4　積分路 C+ と C-

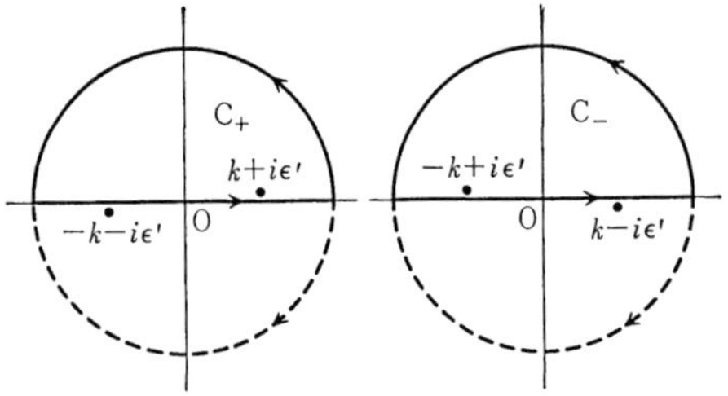

図 **2.5** 極の移動

で与えられる．ここで $G_0^{(+)}$ は積分路 C_+ をとったときのものであり，$G_0^{(-)}$ は C_- のときのものである．すなわち，積分路 C_+ をとったとき，Green 関数は外向きの球面波を記述し，積分路 C_- をとったときには，内向きの球面波を記述している．図 2.4 のように実軸上の極を迂回するかわりに，図 2.5 のように極の位置をずらし，C_+ の場合には $k'=\pm(k+i\epsilon')$ とし，$\epsilon'\to 0^+$ の極限をとれば，(2.18) と同じ結果がえられる．このとき，$\epsilon=2\epsilon' k$ とおけば，$k'^2=(k+i\epsilon')^2\cong k^2+2i\epsilon' k=k^2+i\epsilon$ となる．C_- の場合には，$k'=\pm(k-i\epsilon')$ とすればよい．このとき $k'^2=k^2-i\epsilon$ となる．こうして，(2.13) の積分の結果は

$$
\begin{aligned}
G_0^{(\pm)}(\boldsymbol{r}) &= \lim_{\epsilon\to 0}\frac{1}{(2\pi)^3}\int\frac{\exp(i\boldsymbol{k}'\cdot\boldsymbol{r})}{k^2-k'^2\pm i\epsilon}\mathrm{d}^3\boldsymbol{k}' \\
&= -\frac{1}{4\pi}\frac{\exp(\pm ikr)}{r}
\end{aligned}
\tag{2.19}
$$

で与えられることがわかった．*

(2.8) の斉次方程式の解を z 方向に進行する平面波

$$
\phi_k(\boldsymbol{r}) = \frac{1}{\sqrt{(2\pi)^3}}\exp(ikz)
$$

---

*) 以下では，(2.19) の極限記号 $\lim_{\epsilon\to 0}$ は全部省略する．こうしても混同や誤解を招くことはない．

とえらぶと，外向きの球面波に対して，(2.4)の解は

$$\psi_k^{(+)}(\boldsymbol{r}) = (2\pi)^{-3/2}\exp(ikz) - \frac{1}{4\pi}\int\frac{\exp\{ik|\boldsymbol{r}-\boldsymbol{r}'|\}}{|\boldsymbol{r}-\boldsymbol{r}'|}U(\boldsymbol{r}')\psi_k^{(+)}(\boldsymbol{r}')\mathrm{d}^3r' \qquad (2.20)$$

で表わされ，また内向きの球面波の場合には

$$\psi_k^{(-)}(\boldsymbol{r}) = (2\pi)^{-3/2}\exp(ikz) - \frac{1}{4\pi}\int\frac{\exp\{-ik|\boldsymbol{r}-\boldsymbol{r}'|\}}{|\boldsymbol{r}-\boldsymbol{r}'|}U(\boldsymbol{r}')\psi_k^{(-)}(\boldsymbol{r}')\mathrm{d}^3r' \qquad (2.21)$$

で与えられることになる．

(2.20)と(2.21)を(2.4)の解であるといったが，じつはこれらには，右辺に求めるべき波動関数 $\psi_k^{(\pm)}(\boldsymbol{r})$ がふくまれていて，本当は解を求めたことになっていない．つまり，これらは(2.4)の微分方程式に境界条件を反映させた積分方程式である．そしてこれらの積分方程式が，散乱の理論の基本方程式となるのである．

積分方程式(2.20)は，すぐ後に示すように，(2.5)の遠方での散乱の境界条件をみたしている．これに対して，(2.21)は図 2.6 に示すような，平面波と内向きに収束する球面波からなる境界条件をみたす積分方程式であり，これもまた(2.20)と同様に，散乱理論において有用な方程式である．

(2.20)が(2.5)の境界条件をみたしていることは，次のように

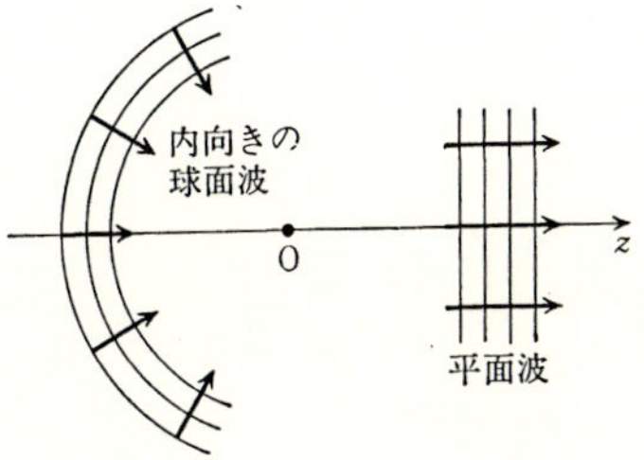

図 2.6 積分方程式(2.21)のみたす境界条件

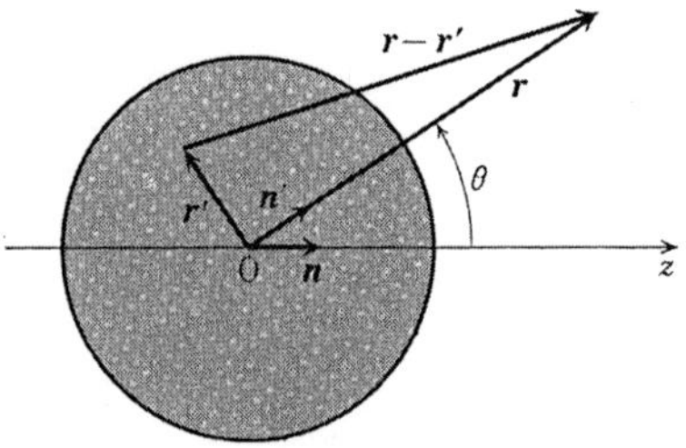

図 2.7 Green 関数の漸近形

すればわかる．図 2.7 の球はポテンシャル V の存在する領域を示したものである．したがって，積分変数 $\boldsymbol{r}'$ の動く範囲はこの球の内部に限られている．さて，$r\to\infty$ のとき

$$|\boldsymbol{r}-\boldsymbol{r}'| = \sqrt{r^2+r'^2-2(\boldsymbol{n}'\cdot\boldsymbol{r}')r} \cong r-(\boldsymbol{n}'\cdot\boldsymbol{r}')$$

である．ここで $\boldsymbol{n}'$ は $\boldsymbol{r}$ の方向の単位ベクトルである．一方

$$|\boldsymbol{r}-\boldsymbol{r}'|^{-1} \cong r^{-1}\{1+(\boldsymbol{n}'\cdot\boldsymbol{r}')\} \cong r^{-1}$$

である．これらの関係を(2.20)に代入すると

$$\psi_k{}^{(+)}(\boldsymbol{r}) \xrightarrow[r\to\infty]{} (2\pi)^{-3/2}\Bigg[\exp(ikz) + \frac{\exp(ikr)}{r}\left\{-\frac{(2\pi)^{3/2}}{4\pi}\int \exp(-i\boldsymbol{k}'\cdot\boldsymbol{r}')U(\boldsymbol{r}')\psi_k{}^{(+)}(\boldsymbol{r}')\mathrm{d}^3\boldsymbol{r}'\right\}\Bigg] \tag{2.22}$$

をうる．ここで $\boldsymbol{k}'\equiv k\boldsymbol{n}'$ で，これは散乱方向の波数ベクトルである．(2.22)が(2.5)の漸近条件をみたしていることは一見して明らかである．(2.21)の積分方程式も，図 2.6 に示されている境界条件をみたしていることは容易に理解できるであろう．(2.22)と(2.5)とを比較すると，散乱振幅 $f(\theta)$ は次のように表わされることがわかる．

$$f(\theta) = -\frac{(2\pi)^{3/2}}{4\pi}\int \exp(-i\boldsymbol{k}'\cdot\boldsymbol{r}')U(\boldsymbol{r}')\psi_k{}^{(+)}(\boldsymbol{r}')\mathrm{d}^3\boldsymbol{r}'. \tag{2.23}$$

この関係は，(2.20)の積分方程式とともに，散乱理論におけるもっとも重要な関係である.

さて，(2.20)と(2.21)の積分方程式を，より一般的な散乱問題にも適用できる形式に書き変えておこう．(1.12)のハミルトニアンHの中の重心運動のエネルギーを表わす部分を除いた残りの部分を，あらためてHと書くと

$$H = H_0 + V = -\frac{\hbar^2}{2m}\triangle_r + V(r) \tag{2.24}$$

である．いま，(2.19)において

$$H_0 \exp(i\boldsymbol{k}\cdot\boldsymbol{r}) = E_k \exp(i\boldsymbol{k}\cdot\boldsymbol{r}), \qquad E_k = \frac{\hbar^2 \boldsymbol{k}^2}{2m} \tag{2.25}$$

であることに注意すると，(2.20)と(2.21)とは次のように変形される.

$$\begin{aligned}
\psi_{\boldsymbol{k}}{}^{(\pm)} &= (2\pi)^{-3/2}\exp(ikz) + (2\pi)^{-3}\int d^3\boldsymbol{r}'\int d^3\boldsymbol{k}'\,\frac{1}{E_k - E_{k'} \pm i\epsilon} \\
&\qquad \times \exp(i\boldsymbol{k}'\cdot\boldsymbol{r})\exp(-i\boldsymbol{k}'\cdot\boldsymbol{r}')V(r')\psi^{k(\pm)}(\boldsymbol{r}') \\
&= (2\pi)^{-3/2}\exp(ikz) + (2\pi)^{-3}\int d^3\boldsymbol{r}'\int d^3\boldsymbol{k}'\,\frac{1}{E_k - \left(-\dfrac{\hbar^2}{2m}\triangle_r\right) \pm i\epsilon} \\
&\qquad \times \exp(i\boldsymbol{k}'\cdot\boldsymbol{r})\exp(-i\boldsymbol{k}'\cdot\boldsymbol{r}')V(r')\psi_k{}^{(\pm)}(\boldsymbol{r}') \\
&= (2\pi)^{-3/2}\exp(ikz) + (2\pi)^{-3}\frac{1}{E_k - H_0 \pm i\epsilon} \\
&\qquad \times \int d^3\boldsymbol{r}'\int d^3\boldsymbol{k}'\exp\{i\boldsymbol{k}'\cdot(\boldsymbol{r}-\boldsymbol{r}')\}V(r')\psi_k{}^{(\pm)}(\boldsymbol{r}') \\
&= (2\pi)^{-3/2}\exp(ikz) + \frac{1}{E_k - H_0 \pm i\epsilon}\int d^3\boldsymbol{r}'\delta^3(\boldsymbol{r}-\boldsymbol{r}')V(r')\psi_k{}^{(\pm)}(\boldsymbol{r}') \\
&= (2\pi)^{-3/2}\exp(ikz) + \frac{1}{E_k - H_0 \pm i\epsilon}\,V(r)\psi_k{}^{(\pm)}(\boldsymbol{r}).
\end{aligned}$$

ここで，一般にH_0とVとは交換不能であり，また分母に微分演

算子 H_0 があるから，この変形された方程式も実際には積分方程式にほかならないことに注意しよう．いま

$$\phi_k(\boldsymbol{r}) = (2\pi)^{-3/2}\exp(ikz)\ ;\ G_0(E_k \pm i\epsilon) \equiv \frac{1}{E_k - H_0 \pm i\epsilon} \tag{2.26}$$

と書くと，上の方程式は

$$\psi_k^{(\pm)}(\boldsymbol{r}) = \phi_k(\boldsymbol{r}) + G_0(E_k \pm i\epsilon)V(\boldsymbol{r})\psi_k^{(\pm)}(\boldsymbol{r}) \tag{2.27}$$

と表わされる．この形式で表現された散乱の積分方程式を **Lippmann-Schwinger の方程式**という．

(2.27)の形式にもとづいて散乱問題を研究する方法が，第2次世界大戦後に開発され，それにともなって散乱の理論的研究は飛躍的に発展したのである．その理由の一つは，ポテンシャルによる散乱のような簡単な場合ではないときにも，(2.27)を使うことができることにある．すなわち，標的系が多数の粒子から成り，複雑な構造をもつときには，(2.26)の G_0 の中のハミルトニアン H_0 は，(2.25)のような簡単なものではなくなる．すると，Green 関数 $G_0^{(\pm)}(\boldsymbol{r})$ は(2.19)のように具体的な形に表わすことができなくなり，それにともなって(2.20)に対応する散乱の積分方程式はきわめて複雑な形をとるようになる．そのためその数学的取り扱いに困るようになり，またその計算法も見通しの悪いものになってしまう．ところが，積分方程式が(2.27)の形式で書かれているときには，ただ G_0 のなかの H_0 をそのような複雑な体系に対応するものにおきかえさえすればよく，その理論的な取り扱いがきわめて見通しのよいものになるのである．この点に関しては，後章において多くの実例をみることができよう．第2の理由として，(2.27)の相互作用 V がこれまで考えてきたようなポテンシャルではなくて，場と場との相互作用ハミルトニアンのようなより一

般的な相互作用であってもよいということである．つまり(2.27)の形式で表現された散乱の方程式は，場の量子論のような場合にも適用でき，(2.20)よりもより広い適用範囲をもっているのである．そのように適用範囲が広くなる理由は，第4章で述べるように，散乱の問題を量子力学的な状態の間の転移としてとらえたときにも，(2.27)と同じ形の方程式が導かれるからである．そして，量子力学的な状態間の転移という考え方は，単に質点の量子力学のみならず，より一般的な場の量子力学にもまったく同様に適用しうる考え方であるからである．第3の理由として，(2.27)の形式で表わされた積分方程式に対して，その形式的な解を書きくだせることをあげることができる．その解は形式解ではあるが，それがえられることによる理論的な利益ははかり知れないものがある．そこでこの節を終るにあたって，この形式解を求めておこう．

いま，逆演算子の存在する，そしてたがいに交換不能な2個の演算子AとBを考えたとき

$$\frac{1}{A}-\frac{1}{B}=\frac{1}{A}(B-A)\frac{1}{B}=\frac{1}{B}(B-A)\frac{1}{A} \tag{2.28}$$

が成立する．これはただ，演算子の順序を考慮しながら，左辺を通分したにすぎない．こんな簡単なことであるにもかかわらず，この公式が今後の理論的推論に絶大な偉力を発揮するのである．いま，(2.28)で

$$A=E_k-H_0\pm i\epsilon, \qquad B=E_k-H\pm i\epsilon$$

とおくと，$H-H_0=V$であるから

$$\frac{1}{E_k-H_0\pm i\epsilon}=\frac{1}{E_k-H\pm i\epsilon} - \frac{1}{E_k-H\pm i\epsilon}V\frac{1}{E_k-H_0\pm i\epsilon} \tag{2.29}$$

をうる．あるいは

$$G(E_k \pm i\epsilon) \equiv \frac{1}{E_k - H \pm i\epsilon} \tag{2.30}$$

と書くと，(2.29)は

$$G_0(E_k \pm i\epsilon) = G(E_k \pm i\epsilon) - G(E_k \pm i\epsilon) V G_0(E_k \pm i\epsilon) \tag{2.31}$$

となる．あるいは，(2.28)で，$A = E_k - H \pm i\epsilon$，$B = E_k - H_0 \pm i\epsilon$ とおけば

$$G(E_k \pm i\epsilon) = G_0(E_k \pm i\epsilon) + G_0(E_k \pm i\epsilon) V G(E_k \pm i\epsilon) \tag{2.32}$$

をうる．これは G_0 がわかっているときの，G に対する積分方程式とみなすことができる．

さて，(2.31)の関係を(2.27)に適用すると

$$\begin{aligned} \psi_k^{(\pm)} &= \phi_k + G(E_k \pm i\epsilon)[1 - V G_0(E_k \pm i\epsilon)] V \psi_k^{(\pm)} \\ &= \phi_k + G(E_k \pm i\epsilon) V [\psi_k^{(\pm)} - G_0(E_k \pm i\epsilon) V \psi_k^{(\pm)}] \\ &= \phi_k + G(E_k \pm i\epsilon) V \phi_k \\ &= [1 + G(E_k \pm i\epsilon) V] \phi_k \end{aligned} \tag{2.33}$$

をうる．ここで最後から2番目の等式では(2.27)を用いた．あるいは，(2.30)を使うと

$$\psi_k^{(\pm)} = \phi_k + \frac{1}{E_k - H \pm i\epsilon} V \phi_k \tag{2.34}$$

である．(2.33)または(2.34)の形をみると，散乱状態の波動関数 $\psi_k^{(\pm)}$ が，入射波の波動関数 ϕ_k により表わされていて，これは積分方程式(2.27)の解の形になっている．しかし，入射波の波動関数 ϕ_k に演算子 $G(E_k \pm i\epsilon) V$ が作用したとき，その結果がどのような状態になるかは，全系のハミルトニアン H の厳密解の完全系がわかっていなければわからない．そういう意味で，(2.34)は解ではあるが，単に形式的な解であるにすぎない．それにもかかわらず，このような形式解をうることが可能であることは，今後の理論的考察にきわめて有効なのである．(2.20)や(2.21)の形で積

分方程式を表現しておいたのでは，このような芸当はちょっと思いつかないであろう．

§3 散乱振幅と微分断面積

無限遠方での散乱の波動関数の漸近形は(2.5)で与えられている．これを用いて，散乱振幅と微分断面積の関係を求めよう．

z 軸の正の方向に入射してくる粒子の流れの密度 j_z，あるいは同じことであるが，毎秒，単位面積当り入射してくる粒子数 N は，入射波の波動関数が

$$\phi_k = \frac{1}{\sqrt{(2\pi)^3}} \exp(ikz) \tag{3.1}$$

で与えられていることから，

$$N = j_z = \frac{\hbar}{2mi}\left[\phi_k{}^* \frac{\partial \phi_k}{\partial z} - \phi_k \frac{\partial \phi_k{}^*}{\partial z}\right] = \frac{\hbar k}{(2\pi)^3 m} = \frac{v}{(2\pi)^3} \tag{3.2}$$

である．つまり，毎秒，単位面積当り $v/(2\pi)^3$ 個の粒子が入射してくる．ここで $*$ は複素共役をとることを示す．また，$v=\hbar k/m$ は入射粒子の標的粒子に対する相対速度である．

次に $\boldsymbol{r}$ 方向(散乱角の方向で，$\theta \neq 0$ とする)に散乱される粒子の流れの密度 j_r は

$$j_r = \frac{\hbar}{2mi}\left[\chi_r{}^* \frac{\partial \chi_r}{\partial r} - \chi_r \frac{\partial \chi_r{}^*}{\partial r}\right] \cong \frac{v}{(2\pi)^3 r^2} |f(\theta)|^2 \tag{3.3}$$

で与えられる．ここで χ_r は外向きの球面波の部分で

$$\chi_r = \frac{1}{(2\pi)^{3/2}} \frac{\exp(ikr)}{r} f(\theta)$$

である．なお，(3.3)で $1/r^2$ よりもはやく遠方で消える項は無視した．

さて，ポテンシャルの中心Oから十分に大きい距離 r にある観

測点における面要素 dS を毎秒垂直に通過する粒子数 $\varDelta N$ は，(3.3)より

$$\varDelta N = j_r \mathrm{d}S = \frac{v}{(2\pi)^3}|f(\theta)|^2 \mathrm{d}\Omega$$

である．ここで dΩ は面要素 dS をみる立体角である．したがって，微分断面積 $\sigma(\theta)$ は

$$\sigma(\theta)\mathrm{d}\Omega = \frac{\varDelta N}{N} = |f(\theta)|^2 \mathrm{d}\Omega \tag{3.4}$$

で与えられる．これが散乱振幅と微分断面積との関係であり，散乱理論におけるもっとも重要な基本的関係式である．一方，この散乱振幅 $f(\theta)$ は，(2.23)で与えられている．したがって，何等かの方法で積分方程式(2.20)の解 $\psi_k^{(+)}(\boldsymbol{r})$ を求め，その結果を(2.23)の右辺に代入し，積分を実行すれば，(3.4)によって微分断面積を求めることができる．

ここで Dirac 流のブラ・ケット記法を用いると，(2.23)は次のように表現することができる．

$$\begin{aligned} f(\theta) &= -\frac{(2\pi)^3}{4\pi}\left(\frac{2m}{\hbar^2}\right)\int \phi_{k'}{}^*(\boldsymbol{r}')V(\boldsymbol{r}')\psi_k{}^{(+)}(\boldsymbol{r}')\mathrm{d}^3\boldsymbol{r}' \\ &= -\frac{(2\pi)^3}{4\pi}\left(\frac{2m}{\hbar^2}\right)\langle\phi_{k'}|V|\psi_k{}^{(+)}\rangle. \end{aligned} \tag{3.5}$$

さらに(3.5)に(2.34)を代入すると

$$f(\theta) = -\frac{(2\pi)^3}{4\pi}\left(\frac{2m}{\hbar^2}\right)\langle\phi_{k'}|T(E_k+i\epsilon)|\phi_k\rangle \tag{3.6}$$

と書くことができる．ここで演算子 T は

$$T(E_k+i\epsilon) = V + V\frac{1}{E_k - H + i\epsilon}V \tag{3.7}$$

で定義される．この演算子は後に重要な役割を果すことになる．なお，この $T(E_k+i\epsilon)$ は演算子であることには違いはないが，そ

の中に入射エネルギー E_k という特定の状態の固有値をパラメーターとして含んでいる．したがって，これは完全系をつくっているどの固有状態に作用させても意味をもつ本来の演算子にはなっていないことに注意しなければならない．(3.6)を用いると，微分断面積(3.4)は

$$\sigma(\theta)=\left[\frac{(2\pi)^2m}{\hbar^2}\right]^2\cdot|\langle\phi_{k'}|T(E_k+i\epsilon)|\phi_k\rangle|^2 \tag{3.8}$$

と表わされる．

(3.2)と(3.3)では，入射波と外向きの球面波の流れの密度をそれぞれ別々に計算した．しかし，散乱状態における粒子の流れの全体としての性質を調べるには，(2.20)の全体の波動関数 $\psi_k^{(+)}(\boldsymbol{r})$ を考慮しなくてはならない．このとき，流れの密度は

$$\boldsymbol{j}(\boldsymbol{r})=\frac{\hbar}{2mi}\left[\psi_k^{(+)*}(\boldsymbol{r})\nabla\psi_k^{(+)}(\boldsymbol{r})-\nabla\psi_k^{(+)*}(\boldsymbol{r})\cdot\psi_k^{(+)}(\boldsymbol{r})\right] \tag{3.9}$$

で与えられる．この発散をとり，(2.4)の Schrödinger の方程式を用いることにより

$$\begin{aligned}\nabla\cdot\boldsymbol{j}(\boldsymbol{r})&=\frac{\hbar}{2mi}\left[\psi_k^{(+)*}(\boldsymbol{r})\cdot\triangle\psi_k^{(+)}(\boldsymbol{r})\;-\triangle\psi_k^{(+)*}(\boldsymbol{r})\cdot\psi_k^{(+)}(\boldsymbol{r})\right]\\&=0\end{aligned} \tag{3.10}$$

をうる．これは定常的な流れの密度の保存則を表わしている．(3.10)を大きな半径 r の球の内部にわたって積分し，Gauss の定理を用いて表面積分に直すと

$$\int_{r\to\infty}\boldsymbol{j}(\boldsymbol{r})\cdot\boldsymbol{n}\mathrm{d}S=0 \tag{3.11}$$

となる．$\boldsymbol{n}$ は球面上に外向きに立てた単位法線ベクトルである．(3.11)の表面積分の球面上の $\boldsymbol{j}(\boldsymbol{r})$ における波動関数 $\psi_k^{(+)}$ としては，$r\to\infty$ における漸近形(2.5)をつかうことができる．これを(3.9)に代入すると，さきに求めた入射平面波の流れの密度 j_z と，

外向きの球面波のそれ j_r のほかに，入射平面波と球面波の干渉項が現われる．この干渉項は

$$j^{\mathrm{int}}(\boldsymbol{r}) = \frac{\hbar}{2mi}\frac{1}{(2\pi)^3}\Big[f^*(\theta)\frac{\exp(-ikr)}{r}\nabla\exp(ikz) - \nabla f^*(\theta)\frac{\exp(-ikr)}{r}\cdot\exp(ikz) + \exp(-ikz)\nabla f(\theta)\frac{\exp(ikr)}{r} - \nabla\exp(-ikz)\cdot f(\theta)\frac{\exp(ikr)}{r}\Big]$$

で与えられる．上式の r 方向の成分をとり，$kz=kr\cos\theta$ であることに注意し，r^{-1} の1次の項を残し，それ以上の項を無視すると

$$j_r^{\mathrm{int}}(\boldsymbol{r}) \cong \frac{\hbar k}{2m}\cdot\frac{1}{(2\pi)^3}\frac{(1+\cos\theta)}{r}\Big[f^*(\theta)\exp\{-ikr(1-\cos\theta)\} + f(\theta)\exp\{ikr(1-\cos\theta)\}\Big]$$

をうる．ここで r は非常に大きい値であることを考慮すると，上式の右辺の指数関数は，$(1-\cos\theta)\neq 0$ のとき，k のわずかな変動によって激しく振動し，k の狭い範囲にわたる平均値をとると0になってしまう．したがって，上式の値が0にならないのは $\cos\theta=1$ のときだけであり，このとき上の指数関数以外の因子では $\cos\theta=1$ とおいてもよい．したがって

$$j_r^{\mathrm{int}} \cong \frac{\hbar k}{m}\cdot\frac{1}{(2\pi)^3}\frac{1}{r}\Big[f^*(0)\exp\{-ikr(1-\cos\theta)\} + f(0)\exp\{ikr(1-\cos\theta)\}\Big] \qquad (3.12)$$

と書くことができる．すなわち，干渉項 j_r^{int} は z 軸の正の方向，つまり前方に散乱される粒子の流れの密度を表わしているのである．そこで，毎秒前方に散乱されてくる粒子数を求めるため，図

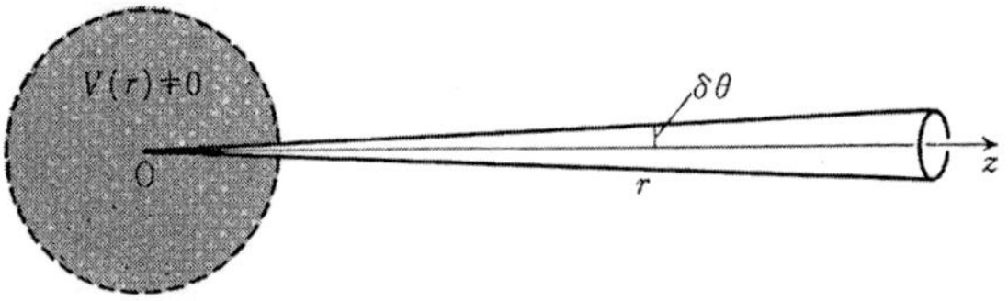

図 **2.8** 前方散乱の流れの強さ

2.8に示されているように，散乱角0から微小散乱角 $\delta\theta$ までの範囲の，z 軸の近傍の半径 r の球面上にわたって，(3.12)を積分する．すると

$$2\pi r^2\int_0^{\delta\theta}\mathrm{d}\theta\sin\theta\, j_r^{\mathrm{int}} = \frac{2\pi r}{(2\pi)^3}\frac{\hbar k}{m}$$

$$\times\left[f^*(0)\frac{1-\exp\{-ikr(1-\cos\delta\theta)\}}{ikr}+f(0)\frac{1-\exp\{ikr(1-\cos\delta\theta)\}}{-ikr}\right]$$

$$=\frac{1}{(2\pi)^3}2\pi\frac{\hbar}{im}[f^*(0)-f(0)]$$

$$=-\frac{1}{(2\pi)^3}\cdot 4\pi\frac{\hbar}{m}\,\mathrm{Im}\,f(0) \qquad (3.13)$$

をうる．ここで2番目の等号では，$\delta\theta\neq 0$ のため指数関数の部分は k のわずかな変動により激しく振動して消えることを使った．

以上の結果をまとめると，次の結論がえられる．$z\to-\infty$ から，半径 r の大きな球の内部に流入する入射波の流れの強さは，(3.2)より

$$j_z=\frac{\hbar k}{(2\pi)^3 m} \qquad (3.14)$$

であり，また $z\to+\infty$ において，散乱角 $\theta=0$ の前方に出ていく波の流れの強さは，(3.14)に(3.13)を加えたもの，すなわち

$$\frac{1}{(2\pi)^3}\left[\frac{\hbar k}{m}-4\pi\frac{\hbar}{m}\,\mathrm{Im}\,f(0)\right] \qquad (3.15)$$

で与えられる．一方，散乱角 $\theta \neq 0$ の方向に散乱される粒子の流れの全強度は，(3.4)より

$$\frac{1}{(2\pi)^3}\cdot v\int |f(\theta)|^2 \mathrm{d}\Omega = \frac{1}{(2\pi)^3}\frac{\hbar k}{m}\sigma^{\mathrm{tot}} \tag{3.16}$$

で表わされる．したがって，(3.11)より

$$\frac{\hbar k}{m} = \left(\frac{\hbar k}{m} - 4\pi\frac{\hbar}{m}\,\mathrm{Im}\,f(0)\right) + \frac{\hbar k}{m}\sigma^{\mathrm{tot}} \tag{3.17}$$

の関係が成立する．(3.17)から

$$\mathrm{Im}\,f(0) = \frac{k}{4\pi}\sigma^{\mathrm{tot}} \tag{3.18}$$

をうる．この関係を**光学定理**(optical theorem)といい，これは確率の流れの保存則から導かれた関係である．図2.9はその間の収支決算の様子を示したものである．つまり，光学定理は，前方散乱によって，入射波の強度が減少した分だけ，四方に散乱されるという，まことに当然なことを述べているのである．

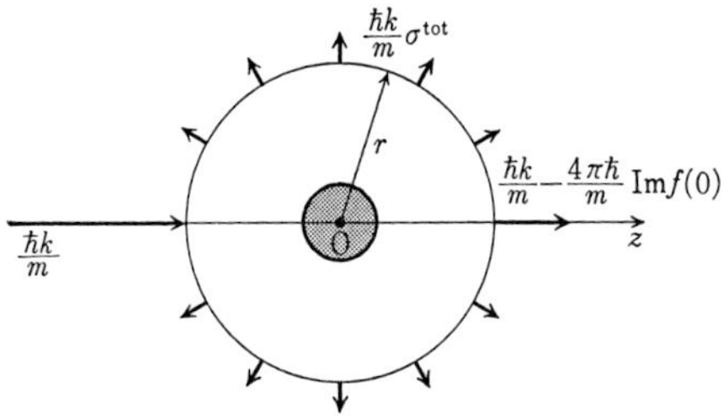

図 **2.9**　光　学　定　理

§4　Born 近似

ポテンシャル $V(r)$ による粒子の散乱の問題は，結局のところ，散乱の積分方程式(2.20)を解いて波動関数 $\psi_k^{(+)}$ を求め，これを(2.23)に代入し，積分を実行して散乱振幅 $f(\theta)$ を決め，その結果

を(3.4)に代入することにより，微分断面積 $\sigma(\theta)$ を決定することに帰着する．しかしながら，積分方程式(2.20)を正確に解くことは，ほとんどの場合に不可能である．そこでこの積分方程式を近似的に解く方法を考えなければならない．

考えられるもっとも素朴な近似法は，正確な散乱振幅の表式

$$f(\theta)=-\frac{\sqrt{(2\pi)^3}}{4\pi}\int\exp(-i\boldsymbol{k}'\cdot\boldsymbol{r}')\,U(\boldsymbol{r}')\psi_{\boldsymbol{k}}{}^{(+)}(\boldsymbol{r}')\mathrm{d}^3\boldsymbol{r}' \qquad (4.1)$$

において，右辺に含まれる正確な波動関数 $\psi_{\boldsymbol{k}}{}^{(+)}(\boldsymbol{r}')$ をつくっている入射平面波の部分と外向きの球面波のうち，後者の部分が，(4.1)の積分領域つまりポテンシャル U が 0 でない領域で小さいと仮定し，これを無視する方法である．つまり，積分方程式(2.20)の右辺の第1項をもって，$\psi_{\boldsymbol{k}}{}^{(+)}$ の代用とするものである．この近似を**第1 Born 近似**(first Born approximation)という．このとき，散乱振幅は

$$f^{(1)}(\theta)=-\frac{1}{4\pi}\int\exp(-i\boldsymbol{k}'\cdot\boldsymbol{r}')\,U(\boldsymbol{r}')\exp(ikz')\mathrm{d}^3\boldsymbol{r}' \quad (4.2)$$

で与えられる．いま，図2.10のように，z 軸方向の単位ベクトルを $\boldsymbol{n}$，散乱方向の単位ベクトルを $\boldsymbol{n}'$ と書くと

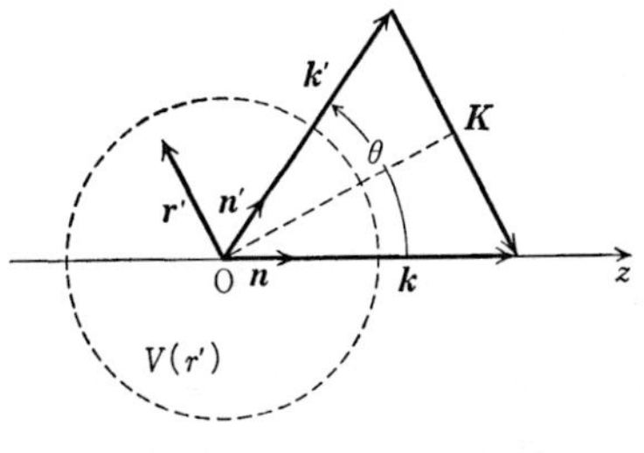

図 2.10 散乱による運動量の方向の変化

$$kz' = k\boldsymbol{n}\cdot\boldsymbol{r}', \qquad \boldsymbol{k}'\cdot\boldsymbol{r}' = k\boldsymbol{n}'\cdot\boldsymbol{r}' \tag{4.3}$$

である．図2.10から，運動量の変化 $\hbar\boldsymbol{K}\equiv\hbar\boldsymbol{k}-\hbar\boldsymbol{k}'$ の大きさは

$$\hbar K = \hbar|\boldsymbol{K}| = 2\hbar k \sin\frac{\theta}{2} \tag{4.4}$$

で与えられることがわかる．(4.3)と(4.4)を利用すると(4.2)は

$$f^{(1)}(\theta) = -\frac{1}{4\pi}\int \exp(i\boldsymbol{K}\cdot\boldsymbol{r}')U(r')\mathrm{d}^3\boldsymbol{r}' \tag{4.5}$$

と表わされる．(4.5)の角積分は，(2.14)の角積分と同様に $\boldsymbol{K}$ の方向を z 軸とした球座標系 (r', θ', φ') を用いることによって，次のようにして求められる．

$$\begin{aligned} f^{(1)}(\theta) &= -\frac{1}{4\pi}\int_0^\infty r'^2\mathrm{d}r'\int_0^\pi \sin\theta'\,\mathrm{d}\theta'\int_0^{2\pi}\mathrm{d}\varphi'\exp(iKr'\cos\theta')U(r') \\ &= -\frac{1}{K}\int_0^\infty \mathrm{d}r' r'\sin Kr'\cdot U(r'). \end{aligned} \tag{4.6}$$

したがって，微分断面積は

$$\sigma^{(1)}(\theta) = \frac{1}{K^2}\left[\int_0^\infty \mathrm{d}r' r'\sin Kr'\cdot U(r')\right]^2 \tag{4.7}$$

で与えられ，(4.6)の r' に関する積分を実行しさえすればよいわけである．(4.7)からわかるように，このとき微分断面積の値は，ポテンシャルの符号に無関係であることに注意しよう．なお，全断面積は(4.7)を全立体角にわたって積分することによって与えられる．しかしこのとき，(4.4)より

$$\sin\theta\,\mathrm{d}\theta = \frac{1}{k^2}K\mathrm{d}K$$

なる関係がえられることを利用して

$$\sigma^{(1)\mathrm{tot}} = 2\pi\int_0^\pi \mathrm{d}\theta\sin\theta\,\sigma(\theta) = \frac{2\pi}{k^2}\int_0^{2k}\sigma(K)\,K\mathrm{d}K \tag{4.8}$$

として，K に関する積分に直したほうが計算しやすい．

(1) 電子の原子による弾性散乱

第1 Born 近似の例題として，電子の原子による弾性散乱の断面積を計算しよう．いま，原子の質量は電子のそれに比較して十分に大きいと仮定し，電子の衝突によって原子は動かないものとする．また，質量 m，電荷 $-e$ の電子が原子番号 Z の中性原子によって散乱される場合を考える．この原子内の電子の雲の電荷密度の分布は，原子核を中心として球対称であるとし，電荷密度を $-e\rho(r)$ と書くことにしよう．このとき

$$\int \mathrm{d}^3\boldsymbol{r}\rho(r) = Z \tag{4.9}$$

である．さて，入射する電子に作用する静電場によるポテンシャル・エネルギーは

$$V(r) = -\frac{Ze^2}{r} + \int \frac{e^2\rho(r'')}{|\boldsymbol{r}-\boldsymbol{r}''|}\mathrm{d}^3\boldsymbol{r}'' \tag{4.10}$$

で与えられる．ここで右辺の第1項は，原子核と入射電子の間に作用する相互作用エネルギーであり，第2項は原子核のまわりに拡がる電子雲と入射電子の間に作用する静電斥力にもとづくポテンシャル・エネルギーである．(4.10)の第1項と第2項とは，いずれも Coulomb 力によるものであり，したがって，r の大きいところでは r に逆比例し，どこまでも長い尾を引いている．しかし，(4.10)の二つの項を合わせた全体は，十分にはやく遠方で消える．これは，原子核のまわりの電子の雲が，原子核の正電荷をシールドし，電子の雲の外からみると原子が中性になっているからである．したがって，(4.10)のポテンシャルに対して，これまでの一般論が適用でき，そして(4.7)の Born 近似の式が利用できる．

そこで(4.10)を(4.5)に代入し，$U=2mV/\hbar^2$ であったことを思い出すと

$$f^{(1)}(\theta) = -\frac{1}{4\pi}\frac{2m}{\hbar^2}\int \mathrm{d}^3\boldsymbol{r}' \exp(i\boldsymbol{K}\cdot\boldsymbol{r}')\left[-\frac{Ze^2}{r'}+e^2\int\frac{\rho(r'')}{|\boldsymbol{r}'-\boldsymbol{r}''|}\mathrm{d}^3\boldsymbol{r}''\right]$$

$$= \frac{1}{4\pi}\frac{2me^2}{\hbar^2}[ZI_1-I_2] \tag{4.11}$$

をうる．ここで

$$I_1 = \int\frac{\exp(i\boldsymbol{K}\cdot\boldsymbol{r}')}{r'}\mathrm{d}^3\boldsymbol{r}' \tag{4.12}$$

$$I_2 = \iint\frac{\rho(r'')\exp(i\boldsymbol{K}\cdot\boldsymbol{r}')}{|\boldsymbol{r}'-\boldsymbol{r}''|}\mathrm{d}^3\boldsymbol{r}'\cdot\mathrm{d}^3r'' \tag{4.13}$$

である．そこで I_2 の計算からはじめよう．

$$\Lambda(r) = \int\frac{\exp(i\boldsymbol{K}\cdot\boldsymbol{r}')}{|\boldsymbol{r}-\boldsymbol{r}'|}\mathrm{d}^3\boldsymbol{r}' \tag{4.14}$$

とおくと，

$$I_2 = \int\rho(r'')\Lambda(r'')\mathrm{d}^3\boldsymbol{r}'' \tag{4.15}$$

となる．(4.14) の形をみると，$\Lambda(r)$ は $\exp(i\boldsymbol{K}\cdot\boldsymbol{r})$ なる密度で分布している電荷のつくる静電ポテンシャルであるとみなすことができる．したがって，$\Lambda(r)$ は微分方程式

$$\triangle\Lambda(r) = -4\pi\exp(i\boldsymbol{K}\cdot\boldsymbol{r}) \tag{4.16}$$

の特解で与えられる．(4.16) の特解は

$$\Lambda(r) = 4\pi\frac{\exp(i\boldsymbol{K}\cdot\boldsymbol{r})}{K^2} \tag{4.17}$$

である．(4.12) の I_1 は，(4.14) の $\Lambda(0)$ にほかならないから，(4.17) より

$$I_1 = \Lambda(0) = \frac{4\pi}{K^2} \tag{4.18}$$

であることがわかる．一方，I_2 は (4.17) を (4.15) に代入することにより

$$I_2 = \int \mathrm{d}^3\boldsymbol{r}'' \frac{4\pi}{K^2} \exp(i\boldsymbol{K}\cdot\boldsymbol{r}'')\rho(r'') \qquad (4.19)$$

で与えられる．(4.19)における角積分を(4.6)におけると同様の方法で実行すると

$$I_2 = \frac{(4\pi)^2}{K^3}\int_0^\infty r''\rho(r'')\sin Kr''\mathrm{d}r'' \qquad (4.20)$$

をうる．(4.18)と(4.20)を(4.11)に代入すると

$$f^{(1)}(\theta) = \frac{2me^2}{\hbar^2}\frac{[Z-A(\theta)]}{K^2} \qquad (4.21)$$

となる．ここで

$$A(\theta) = 4\pi\int_0^\infty \frac{\sin Kr}{Kr}\rho(r)r^2\mathrm{d}r \qquad (4.22)$$

であり，これを**原子構造因子**(atomic structure factor)という．(4.4)より

$$K^2 = 4k^2\sin^2\frac{\theta}{2} = \frac{4m^2v^2}{\hbar^2}\sin^2\frac{\theta}{2}$$

であるから，(4.21)は

$$f^{(1)}(\theta) = \frac{e^2}{2mv^2}[Z-A(\theta)]\frac{1}{\sin^2(\theta/2)} \qquad (4.23)$$

となる．ここで v は入射電子の速さである．したがって，微分断面積は

$$\sigma^{(1)}(\theta) = \left(\frac{e^2}{2mv^2}\right)^2[Z-A(\theta)]^2\frac{1}{\sin^4(\theta/2)} \qquad (4.24)$$

で与えられる．

いま仮に $A(\theta)=0$ とおくと

$$\sigma^{(1)}(\theta) = \left(\frac{Ze^2}{2mv^2}\right)^2\frac{1}{\sin^4(\theta/2)} \qquad (4.25)$$

となり，この結果は第1章(2.16)の古典力学にもとづく Rutherford 散乱の微分断面積に一致し，また本書では省略した Coulomb

力による電子の散乱の厳密解による結果にも一致する．しかし，(4.24)で$A(\theta)=0$とおくことは本来許されない．なぜなら，そのときには$V(r)\propto r^{-1}$となり，これまで展開してきた理論全体が適用できないからである．次に述べる第2 Born近似をこの場合に計算すると，その散乱振幅は発散し，無限大になってしまう．つまり，第1 Born近似でえられた(4.25)が厳密解のそれと一致するのは，まったく偶然の一致である．また，(4.25)を全立体角にわたり積分し，全断面積を求めると発散してしまう．これに対して，(4.24)に対する全断面積は有限である．

(2) Born近似の適用限界

積分方程式(2.20)を逐次近似で解くと，

$$\psi_k^{(+)}(\boldsymbol{r}) = (2\pi)^{-3/2}\Big[\exp(ikz)+\int G_0^{(+)}(\boldsymbol{r}-\boldsymbol{r}')U(r')\exp(ikz')\mathrm{d}^3\boldsymbol{r}' + \iint G_0^{(+)}(\boldsymbol{r}-\boldsymbol{r}')U(r')G_0^{(+)}(\boldsymbol{r}'-\boldsymbol{r}'')U(r'') \times\exp(ikz'')\mathrm{d}^3\boldsymbol{r}'\mathrm{d}^3\boldsymbol{r}''+\cdots\Big] \tag{4.26}$$

となる．あるいは，(2.27)の Lippmann-Schwinger 方程式を逐次に展開すれば，

$$\psi_k^{(+)} = \phi_k+G_0(E_k+i\epsilon)V\phi_k + G_0(E_k+i\epsilon)VG_0(E_k+i\epsilon)V\phi_k+\cdots \tag{4.27}$$

をうる．(4.27)を(3.5)に代入すれば，散乱振幅は

$$f(\theta) = -\frac{(2\pi)^3}{4\pi}\left(\frac{2m}{\hbar^2}\right)\Big[\langle\phi_{k'}|V|\phi_k\rangle+\langle\phi_{k'}|VG_0(E_k+i\epsilon)V|\phi_k\rangle + \langle\phi_{k'}|VG_0(E_k+i\epsilon)VG_0(E_k+i\epsilon)V|\phi_k\rangle + \cdots\Big] \tag{4.28}$$

と表わされ，この展開式はポテンシャルVのベキ級数展開になっ

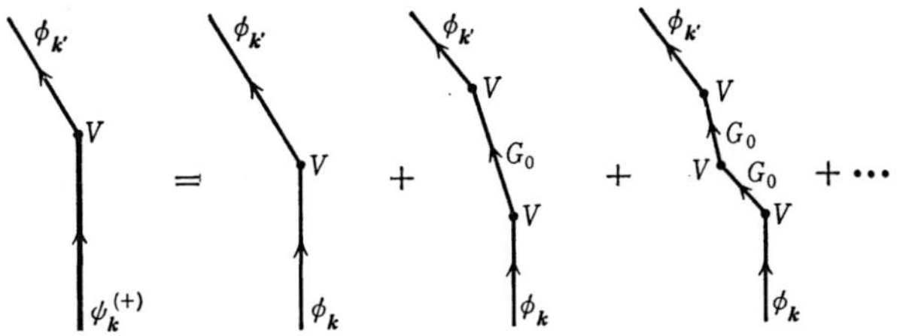

図 **2.11** Feynman図形

ている．(4.28)の右辺の第1項が第1 Born近似であり，第2項を**第2 Born近似**という．(4.28)の $G_0(E_k+i\epsilon)$ は外向きの球面波として伝播する波動を表わすGreen関数であり，(4.28)の展開式を図2.11のように図形で表現することができる．たとえば，第2 Born近似の項は，状態 ϕ_k で入射した粒子が相互作用 V の影響をうけて，その方向を曲げられ，$G_0(E_k+i\epsilon)$ によって伝播し，その後ふたたび相互作用 V の影響により方向を曲げられ，終状態 $\phi_{k'}$ に転移する．このような過程を目にみえるように図で表現したものが，図2.11であり，この種の図形を**Feynman図形**(Feynman diagram)という．しかし，(4.28)の展開式で，第2 Born近似以上の計算ははなはだしく面倒になる．その上，(4.28)の展開が収束するのは極めて限られた場合だけであって，多くの場合，たとえ手間をかけて高次近似を計算してもあまりよい結果はえられない．しかし，それにもかかわらず，第1 Born近似がとくによく利用される理由は，何といってもその簡単さにある．したがって，ある散乱問題を手がけたとき，だれもが最初に試してみるのが，この近似である．そして思わしい結果がえられないとき，他の近似法を考えるのである．

それでは，(4.28)の級数展開がどのような条件のもとで収束するかを調べよう．しかし，その厳密な数学的議論は非常に複雑なものになるので，ここでは物理的に考えて，(4.28)の級数が収束するための十分条件を求めることにする．(4.26)をみると，rが大きいところでは，次の条件がみたされていれば収束する．したがって，このとき(4.28)もまた収束するであろう．

$$\frac{1}{4\pi}\left|\int \frac{\exp(ikr')}{r'} U(r') \exp(ikz') \mathrm{d}^3\boldsymbol{r}'\right| \ll 1. \tag{4.29}$$

いま，Uの大きさをU_0と書き，ポテンシャルのある領域の半径をaとすると，(4.29)の角積分は実行できて

$$\frac{|U_0|}{4k^2}|\exp(2ika)-2ika-1| \ll 1 \tag{4.30}$$

をうる．入射粒子のエネルギーが低くて，kaが小さいときには，(4.30)の指数関数はkaのベキに展開でき，(4.30)の条件は

$$\frac{1}{2}|U_0|a^2 \ll 1 \tag{4.31}$$

となる．つまり，低エネルギーでの散乱では，ポテンシャルの強さが非常に小さいときに，(4.28)のベキ級数は収束する．これに対して，高エネルギーでの散乱の場合には，kaが大きく，(4.30)の中の指数関数はkの微小な変化に対して激しく振動して消えるので，(4.30)は

$$\frac{|U_0|a}{2k} \ll 1 \tag{4.32}$$

となる．あるいは，$U_0=2mV_0/\hbar^2$, $v=\hbar k/m$の関係を利用して，(4.32)を書き直すと

$$\frac{|V_0|a}{\hbar v} \ll 1 \tag{4.33}$$

となる．すなわち，ポテンシャルの強さが小さくて，また入射粒子の速さvが十分に大きいときに，(4.33)の条件がみたされる．

(4.33)の条件は物理的には次のように解釈される．すなわち，散乱がきわめて弱くて，入射粒子がポテンシャルを通過するのに要する時間 a/v が，粒子にポテンシャルが十分に影響をおよぼすことのできる時間 $\hbar/V_0$ に比較して小さいとき，この近似が意味をもっているということである．

§5 半古典的近似

Born 近似の成立条件(4.33)は，相互作用の強さ $|V_0|$ が大きいときには，入射粒子の速さ v がかなり大きいときにもみたされない．そこで，高エネルギーにおける散乱で，相互作用の強さが大きいときにも有効な近似法を考えよう．散乱の積分方程式

$$\psi_k{}^{(+)}(\boldsymbol{r}) = \frac{1}{(2\pi)^{3/2}}\exp(ikz) + \int G_0{}^{(+)}(\boldsymbol{r}-\boldsymbol{r}')U(r')\psi_k{}^{(+)}(\boldsymbol{r}')\mathrm{d}^3\boldsymbol{r}' \tag{5.1}$$

において，

$$G_0{}^{(+)}(\boldsymbol{r}-\boldsymbol{r}') = \frac{1}{(2\pi)^3}\int \mathrm{d}^3\boldsymbol{p}\,\frac{\exp\{i\boldsymbol{p}\,(\boldsymbol{r}-\boldsymbol{r}')\}}{k^2-p^2+i\epsilon} \tag{5.2}$$

である．

さて，高速粒子がポテンシャルに入射したとき，そのほとんどがポテンシャルの影響をうけずに素通りすると考えられる．そこで

$$\psi_k{}^{(+)}(\boldsymbol{r}) = \frac{1}{\sqrt{(2\pi)^3}}\varphi(\boldsymbol{r})\exp(ikz) \tag{5.3}$$

とおいて，(5.1)を $\varphi(\boldsymbol{r})$ に関する積分方程式に変換すると

$$\varphi(\boldsymbol{r}) = 1 + \frac{1}{(2\pi)^3}\int \mathrm{d}^3\boldsymbol{p}\,\frac{\exp\{i(\boldsymbol{p}-\boldsymbol{k})\cdot\boldsymbol{r}''\}}{k^2-p^2+i\epsilon}U(|\boldsymbol{r}-\boldsymbol{r}''|)\varphi(\boldsymbol{r}-\boldsymbol{r}'')\mathrm{d}^3\boldsymbol{r}'' \tag{5.4}$$

をうる．ここで変数を $\boldsymbol{r}-\boldsymbol{r}'\equiv\boldsymbol{r}''$ として書き変えてある．右辺の

$U\varphi$ はゆっくり変化する関数であると考えると，$ka \gg 1$ の条件をみたしているとき，(5.4)の指数関数の部分は，$\boldsymbol{r}''$ の積分にともない激しく振動して小さくなる．そして主としてきいてくるのは，$\boldsymbol{k}$ と $\boldsymbol{p}$ の大きさが等しく，かつ平行になっている部分である．そこで

$$\boldsymbol{p} = \boldsymbol{k} + \boldsymbol{\kappa}$$

とおき，分母の p^2 を

$$p^2 \cong k^2 + 2(\boldsymbol{k}\cdot\boldsymbol{\kappa})$$

で近似する．すると(5.4)は

$$\psi(\boldsymbol{r}) = 1 + \frac{1}{(2\pi)^3}\int \mathrm{d}^3\boldsymbol{\kappa}\,\frac{\exp\,[i\boldsymbol{\kappa}\cdot\boldsymbol{r}'']}{-2(\boldsymbol{k}\cdot\boldsymbol{\kappa})+i\epsilon}\,U(|\boldsymbol{r}-\boldsymbol{r}''|)\,\varphi(\boldsymbol{r}-\boldsymbol{r}'')\mathrm{d}^3\boldsymbol{r}'' \tag{5.5}$$

となる．$\boldsymbol{k}$ は z 方向のベクトルであるから，$\boldsymbol{k}=(0, 0, k)$ である．そこで(5.5)の $\boldsymbol{\kappa}$ に関する積分を実行しよう．さて，

$$\begin{aligned}
&\int \mathrm{d}^3\boldsymbol{\kappa}\,\frac{\exp\,(i\boldsymbol{\kappa}\cdot\boldsymbol{r}'')}{-2(\boldsymbol{k}\cdot\boldsymbol{\kappa})+i\epsilon} \\
&\quad = \int_{-\infty}^{\infty}\mathrm{d}\kappa_x\,\exp\,(i\kappa_x x'')\int_{-\infty}^{\infty}\mathrm{d}\kappa_y\,\exp\,(i\kappa_y y'')\int_{-\infty}^{\infty}\mathrm{d}\kappa_z\,\frac{\exp\,(i\kappa_z z'')}{-2(k\kappa_z)+i\epsilon} \\
&\quad = (2\pi)^2\delta(x'')\delta(y'')\cdot\frac{-1}{2k}\cdot\int_{-\infty}^{\infty}\mathrm{d}\kappa_z\,\frac{\exp\,(i\kappa_z z'')}{\kappa_z - i\epsilon'}
\end{aligned} \tag{5.6}$$

であり，残った積分における極の避け方は，すでに $\epsilon'=\epsilon/2k$ の存在によって規定されている．そこで，$z''>0$ のときには積分路を図2.12のように上に閉じて，留数を求める．すると

$$\int_{-\infty}^{\infty}\mathrm{d}\kappa_z\,\frac{\exp\,(i\kappa_z z'')}{\kappa_z - i\epsilon'} = 2\pi i, \qquad z''>0 \tag{5.7}$$

である．一方，$z''<0$ のときには，積分路を下に閉じる．このとき積分路内に極はないから

$$\int_{-\infty}^{\infty}\mathrm{d}\kappa_z\,\frac{\exp\,(i\kappa_z z'')}{\kappa_z - i\epsilon'} = 0, \qquad z''<0 \tag{5.8}$$

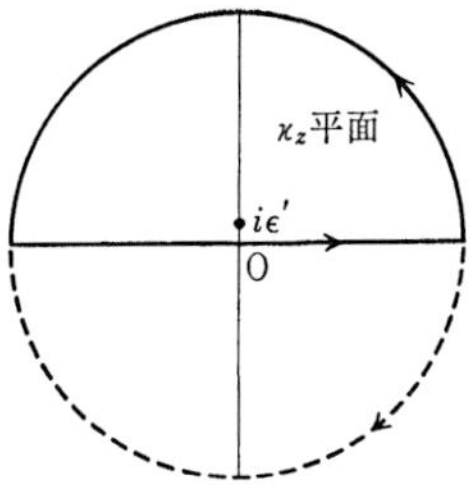

図 **2.12** (5.7), (5.8)の積分路

となる．このことは，散乱は$z''>0$，つまり，前方への散乱のみが生ずることを意味している．そこで階段関数$\theta(z)$を

$$\theta(z) = \begin{cases} 1 & z>0 \\ 0 & z<0 \end{cases} \tag{5.9}$$

で定義すると，(5.6)は

$$\int d^3\boldsymbol{\kappa} \frac{\exp(i\boldsymbol{\kappa}\cdot\boldsymbol{r}'')}{-2(\boldsymbol{k}\cdot\boldsymbol{\kappa})+i\epsilon} = \frac{-i}{2k}(2\pi)^3\delta(x'')\delta(y'')\theta(z'') \tag{5.10}$$

と書かれる．これを(5.5)に代入して，x'', y'' の積分をすませると

$$\varphi(\boldsymbol{r}) = 1-\frac{i}{2k}\int_0^\infty dz'' U(x, y, z-z'')\varphi(x, y, z-z'')$$

となる．あるいは$z'=z-z''$とすると

$$\varphi(x, y, z) = 1-\frac{i}{2k}\int_{-\infty}^{z} dz' U(x, y, z')\varphi(x, y, z') \tag{5.11}$$

である．この積分方程式の解は

$$\varphi(x, y, z) = \exp\left\{-\frac{i}{2k}\int_{-\infty}^{z} U(x, y, z')dz'\right\} \tag{5.12}$$

で与えられる．この結果を(5.3)に代入し，$U=2m\hbar^2/V$に注意すると

$$\psi_k^{(+)}(\boldsymbol{r}) = \frac{1}{\sqrt{(2\pi)^3}}\exp\left[ikz-i\frac{1}{\hbar v}\int_{-\infty}^{z} V(x, y, z')dz'\right] \tag{5.13}$$

をうる．

後に示すように，前節で説明したBorn近似は，$|V_0|a/\hbar v \ll 1$ であるとして，(5.13)の指数の第2項そのものが小さいとみなして，その部分の指数関数を展開したものに一致する．これに対して，いまの近似では，指数の第1項と比較して第2項が小さいとしている．つまり，第2項そのものが絶対的に小さいとは考えていない．したがって，(5.13)の近似の成立条件は

$$\frac{|V_0|}{\hbar v} \ll k \tag{5.14}$$

である．そのほかに

$$ka \gg 1 \tag{5.15}$$

の条件を仮定しているが，(5.14)と(5.15)とを組み合わせたパラメーター $|V_0|a/\hbar v$ に関しては，とくに制限がない．そういう意味で，(5.13)は高エネルギーにおける散乱において，相互作用の強さ $|V_0|$ が大きい場合にも適用でき，Born近似よりも適用範囲が広い．この近似法を**アイコナール近似**(eikonal approximation)という．ここでeikonというのは，ギリシャ語の $\epsilon\iota\kappa o\nu$ で，image(影像)という意味である．つまり，この近似法が波動光学に対する幾何光学的な近似になっていることを示しているのである．なお，(5.13)の解は(2.5)の漸近条件をみたしていない．しかし，(5.13)の波動関数は散乱振幅(4.1)における被積分関数として利用されるのであり，このとき必要なのは，ポテンシャル $V(r)$ の存在する r が小さい領域での波動関数の性質であり，r の大きい遠方での性質は必要ではないので，(2.5)の漸近条件を考慮しなくてもよいのである．

そこで(5.13)を(4.1)に代入すると

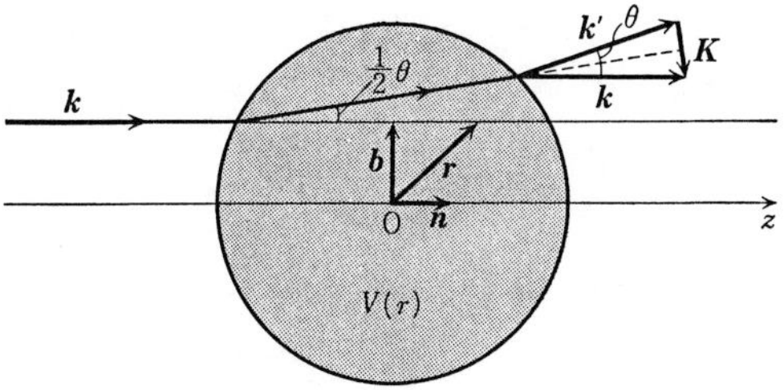

図 **2.13** アイコナール近似

$$f(\theta) = -\frac{1}{4\pi}\int \mathrm{d}^3\boldsymbol{r}\,\exp\{i(\boldsymbol{k}-\boldsymbol{k}')\cdot\boldsymbol{r}\}U(\boldsymbol{r})$$

$$\times\exp\left\{-\frac{i}{2k}\int_{-\infty}^{z}U(x,y,z')\mathrm{d}z'\right\} \quad (5.16)$$

となる．さて，図 2.13 より

$$\boldsymbol{r} = \boldsymbol{b}+z\boldsymbol{n} \quad (5.17)$$

と表わせる．ここで $\boldsymbol{n}$ は z 方向の単位ベクトルであり，また $\boldsymbol{b}$ は，ベクトル $\boldsymbol{r}$ の z 軸に垂直な方向の成分を表わすベクトルで，これは古典力学における衝突径数に対応するものである．図をみると明らかなように，この近似では散乱波の方向 $\boldsymbol{k}'$ は $\boldsymbol{n}$ の方向とほとんど平行であり，したがって，$\boldsymbol{K}=\boldsymbol{k}-\boldsymbol{k}'$ はほとんど $\boldsymbol{n}$ に直交している．そこで

$$\boldsymbol{K}\cdot\boldsymbol{r} = \boldsymbol{K}\cdot\boldsymbol{b}+z\boldsymbol{K}\cdot\boldsymbol{n} \cong \boldsymbol{K}\cdot\boldsymbol{b} \quad (5.18)$$

と近似することができる．なおこのとき

$$K = |\boldsymbol{K}| = 2k\sin(\theta/2) \quad (5.19)$$

である．(5.17)および(5.18)を(5.16)に代入すると，(5.16)は

$$f(\theta) = -\frac{1}{4\pi}\int \mathrm{d}^2\boldsymbol{b}\int_{-\infty}^{\infty}\mathrm{d}z\,\exp(i\boldsymbol{K}\cdot\boldsymbol{b})U(\boldsymbol{b}+z\boldsymbol{n})$$

$$\times\exp\left\{-\frac{i}{2k}\int_{-\infty}^{z}U(\boldsymbol{b}+z'\boldsymbol{n})\mathrm{d}z'\right\} \quad (5.20)$$

と書きかえられる．ところが，(5.20)の z に関する積分は次のようにして実行できる．すなわち

$$\int_{-\infty}^{\infty}\mathrm{d}z\,U(\boldsymbol{b}+z\boldsymbol{n})\exp\left\{-\frac{i}{2k}\int_{-\infty}^{z}U(\boldsymbol{b}+z'\boldsymbol{n})\mathrm{d}z'\right\}$$
$$=2ki\int_{-\infty}^{\infty}\mathrm{d}z\frac{\mathrm{d}}{\mathrm{d}z}\left[\exp\left\{-\frac{i}{2k}\int_{-\infty}^{z}U(\boldsymbol{b}+z'\boldsymbol{n})\mathrm{d}z'\right\}\right]$$
$$=2ki\exp\left\{-\frac{i}{2k}\int_{-\infty}^{z}U(\boldsymbol{b}+z'\boldsymbol{n})\mathrm{d}z'\right\}\Bigg|_{z=-\infty}^{z=+\infty}$$
$$=2ki\left[\exp\left\{-\frac{i}{2k}\int_{-\infty}^{\infty}U(\boldsymbol{b}+z'\boldsymbol{n})\mathrm{d}z'\right\}-1\right]$$

である．これより

$$f(\theta)=\frac{k}{2\pi i}\int\mathrm{d}^2\boldsymbol{b}\exp(i\boldsymbol{K}\cdot\boldsymbol{b})\Big[\exp\{i\chi(k,b)\}-1\Big] \tag{5.21}$$

となる．ここで

$$\chi(k,b)=-\frac{1}{2k}\int_{-\infty}^{\infty}U(\boldsymbol{b}+z'\boldsymbol{n})\mathrm{d}z' \tag{5.22}$$

である．

ここで，(5.21)の指数関数を χ に関して展開し，その1次の項を残すと

$$f(\theta)=-\frac{1}{4\pi}\int\mathrm{d}^2\boldsymbol{b}\int_{-\infty}^{\infty}\mathrm{d}z'\exp(i\boldsymbol{K}\cdot\boldsymbol{b})U(\boldsymbol{b}+z'\boldsymbol{n})$$

となる．ここで変数を $(\boldsymbol{b},z')$ から $\boldsymbol{r}$ に変えると，$\boldsymbol{K}\cdot\boldsymbol{b}\cong\boldsymbol{K}\cdot\boldsymbol{r}$ の関係から

$$f(\theta)=-\frac{1}{4\pi}\int\mathrm{d}^3\boldsymbol{r}\exp(i\boldsymbol{K}\cdot\boldsymbol{r})\cdot U(\boldsymbol{r})$$

となり，これは(4.5)の第1 Born 近似の式と一致する．

さて，$\boldsymbol{b}$ は z 軸に垂直で，また $\boldsymbol{K}$ は z 軸にほとんど垂直である．したがって，これらのベクトルの間の角を ϕ と書くと，この角 ϕ は z 軸のまわりの回転角になっている．このとき

$$\boldsymbol{K}\cdot\boldsymbol{b} = Kb\cos\phi$$

で，(5.21)は

$$f(\theta) = \frac{k}{i}\frac{1}{2\pi}\int_0^\infty b\,\mathrm{d}b\int_0^{2\pi}\mathrm{d}\phi\exp(ibK\cos\phi)\Bigl[\exp\{i\chi(k,b)\}-1\Bigr]$$

$$= \frac{k}{i}\int_0^\infty b\,\mathrm{d}b J_0(bK)\Bigl[\exp\{i\chi(k,b)\}-1\Bigr] \tag{5.23}$$

となる．ここで $J_0(x)$ は0次の Bessel 関数で

$$J_0(x) = \frac{1}{2\pi}\int_0^{2\pi}\mathrm{d}\phi\exp\{ix\cos\phi\}$$

で与えられる．こうして，結局，アイコナール近似での散乱振幅は，(5.22)の z' に関する積分により χ を求め，その結果を(5.23)に代入して，衝突径数 b に関する積分を遂行することによってえられる．しかし，(5.23)の積分を解析的に実行することは多くの場合困難であり，そのときには数値積分の方法にたよるほかはない．

(1) 光学定理

アイコナール近似の散乱振幅(5.21)が光学定理(3.18)をみたしていることを証明しよう．前方散乱の振幅は，(5.21)で $\boldsymbol{K}=0$ とおけばよい．すなわち

$$f(0) = \frac{k}{2\pi i}\int \mathrm{d}^2\boldsymbol{b}\Bigl[\exp\{i\chi(k,b)\}-1\Bigr]$$

である．したがって，これの虚数部分は

$$\mathrm{Im}\,f(0) = \frac{k}{2\pi}\int \mathrm{d}^2\boldsymbol{b}\Bigl[1-\mathrm{Re}\exp\{i\chi(k,b)\}\Bigr] \tag{5.24}$$

で与えられる．

さて，散乱振幅を入射波の波数ベクトル $\boldsymbol{k}$ と散乱波のそれ $\boldsymbol{k}'$ の関数であるとみなして，$f(\theta)\equiv f(\boldsymbol{k}',\boldsymbol{k})$ と書きかえておくと，散乱の全断面積 σ_s は

$$\sigma_s = \int |f(\boldsymbol{k}', \boldsymbol{k})|^2 \mathrm{d}\Omega_{k'}$$
$$= \left(\frac{k}{2\pi}\right)^2 \int \mathrm{d}^2\boldsymbol{b} \int \mathrm{d}^2\boldsymbol{b}' \int \mathrm{d}\Omega_{k'} \exp\{i\boldsymbol{K}\cdot(\boldsymbol{b}-\boldsymbol{b}')\}$$
$$\times\left[\exp\{i\chi(k,b)\}-1\right]\left[\exp\{-i\chi^*(k,b')\}-1\right] \quad (5.25)$$

で与えられる．ここでいま，$\chi(k,b)$ は複素数であるとしたが，これは(5.22)のポテンシャル U が虚数部分をもち，入射粒子の標的系による吸収のある一般の場合をも考慮したからである．さて，(5.25)の $\mathrm{d}\Omega_{k'}$ は散乱波の波数ベクトル $\boldsymbol{k}'$ をかこむ微小立体角であるが，いまの場合，散乱波のほとんどは前方に集中しているので，立体角に関する球面上の積分を，この球面に接し，z 軸に垂直に立てた平面上の2次元的積分におきかえてもよいであろう．すなわち

$$\mathrm{d}\Omega_{k'} \cong \mathrm{d}^2\boldsymbol{k}'/k^2$$

とする．このとき

$$\int \exp\{i\boldsymbol{K}\cdot(\boldsymbol{b}-\boldsymbol{b}')\}\mathrm{d}^2\boldsymbol{k}' = \int \exp\{i(\boldsymbol{k}-\boldsymbol{k}')\cdot(\boldsymbol{b}-\boldsymbol{b}')\}\mathrm{d}^2\boldsymbol{k}'$$
$$= (2\pi)^2\delta^2(\boldsymbol{b}-\boldsymbol{b}')$$

となるから，(5.25)は

$$\sigma_s = \int \mathrm{d}^2\boldsymbol{b} \left|\exp\{i\chi(k,b)\}-1\right|^2 \quad (5.26)$$

となる．ここで χ が実数であるときには

$$\sigma_s = 2\int \mathrm{d}^2\boldsymbol{b}\left[1-\mathrm{Re}\exp\{i\chi(k,b)\}\right] \quad (5.27)$$

であり，これを(5.24)と比較することにより，光学定理

$$\sigma_s = \frac{4\pi}{k}\,\mathrm{Im}\,f(0) \quad (5.28)$$

が証明される．

一方，入射粒子の標的系による吸収のあるとき，つまりχが複素数のときには，(5.24)と(5.26)の差をとることにより

$$\frac{4\pi}{k}\ \mathrm{Im}\ f(0)-\sigma_s=\int \mathrm{d}^2\boldsymbol{b}\Bigl(1-|\exp\{i\chi(k,\ b)\}|^2\Bigr) \quad (5.29)$$

なる関係をうる．第3章で説明するように，(5.29)の右辺は入射粒子の標的による吸収の断面積を表わすので，これをσ_rと書くと，(5.29)は

$$\sigma_s+\sigma_r=\frac{4\pi}{k}\ \mathrm{Im}\, f(0) \quad (5.30)$$

と書くことができ，これは一般化された光学定理である．

(2) 不透明な球による散乱

衝突した入射粒子がすべて吸収されてしまう，いわばまっ黒な球による粒子の散乱をアイコナール近似で扱ってみよう．このとき，ポテンシャルは複素数であり，$U=U_0+iU_1$と表わすことができる．さて衝突径数bが，ポテンシャルの半径aよりも大きいときには，当然ポテンシャルの作用はないから，$U_0=U_1=0$である．したがって，このとき$\exp[i\chi(k,b)]=1$である．衝突径数bが球の半径aよりも小さいときには，すべての粒子は吸収されてしまうから，このとき$U_1=\infty$とみることができる．この場合，$\exp[i\chi(k,b)]=0$である．したがって，(5.23)は次のようになる．

$$f(\theta)=-\frac{k}{i}\int_0^a bJ_0(Kb)\mathrm{d}b=ika^2\frac{J_1(Ka)}{Ka}. \quad (5.31)$$

散乱断面積σ_sは，(5.31)より

$$\sigma_s=|f(\theta)|^2=(ka^2)^2\left[\frac{J_1(2ka\sin(\theta/2))}{2ka\sin(\theta/2)}\right]^2 \quad (5.32)$$

で与えられる．この(5.32)は古典的波動による回折のパターンと完全に一致している．

第3章　部分波分析による方法

§1　球座標系における Schrödinger の方程式

第2章においては，散乱の問題をカーテシアン座標系 (x, y, z) で考えてきた．球対称なポテンシャルの中での粒子の運動の問題のように，考えている体系が，ある点またはある軸のまわりに対称になっている場合には，図3.1に示すような球座標系を用いると見通しのよい結果をうることが多い．例えば，水素原子の束縛状態における固有値問題などがそのよい例である．そこでこの章では，散乱の問題を球座標系で取り扱う方法を考えよう．図3.1より明らかなように，カーテシアン座標 (x, y, z) と球座標 (r, θ, φ) との間には

$$
\begin{aligned}
x &= r\sin\theta\cos\varphi, \\
y &= r\sin\theta\sin\varphi, \\
z &= r\cos\theta
\end{aligned}
\tag{1.1}
$$

の関係がある．なお以下の議論において，各種の特殊関数が用いられるが，これらの関数の性質に関しては，巻末の付録でまとめて解説してあるので，必要に応じてそれを参照されたい．

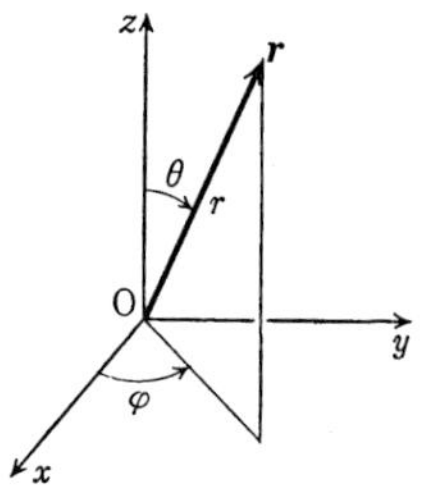

図 **3.1**　球座標系

さて，重心の運動を分離した後の2粒子系のハミルトニアン

$$H = -\frac{\hbar^2}{2m}\triangle_r + V(r) \tag{1.2}$$

を，(1.1)の球座標系で表わすと

$$H = -\frac{\hbar^2}{2m}\left[\frac{1}{r^2}\frac{\partial}{\partial r}\left(r^2\frac{\partial}{\partial r}\right) + \frac{1}{r^2\sin\theta}\frac{\partial}{\partial\theta}\left(\sin\theta\frac{\partial}{\partial\theta}\right) + \frac{1}{r^2\sin^2\theta}\frac{\partial^2}{\partial\varphi^2}\right] + V(r) \tag{1.3}$$

であることはよく知られている．ここでいま，角運動量演算子 $\boldsymbol{L} = \boldsymbol{r}\times\boldsymbol{p}$ を考え，それらの成分を球座標系で表わすと

$$\begin{aligned} L_x &= yp_z - zp_y = i\hbar\left(\sin\varphi\frac{\partial}{\partial\theta} + \cot\theta\cos\varphi\frac{\partial}{\partial\varphi}\right), \\ L_y &= zp_x - xp_z = i\hbar\left(-\cos\varphi\frac{\partial}{\partial\theta} + \cot\theta\sin\varphi\frac{\partial}{\partial\varphi}\right), \\ L_z &= xp_y - yp_x = -i\hbar\frac{\partial}{\partial\varphi} \end{aligned} \tag{1.4}$$

である．(1.4)から

$$\begin{aligned} \boldsymbol{L}^2 &= L_x^2 + L_y^2 + L_z^2 \\ &= -\hbar^2\left[\frac{1}{\sin\theta}\frac{\partial}{\partial\theta}\left(\sin\theta\frac{\partial}{\partial\theta}\right) + \frac{1}{\sin^2\theta}\frac{\partial^2}{\partial\varphi^2}\right] \end{aligned} \tag{1.5}$$

がえられる．これを(1.3)と比較すると

$$H = -\frac{\hbar^2}{2m}\left[\frac{1}{r^2}\frac{\partial}{\partial r}\left(r^2\frac{\partial}{\partial r}\right) - \frac{\boldsymbol{L}^2}{\hbar^2 r^2}\right] + V(r) \tag{1.6}$$

と表わすことができる．(1.6)の $\boldsymbol{L}^2/2mr^2$ の項は，球座標系を採用したことによって現われる遠心力にもとづくポテンシャルを表わす項である．なぜなら，粒子が角運動量 L で原点Oのまわりを回転しているとき，その角速度は $\omega = L/mr^2$ であり，その遠心力 $m\omega^2 r$ は L^2/mr^3 で与えられる．この力をもたらすポテンシャルは，明らかに $L^2/2mr^2$ であるからである．

すぐにわかるように，$[\boldsymbol{L}^2, L_z]=0$ であるから，$\boldsymbol{L}^2$ と L_z とは同時に対角化することができ，それらの固有関数と固有値は次式で与えられる．

$$\begin{aligned} \boldsymbol{L}^2 Y_{l,m}(\theta,\varphi) &= \hbar^2 l(l+1) Y_{l,m}(\theta,\varphi), \\ L_z Y_{l,m}(\theta,\varphi) &= \hbar m Y_{l,m}(\theta,\varphi). \end{aligned} \tag{1.7}$$

ここで $Y_{l,m}(\theta,\varphi)$ は**球面調和関数**であり，また右辺の l と m とは，それぞれ

$$\begin{aligned} l &= 0, 1, 2, \cdots\cdots, \\ m &= -l, -l+1, \cdots, 0, \cdots, l-1, l \end{aligned} \tag{1.8}$$

なる値をとる．

散乱問題の Schrödinger 方程式

$$H\psi_k^{(+)}(\boldsymbol{r}) = E_k \psi_k^{(+)}(\boldsymbol{r}) \tag{1.9}$$

において，波動関数 $\psi_k^{(+)}(\boldsymbol{r})$ を上の角運動量の固有関数 $Y_{l,m}$ で次のように展開する．

$$\psi_k^{(+)}(\boldsymbol{r}) = \sum_{l=0}^{\infty} \sum_{m=-l}^{l} C_{lm} R_l^{(+)}(r) Y_{l,m}(\theta,\varphi) \tag{1.10}$$

この展開式を(1.9)に代入して，動径関数 $R_l^{(+)}(r)$ に関する方程式をつくると

$$-\frac{\hbar^2}{2m}\left[\frac{1}{r^2}\frac{\mathrm{d}}{\mathrm{d}r}\left(r^2\frac{\mathrm{d}}{\mathrm{d}r}\right)-\frac{l(l+1)}{r^2}\right]R_l^{(+)}(r) + V(r)R_l^{(+)}(r) = E_k R_l^{(+)}(r) \tag{1.11}$$

がえられる．ここでさらに

$$u_l(r) = rR_l^{(+)}(r) \tag{1.12}$$

とおくと，(1.11)は

$$\left[\frac{\mathrm{d}^2}{\mathrm{d}r^2}+k^2-\frac{l(l+1)}{r^2}-U(r)\right]u_l(r) = 0 \tag{1.13}$$

と変換される．ただしここで

$$E_k = \frac{\hbar^2}{2m}k^2, \qquad V = \frac{\hbar^2}{2m}U \tag{1.14}$$

である．u_l に関する方程式(1.13)は，ポテンシャル $U+l(l+1)/r^2$ のなかで運動する1次元的粒子に対する Schrödinger 方程式と同形になっていることに注意しよう．

ここで，(1.11)あるいは(1.13)の微分方程式を解くにあたって要請される条件について説明しておこう．ポテンシャル $U(r)$ が r のいたるところで有限な値をもつとき，

$$u_l(0) = 0 \tag{1.15}$$

でなければならない．その理由は次の通りである．いま，(1.9)の Schrödinger の方程式を

$$\frac{\triangle\psi^{(+)}}{\psi^{(+)}} = \frac{2m}{\hbar^2}(V(r)-E_k)$$

と書いておくと，この式の右辺は r のすべての値に対して有限である．いま，$\psi^{(+)}$ が原点の近傍で $r^{-\alpha}$ $(\alpha>0)$ の形をもち，$r=0$ で発散していると仮定すると，左辺の $\triangle\psi^{(+)}/\psi^{(+)}$ は r^{-2} の形となり，これは原点 $r=0$ で発散する．つまり，このとき右辺と矛盾する．したがって，$\psi^{(+)}$ は原点で有限な値をもたねばならない．それにともなって，(1.10)の展開式の中の $R_l^{(+)}(r)$ もまた原点で有限値をもっていなければならない．したがって，

$$u_l(0) = \lim_{r\to 0} rR_l^{(+)}(r) = 0$$

である．

次に(1.13)のポテンシャル $U(r)$ が，ある点 $r=a$ で不連続になっているとき，その点で $u_l(r)$ およびその微係数がみたすべき条件を調べておこう．図3.2にあるように，$V(r)$ は $r=a$ で不連続ではあるが，その値は有限である．そこで(1.13)を

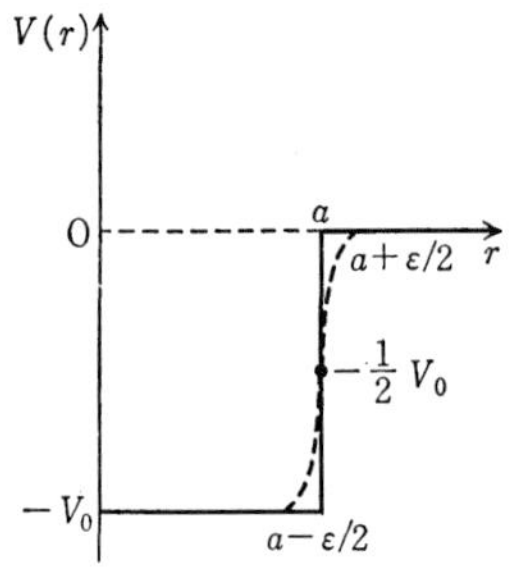

図 **3.2** 連続の条件

$$\frac{\mathrm{d}^2u_l(r)}{\mathrm{d}r^2}=\left[U(r)+\frac{l(l+1)}{r^2}-k^2\right]u_l(r) \qquad (1.16)$$

と書いておくと，右辺は $r=a$ で有限な値をもっている．するとこれが左辺と矛盾しないためには，$u_l(r)$ は $r=a$ で連続でなければならない．なぜなら，$u_l(r)$ が $r=a$ で不連続であるなら，その微係数は $r=a$ で存在せず，したがって，2階の微係数も存在せず，これは(1.16)の右辺と矛盾するからである．次に $u_l(r)$ の微係数 $\mathrm{d}u_l(r)/\mathrm{d}r$ は $r=a$ でどのような条件をみたすべきであろうか．$r=a$ で不連続なポテンシャルは，図3.2の点線で示したような狭い幅の中でなめらかに変化するポテンシャルの極限であると考えられる．そこで，(1.16)をこの狭い範囲にわたって積分する．すると

$$\frac{\mathrm{d}u_l}{\mathrm{d}r}\left(a+\frac{\varepsilon}{2}\right)-\frac{\mathrm{d}u_l}{\mathrm{d}r}\left(a-\frac{\varepsilon}{2}\right)=\int_{a-\varepsilon/2}^{a+\varepsilon/2}\left[U(r)+\frac{l(l+1)}{r^2}-k^2\right]u_l(r)\mathrm{d}r$$

となる．右辺の被積分関数は，この積分領域内で有限かつ連続であるから，

$$\text{右辺} = -\left[k^2-\frac{l(l+1)}{a^2}-U(a)\right]u_l(a)\cdot\varepsilon$$

となる．ここで $\varepsilon\to 0$ の極限をとれば，これは0となる．したがって，$u_l(r)$ の微係数も $r=a$ で連続でなければならない．結局，

$u_l(r)$ は $r=a$ で，それ自身とその微係数の両方とも連続である．つまり，$u_l(r)$ はポテンシャルの不連続点 $r=a$ でなめらかに接続していることが要求される．式で表わせば

$$u_l^{\text{in}}(a) = u_l^{\text{out}}(a), \qquad \frac{\mathrm{d}u_l^{\text{in}}}{\mathrm{d}r}(a) = \frac{\mathrm{d}u_l^{\text{out}}}{\mathrm{d}r}(a) \tag{1.17}$$

である．ここで $u_l^{\text{in}}(r)$ は $r<a$ の領域での解であり，また $u_l^{\text{out}}(r)$ は $r>a$ の領域での解である．(1.12)の関係から，動径関数 $R_l(r)$ についても

$$R_l^{(+)\text{in}}(a) = R_l^{(+)\text{out}}(a), \qquad \frac{\mathrm{d}R_l^{(+)\text{in}}}{\mathrm{d}r}(a) = \frac{\mathrm{d}R_l^{(+)\text{out}}}{\mathrm{d}r}(a) \tag{1.18}$$

が要求されることはすぐに確かめられよう．

微分方程式(1.11)にもどろう．r が大きくて，そこではポテンシャル $V(r)$ が 0 であるような領域では，(1.11)は

$$\left[\frac{\mathrm{d}^2}{\mathrm{d}r^2}+\frac{2}{r}\frac{\mathrm{d}}{\mathrm{d}r}+k^2-\frac{l(l+1)}{r^2}\right]R_l^{(+)}(r) = 0 \tag{1.19}$$

となる．この 2 階の微分方程式の独立な 2 個の解は，**球面 Bessel 関数** $j_l(kr)$ および**球面 Neumann 関数** $n_l(kr)$ で与えられる．したがって，(1.19)の一般解は

$$R_l^{(+)}(r) = A_l j_l(kr)+B_l n_l(kr) \tag{1.20}$$

である．あるいは

$$h_l^{(1)}(kr) = j_l(kr)+in_l(kr), \qquad h^{(2)}(kr) = j_l(kr)-in_l(kr) \tag{1.21}$$

で定義される**球面 Hankel 関数** $h_l^{(1)}$ および $h_l^{(2)}$ を用いると

$$R_l^{(+)}(r) = A_l'h_l^{(1)}(kr)+B_l'h_l^{(2)}(kr) \tag{1.22}$$

と書かれる．(1.20)と(1.22)で A_l, B_l, A_l' および B_l' は積分定数であり，これらの定数は，波動関数 $\psi_k^{(+)}(\boldsymbol{r})$ の漸近形(第 2 章(2.5))と，(1.18)の連続の条件によって決まるが，この点に関しては次節以下で論ずることにする．

§2　波動関数 $\psi_k^{(+)}(\boldsymbol{r})$ の漸近形の部分波分解

(1.10)で波動関数 $\psi_k^{(+)}$ を，角運動量の固有関数 $Y_{l,m}(\theta,\varphi)$ で展開し，問題を動径関数 $R_l^{(+)}$ および展開係数 C_{lm} を求めることに帰着させた．このような解析法を**部分波分析**(partial wave analysis)の方法という．

さて，ここでは $r\to\infty$ における波動関数のみたすべき漸近条件

$$\psi_k^{(+)}(\boldsymbol{r})\xrightarrow[r\to\infty]{}\frac{1}{\sqrt{(2\pi)^3}}\left[\exp(ikz)+\frac{f(\theta)}{r}\exp(ikr)\right] \qquad (2.1)$$

を部分波に分解し，散乱問題のもつ一般的性格について考察しよう．

Rayleigh の公式によると，(2.1)の平面波は

$$\exp(ikz)=\exp(ikr\cos\theta)=\sum_{l=0}^{\infty}(2l+1)i^l j_l(kr)P_l(\cos\theta) \qquad (2.2)$$

と展開される．ここに $(2l+1)$ の因子が現れるのは，平面波が z 軸のまわりの角 φ にはよらず，そのため量子数 m に関して $(2l+1)$ 重に縮退しているからである．(2.2)で $j_l(kr)$ の漸近形

$$j_l(kr)\xrightarrow[r\to\infty]{}\frac{\sin(kr-l\pi/2)}{kr} \qquad (2.3)$$

を利用すると，

$$\begin{aligned}\exp(ikz)&\xrightarrow[r\to\infty]{}\sum_{l=0}^{\infty}i^l\frac{(2l+1)}{kr}\sin\left(kr-\frac{l\pi}{2}\right)P_l(\cos\theta)\\&=\sum_{l=0}^{\infty}\frac{(2l+1)}{2ikr}\left[\exp(ikr)-(-1)^l\exp(-ikr)\right]P_l(\cos\theta)\end{aligned} \qquad (2.4)$$

となる．次に散乱振幅 $f(\theta)$ を完全系 $P_l(\cos\theta)$ で展開すると

$$f(\theta)=\sum_{l=0}^{\infty}\frac{(2l+1)}{2ik}[\eta_l(k)-1]P_l(\cos\theta) \qquad (2.5)$$

と表わされる．ここで $f(\theta)$ は未知の量であり，その未知であると

いうことが，未知の展開係数 η_l の存在に反映している．(2.4)と(2.5)とを(2.1)に代入すると，

$$\psi_k^{(+)}(\boldsymbol{r}) \xrightarrow[r\to\infty]{} (2\pi)^{-3/2}\sum_{l=0}^{\infty}\frac{(2l+1)}{2ikr}\Big[\eta_l(k)\exp(ikr) - (-1)^l\exp(-ikr)\Big]P_l(\cos\theta) \tag{2.6}$$

をうる．これが散乱の波動関数 $\psi_k^{(+)}$ の漸近形の部分波分解による展開式である．

さて，ポテンシャル $V(r)$ が 0 である領域における(1.11)の微分方程式の正確な解は，すでに(1.20)あるいは(1.22)に与えられている．そこで，(1.22)を(1.10)の展開式に代入し，$V(r)$ が球対称であるため，波動関数 $\psi_k^{(+)}$ が角 φ にはよらないことを考慮して，展開係数 C_{lm} と(1.22)の積分定数 A_l', B_l' とをまとめたものを，あらためて A_l', B_l' と書くと

$$\psi_k^{(+)}(\boldsymbol{r}) = \frac{1}{\sqrt{(2\pi)^3}}\sum_{l=0}^{\infty}\Big[A_l'h_l^{(1)}(kr)+B_l'h_l^{(2)}(kr)\Big]P_l(\cos\theta) \tag{2.7}$$

となる．これは，ポテンシャルの外での正確な波動関数の部分波分解による展開式である．そこで，(2.7)の漸近形と，(2.6)の漸近形とを比較することによって，未定の係数 A_l' および B_l' を決定しよう．

球面 Hankel 関数 $h_l^{(1)}$ と $h_l^{(2)}$ の漸近形は

$$h_l^{(1)}(kr) \xrightarrow[r\to\infty]{} (-i)^{l+1}\frac{\exp(ikr)}{kr}, \qquad h_l^{(2)}(kr) \xrightarrow[r\to\infty]{} (i)^{l+1}\frac{\exp(-ikr)}{kr} \tag{2.8}$$

で与えられる．これを(2.7)に代入すると

$$\psi_k^{(+)}(\boldsymbol{r}) \xrightarrow[r\to\infty]{} \frac{1}{\sqrt{(2\pi)^3}}\sum_{l=0}^{\infty}\Big[(-i)^{l+1}A_l'\frac{\exp(ikr)}{kr}+(i)^{l+1}B_l'\frac{\exp(-ikr)}{kr}\Big] \tag{2.9}$$

である．(2.9)と(2.6)とを比較することによって，未定の定数A_l'とB_l'が次のように決まる．

$$A_l' = \frac{2l+1}{2i}(i)^{l+1}\eta_l(k), \qquad B_l' = \frac{2l+1}{2i}(i)^{l+1}.$$

この結果を(2.7)に代入することによって，漸近条件(2.6)をみたしているポテンシャルの外における厳密解

$$\psi_k^{(+)}(\boldsymbol{r}) = \frac{1}{\sqrt{(2\pi)^3}}\sum_{l=0}^{\infty} i^l \frac{2l+1}{2}\left[\eta_l(k)h_l^{(1)}(kr)+h_l^{(2)}(kr)\right]P_l(\cos\theta) \tag{2.10}$$

がえられた．ただし，右辺に含まれている係数η_lはまだ決まっていないことに注意しなければならない．このη_lが決まれば，散乱の問題は解けたことになるのである．その理由を明らかにしよう．

さきに，(2.5)で散乱振幅$f(\theta)$を部分波に展開したが，これを第2章の(3.4)に代入することによって，微分断面積は次のように表わされる．

$$\sigma(\theta) = |f(\theta)|^2 = \frac{1}{k^2}\left|\sum_{l=0}^{\infty}\frac{2l+1}{2}(\eta_l-1)P_l(\cos\theta)\right|^2. \tag{2.11}$$

全断面積は(2.11)を全立体角にわたり積分することにより

$$\sigma^{\text{tot}} = 2\pi\int_0^{\pi}\sigma(\theta)\sin\theta\,\mathrm{d}\theta = \frac{\pi}{k^2}\sum_{l=0}^{\infty}(2l+1)|1-\eta_l|^2 \tag{2.12}$$

で与えられる．ここで **Legendre の関数**の直交性

$$\int_0^{\pi}P_l(\cos\theta)P_{l'}(\cos\theta)\sin\theta\,\mathrm{d}\theta = \frac{2}{2l+1}\delta_{l,l'}$$

を利用した．こうして散乱断面積はη_lを決めることによって与えられる．

そこで波動関数$\psi_k^{(+)}$の漸近形(2.6)にもどろう．(2.6)の右辺の括弧の中の第1項は，外向きに出ていく球面波を表わし，また第2項は内向きに入ってくる球面波を表わしている．したがって，

きわめて大きい半径 r の球面を考えると，その球の内部に粒子が蓄積されることがなく，入ってきた粒子が全部出ていくときには，確率の流れの保存則によって，これらの二つの球面波の振幅の絶対値は等しくなければならない．すなわち

$$|\eta_l| = 1 \tag{2.13}$$

である．するとこのとき，(2.5)より

$$\begin{aligned} f(0)-f^*(0) = 2i\,\mathrm{Im}\,f(0) &= \sum_{l=0}^{\infty}\frac{(2l+1)}{2ik}(\eta_l+\eta_l^*-2) \\ &= -\sum_{l=0}^{\infty}\frac{(2l+1)}{2ik}|\eta_l-1|^2 \end{aligned} \tag{2.14}$$

が導かれる．これと(2.12)を比較すると

$$\sigma^{\mathrm{tot}} = \frac{4\pi}{k}\,\mathrm{Im}\,f(0) \tag{2.15}$$

の関係が成立することになる．この関係はすでに第2章(3.18)で示した光学定理にほかならない．

さて，(2.13)が成立しているとき，実数の量 δ_l を用いて

$$\eta_l = \exp(2i\delta_l) \tag{2.16}$$

と表わすことができる．この δ_l を**位相のずれ**(phase shift)という．このようによぶ理由は後に説明するが，ともかく，このようにおくと

$$\eta_l-1 = 2i\exp(i\delta_l)\cdot\sin\delta_l, \qquad |1-\eta_l|^2 = 4\sin^2\delta_l$$

などと書くことができ，(2.5)の散乱振幅，(2.11)の微分断面積，(2.12)の全断面積は，それぞれ

$$\begin{aligned} f(\theta) &= \sum_{l=0}^{\infty}\frac{(2l+1)}{k}\exp(i\delta_l)\cdot\sin\delta_l P_l(\cos\theta), \\ \sigma(\theta) &= \frac{1}{k^2}\left|\sum_{l=0}^{\infty}(2l+1)\exp(i\delta_l)\cdot\sin\delta_l P_l(\cos\theta)\right|^2, \\ \sigma^{\mathrm{tot}} &= \frac{4\pi}{k^2}\sum_{l=0}^{\infty}(2l+1)\sin^2\delta_l \end{aligned} \tag{2.17}$$

と表わすことができる．

全断面積を

$$\sigma^{\rm tot}=\sum_{l=0}^{\infty}\sigma_l{}^{\rm tot},\qquad \sigma_l{}^{\rm tot}=\frac{4\pi}{k^2}(2l+1)\sin^2\delta_l \tag{2.18}$$

と分解しておくと，各部分波に対する断面積 $\sigma_l{}^{\rm tot}$ の最大値は

$$\sigma_l{}^{\rm max}=\frac{4\pi}{k^2}(2l+1) \tag{2.19}$$

であるということになる．このとき，

$$\delta_l=\left(n+\frac{1}{2}\right)\pi,\quad n=0,\pm1,\pm2,\cdots \tag{2.20}$$

であるが，位相のずれが(2.20)の値をとるとき，**共鳴散乱**(resonance scattering)がおきているという．なお，$\delta_l=n\pi$ のときには，$\sigma_l{}^{\rm tot}=0$ となり，この場合には散乱をおこさない．これらの現象の物理的意味については後に説明しよう．

§3　散乱の積分方程式の部分波分解

これまで，波動関数 $\psi_k{}^{(+)}$ の漸近形の部分波分解(2.6)，およびポテンシャルの外における厳密な波動関数の部分波分解(2.10)を与えてきた．その結果，散乱の問題は位相のずれ δ_l を求めることに帰着することが明らかになったわけである．この位相のずれは，ポテンシャルの外の波動関数(2.10)と，ポテンシャルの内部の波動関数とを，(1.18)の連続の条件により，なめらかにつなぐことによって決まるのである．この方法によって位相のずれを決定することは次節にゆずり，ここでは第2章(2.20)の散乱の積分方程式にもとづいて，これを決めることを考えよう．散乱の積分方程式(2.20)は，散乱問題のすべての情報をその内に含んでいるのであるから，この積分方程式から位相のずれも求まるはずだからである．そこで，どのような具合にして位相のずれが決められるか

を明らかにするために，ここでは散乱の積分方程式の部分波分解をおこなうことにする．

第2章(2.20)の散乱の積分方程式をもう一度書くと

$$\psi_{\boldsymbol{k}}{}^{(+)}(\boldsymbol{r}) = \frac{1}{\sqrt{(2\pi)^3}}\exp(ikz) - \frac{1}{4\pi}\int \frac{\exp(ik|\boldsymbol{r}-\boldsymbol{r}'|)}{|\boldsymbol{r}-\boldsymbol{r}'|}U(r')\psi_{\boldsymbol{k}}{}^{(+)}(\boldsymbol{r}')\mathrm{d}^3\boldsymbol{r}' \tag{3.1}$$

である．ここで波動関数 $\psi_{\boldsymbol{k}}{}^{(+)}(\boldsymbol{r})$ を次のように展開する．

$$\psi_{\boldsymbol{k}}{}^{(+)}(\boldsymbol{r}) = \frac{1}{\sqrt{(2\pi)^3}}\sum_{l=0}^{\infty}(2l+1)i^l C_l R_l{}^{(+)}(r)P_l(\cos\theta) \tag{3.2}$$

ここで C_l は未定の定数であり，また $R_l{}^{(+)}(r)$ は(1.11)の解と同じものであるが，ここではこの関数のみたすべき積分方程式を求めるという形で話を進めていく．

(3.1)の積分方程式の右辺の Green 関数を部分波に展開すると

$$\frac{\exp(ik|\boldsymbol{r}-\boldsymbol{r}'|)}{|\boldsymbol{r}-\boldsymbol{r}'|} = ik\sum_{l=0}^{\infty}(2l+1)j_l(kr_<)h_l{}^{(1)}(kr_>)P_l(\cos\chi) \tag{3.3}$$

をうる．ここで $r_<$ とは，r と r' のうち小さい方をとり，また $r_>$ とは，r と r' のうち大きい方をとるという意味である．また角 χ は図3.3に示されているように，ベクトル $\boldsymbol{r}$ と $\boldsymbol{r}'$ との間の角であり，このとき

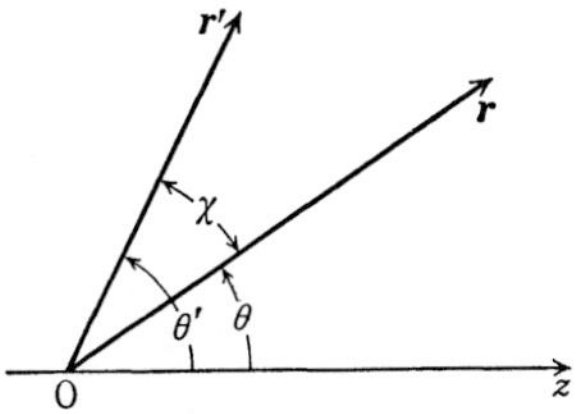

図 3.3　Green 関数の部分波展開

$$P_l(\cos\chi) = P_l(\cos\theta)P_l(\cos\theta')$$
$$+2\sum_{m=1}^{l}\frac{(l-m)!}{(l+m)!}P_l{}^m(\cos\theta)P_l{}^m(\cos\theta')\cos m(\varphi-\varphi') \quad (3.4)$$

なる関係が成立する.

Rayleigh の公式(2.2)と(3.2)の$\psi_k{}^{(+)}$の展開式および(3.3)を,(3.1)の積分方程式に代入し,(3.4)の右辺の第2項のφ'に関する積分が0になることに注意すると,動径関数$R_l{}^{(+)}$に関する積分方程式

$$C_lR_l{}^{(+)}(r) = j_l(kr)-ikC_l\int_0^\infty j_l(kr_<)h_l{}^{(1)}(kr_>)U(r')R_l{}^{(+)}(r')r'^2\mathrm{d}r' \quad (3.5)$$

を導くことができる.(3.5)の未定の定数C_lを決定するため,(1.21)の関係を用いて書き直すと,(3.5)は

$$\begin{aligned}C_lR_l{}^{(+)}(r) &= j_l(kr)\\ &\quad -ikC_l[j_l(kr)+in_l(kr)]\int_0^r j_l(kr')U(r')R_l{}^{(+)}(r')r'^2\mathrm{d}r'\\ &\quad -ikC_lj_l(kr)\left[\int_r^\infty \{j_l(kr')+in_l(kr')\}U(r')R_l{}^{(+)}(r')r'^2\mathrm{d}r'\right]\\ &= j_l(kr)\left[1-ikC_l\int_0^\infty j_l(kr')U(r')R_l{}^{(+)}(r')r'^2\mathrm{d}r'\right]\\ &\quad +kC_l\int_0^\infty j_l(kr_<)n_l(kr_>)U(r')R_l{}^{(+)}(r')r'^2\mathrm{d}r' \quad (3.6)\end{aligned}$$

となる.ここで

$$C_l = 1-ikC_l\int_0^\infty j_l(kr')U(r')R_l{}^{(+)}(r')r'^2\mathrm{d}r' \quad (3.7)$$

とおくと,(3.6)は

$$R_l{}^{(+)}(r) = j_l(kr)+k\int_0^\infty j_l(kr_<)n_l(kr_>)U(r')R_l{}^{(+)}(r')r'^2\mathrm{d}r' \quad (3.8)$$

なる$R_l{}^{(+)}(r)$に関する積分方程式となる.なお,(3.7)をC_lに関

して解くと，次のようになる。

$$C_l = \frac{1}{1+ik\int_0^\infty j_l(kr')U(r')R_l^{(+)}(r')r'^2\mathrm{d}r'}. \tag{3.9}$$

上のように決められた定数 C_l の物理的意味を明らかにするために，半径 a の球の内部にのみ拡がるポテンシャル $U(r)$ の外における動径関数 $R_l^{(+)}(r>a)$ のみたす方程式を調べよう．このとき，(3.8)の積分方程式は次のように変形される．

$$\begin{aligned} R_l^{(+)}(r>a) &= j_l(kr)+kn_l(kr)\int_0^r j_l(kr')U(r')R_l^{(+)}(r')r'^2\mathrm{d}r' \\ &\quad +kj_l(kr)\int_r^\infty n_l(kr')U(r')R_l^{(+)}(r')r'^2\mathrm{d}r' \\ &= j_l(kr)+kn_l(kr)\int_0^\infty j_l(kr')U(r')R_l^{(+)}(r')r'^2\mathrm{d}r'. \end{aligned} \tag{3.10}$$

ここで，$r>a$ に対しては $U(r)=0$ であることから，積分領域 r から∞までの積分は消え，また領域 0 から r までの積分は 0 から∞まで延ばすことができることを利用した．そこで

$$\tan\delta_l = -k\int_0^\infty j_l(kr')U(r')R_l^{(+)}(r')r'^2\mathrm{d}r' \tag{3.11}$$

とおくと，(3.10)は

$$R_l^{(+)}(r>a) = j_l(kr)-\tan\delta_l\cdot n_l(kr) \tag{3.12}$$

となり，また定数 C_l は，(3.9)と(3.11)とから

$$C_l = \frac{1}{1-i\tan\delta_l} = \exp(i\delta_l)\cdot\cos\delta_l \tag{3.13}$$

と表わされる．

(3.12)および(3.13)を(3.2)の展開式に代入し，さらに(1.21)の関係を利用すると，ポテンシャル $U(r)$ の外側における波動関

数 $\psi_k^{(+)}(\boldsymbol{r})$ は

$$\psi_k^{(+)}(\boldsymbol{r}) = \frac{1}{\sqrt{(2\pi)^3}} \sum_{l=0}^{\infty} \frac{2l+1}{2} i^l \Big[\exp(2i\delta_l) h_l^{(1)}(kr) + h_l^{(2)}(kr) \Big] \times P_l(\cos\theta); \quad r > a \tag{3.14}$$

であることがわかる．この結果と，(2.10)および(2.16)と比較すると，それらはまったく同じ形である．つまり(3.11)で定義した δ_l は，さきに(2.16)で定義した位相のずれそのものにほかならないことがわかる．したがって，$R_l^{(+)}(r)$ に関する積分方程式(3.8)を解き，えられた動径関数 $R_l^{(+)}(r)$ を(3.11)に代入することにより，位相のずれ δ_l が求まり，かくして散乱の問題が解けるというわけである．

最後に，δ_l が位相のずれと名付けられた理由を説明しておこう．(3.14)に(2.8)の漸近形を代入すると，$\psi_k^{(+)}(\boldsymbol{r})$ の漸近形は

$$\psi_k^{(+)}(\boldsymbol{r}) \xrightarrow[r\to\infty]{} \frac{1}{\sqrt{(2\pi)^3}} \sum_{l=0}^{\infty} \frac{2l+1}{kr} \exp(i\delta_l) i^l \times \sin\left(kr - \frac{l\pi}{2} + \delta_l\right) P_l(\cos\theta) \tag{3.15}$$

で与えられる．一方，入射平面波の漸近形(2.4)は

$$\frac{1}{\sqrt{(2\pi)^3}} \exp(ikz) \xrightarrow[r\to\infty]{} \frac{1}{\sqrt{(2\pi)^3}} \sum_{l=0}^{\infty} \frac{2l+1}{kr} i^l \sin\left(kr - \frac{l\pi}{2}\right) P_l(\cos\theta) \tag{3.16}$$

である．これらを比較すると，入射平面波と比べて，散乱状態の位相は δ_l だけずれている．そこでこの δ_l を位相のずれというのである．

(1) 部分波分解法における Born 近似

積分方程式(3.8)の解を正確に求めることは，意外に難しい．そこで(3.8)の近似解を求める必要があるが，そのもっとも素朴な方法は，(3.8)を逐次に U のベキに展開し，それを(3.11)に代

入することである．すなわち，この方法は部分波に対する Born 近似にほかならない．第1 Born 近似は，(3.8)の右辺の第1項で $R_l^{(+)}(r)$ を近似し，これを(3.11)に代入することによってえられる．このとき

$$\tan\delta_l^{(1)} = -k\int_0^\infty [j_l(kr)]^2 U(r')r'^2 \mathrm{d}r' \qquad (3.17)$$

である．この近似は，位相のずれが小さいときには，第2章§4で説明した普通の Born 近似と比較して，多くの場合にかなりよい近似値を与える．

このことを具体的に示すために，簡単な例題として，井戸型ポテンシャル

$$U(r) = \begin{cases} -U_0 & r<a \\ 0 & r>a \end{cases} \qquad (3.18)$$

によるS波($l=0$)の散乱における位相のずれを求めてみよう．ただし，$U_0>0$ である．(3.18)を(3.17)に代入し，$l=0$ ととると

$$\tan\delta_0^{(1)} = kU_0\int_0^a \left(\frac{\sin kr'}{kr'}\right)^2 r'^2 \mathrm{d}r' = \frac{U_0}{2k^2}\left[ak - \frac{\sin(2ak)}{2}\right] \qquad (3.19)$$

をうる．いま低エネルギーでの散乱であるとして，$ak<1$ と仮定し，(3.19)の右辺を(ak)のベキに展開し，また，$\tan\delta_0^{(1)} \cong \delta_0^{(1)}$ とおくと

$$\delta_0^{(1)} \cong \frac{1}{3}U_0 a^2(ak) \qquad (3.20)$$

となる．一方，後の§6で述べる井戸型ポテンシャルによるS波の散乱の厳密解からえられる位相のずれは

$$\delta_0 = -ka\left(1 - \frac{\tan a\sqrt{U_0}}{a\sqrt{U_0}}\right) \cong \frac{1}{3}U_0 a^2(ak) \qquad (3.21)$$

であり，その結果は(3.20)のそれと一致している．

(2) 位相のずれの符号

(3.15)と(3.16)とを比較すれば明らかなように，一般に位相のずれには2πの整数倍の不定性がある．この不定性を除くには，(3.11)の関係を利用するとよい．(3.11)の右辺でポテンシャル$U(r')$が0であるとき，左辺のδ_lもまた0であるという条件を与えれば，位相のずれの不定性を除くことができる．

さて，位相のずれとポテンシャルの符号との関係について調べておこう．上のように位相のずれの値をきめたとき，その値が小さければ，(3.11)は(3.17)のBorn近似で代用できる．(3.17)から，$U(r')$が正ならば，すなわちポテンシャルが斥力であるとき，位相のずれδ_lは負の値をとり，また$U(r')$が負であれば，つまり引力によるポテンシャルであるならば，位相のずれδ_lは正の値をとることがわかる．

このようになる理由は直観的には次のようにして説明される．すなわち，図3.4(a)にあるように，斥力が作用する場合の波動関数は，点線で示したポテンシャルがないときの波動関数に比較して，ポテンシャルの外に押し出されている．そのため，位相の

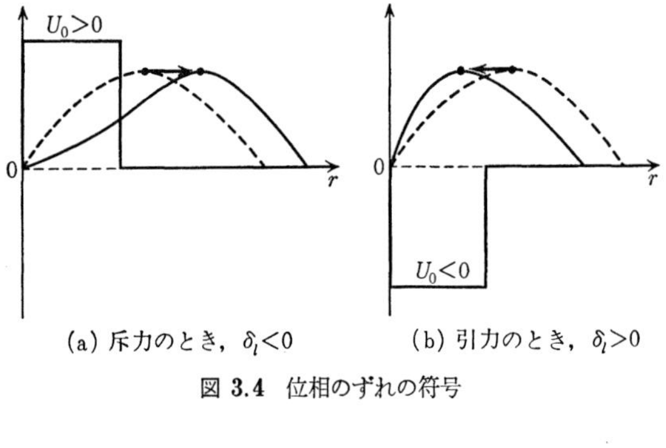

(a) 斥力のとき，$\delta_l<0$　　(b) 引力のとき，$\delta_l>0$

図 **3.4**　位相のずれの符号

進みが点線のそれに比較して遅れるのである．つまりそのとき，δ_l は負であるということになる．これに反して，ポテンシァルが引力である場合には，図 3.4(b) に示してあるように，波動関数はポテンシァルの内部に引きこまれ，そのために，位相の進みが点線のそれよりも早くなり，したがって，δ_l は正の値である．

§4 連続の条件による位相のずれの決定

積分方程式(3.8)を解き，これを(3.11)に代入することによって，位相のずれ δ_l は決まる．その結果を(2.17)に代入することによって，微分断面積および全断面積を求めることができる．しかし，前にも述べたように，積分方程式(3.8)の正確な解を求めることは，井戸型ポテンシァルによるS波の散乱のような簡単な場合でも意外に難しいのである．その理由の一つは，(3.8)の積分核が r と r' の大小によって違ったものになっている点にある．そこでここでは別の方法を考えることにする．それは微分方程式(1.11)にもどり，(1.18)の連続の条件にもとづいて，位相のずれを求めることである．この連続の条件を利用することによって，散乱断面積の有用かつ見通しのよい表現を導くことができる．

いま，ポテンシァルの存在する領域が半径 a の球の内部に限られ，その外部ではそれは0であるとする．このとき，ポテンシァルの内と外での(1.11)の解をそれぞれ $R_l^{(+)\text{in}}(r)$, $R_l^{(+)\text{out}}(r)$ と書くと，それらは $r=a$ の球面上で，(1.18)の条件をみたし，なめらかに接続していなければならない．(1.18)の条件から，波動関数 $R_l^{(+)}(r)$ の対数微分の連続性が要求され，

$$\frac{dR_l^{(+)\text{in}}}{dr}(a) \Big/ R_l^{(+)\text{in}}(a) = \frac{dR_l^{(+)\text{out}}}{dr}(a) \Big/ R_l^{(+)\text{out}}(a) \tag{4.1}$$

でなければならない．さて，右辺のポテンシァルの外での正確な

解は，すでに(2.10)に与えられており，それは

$$R_l^{(+)\mathrm{out}}(r) \propto [\eta_l h_l^{(1)}(kr) + h_l^{(2)}(kr)] \tag{4.2}$$

である．ポテンシャルの内部における解は未定であるが，仮にそれが求められたとすると，(4.1)の左辺の量は，ある決まった値をもつわけである．そこで

$$f_l^{\mathrm{in}} \equiv \frac{1}{k}\frac{\mathrm{d}R_l^{(+)\mathrm{in}}}{\mathrm{d}r}(a)\Big/R_l^{(+)\mathrm{in}}(a) \tag{4.3}$$

とおく．すると，この f_l^{in} にはポテンシャルの内部における波動関数の性質が反映している．(4.2)と(4.3)を(4.1)に代入すると

$$f_l^{\mathrm{in}} = \frac{\eta_l h_l^{(1)\prime}(ka) + h_l^{(2)\prime}(ka)}{\eta_l h_l^{(1)}(ka) + h_l^{(2)}(ka)} \tag{4.4}$$

となる．ただし微分を表わすプライムは

$$h_l^{(1)\prime}(kr) \equiv \frac{\mathrm{d}h^{(1)}(kr)}{\mathrm{d}(kr)} \tag{4.5}$$

などで定義してある．(4.4)を η_l に関して解くと

$$\eta_l(k) = -\frac{h_l^{(2)}(ka)\cdot f_l^{\mathrm{in}} - h_l^{(2)\prime}(ka)}{h_l^{(1)}(ka)\cdot f_l^{\mathrm{in}} - h_l^{(1)\prime}(ka)} \tag{4.6}$$

をうる．

上に導いた(4.6)は次のことを意味している．すなわち，ポテンシャルの外壁上での内部の波動関数の値と，その微係数の値さえわかれば，$\eta_l(k)$ あるいは位相のずれ δ_l が決まり，それらを知るにはポテンシャルの内部の奥深いところでの波動関数の知識は不要であるということである．この事実は，原子核のような複雑な構造をもつ体系による粒子の散乱の問題を取り扱うときに，一つの有力な手段を提供してくれる．すなわち，中性子の核による散乱などの現象を考えるとき，原子核の構造の複雑さのため，中性子の核内波動関数を正確に求めることはほとんど不可能である．このとき，原子核の性質をその表面上での物理量 f_l^{in} で代表させ，

これをパラメーターとして断面積を表わしておく．そして，その断面積が実験結果を再現するように，パラメーター f_l^{in} を決定する．こうすることによって，原子核内部の複雑な問題に立ち入ることなく，原子核による散乱の現象を整理することができる．また，実験との比較によって決められた f_l^{in} の値は，原子核の構造に対する大きな情報をもたらしてくれるというわけである．

能書はこの辺でおいて，(4.6)から位相のずれ δ_l に対する表式を導こう．(2.16)の関係式から

$$\tan\delta_l = \frac{1}{i}\frac{\eta_l - \eta_l^*}{\eta_l + \eta_l^* + 2} \tag{4.7}$$

となるから，これに(4.6)を代入すると

$$\begin{aligned}\tan\delta_l &= i\frac{[h_l^{(1)}(ka)+h_l^{(2)}(ka)]\cdot f_l^{\text{in}} - [h_l^{(1)\prime}(ka)+h_l^{(2)\prime}(ka)]}{[h_l^{(1)}(ka)-h_l^{(2)}(ka)]\cdot f_l^{\text{in}} - [h_l^{(1)\prime}(ka)-h_l^{(2)\prime}(ka)]}\\ &= \frac{j_l(ka)\cdot f_l^{\text{in}} - j_l'(ka)}{n_l(ka)\cdot f_l^{\text{in}} - n_l'(ka)}\end{aligned} \tag{4.8}$$

をうる．ここで f_l^{in} は実数であるとし，また最後の等式では(1.21)を用いた．

ここで剛体球による散乱の場合を考えてみよう．このとき，半径 a の内側のポテンシャルの高さは無限大である．したがって，波動関数はポテンシャルの内部にはいることができず，そのためポテンシャルの表面上で，$R_l^{(+)\text{in}}(a)=0$ である．すなわち，このとき(4.3)の f_l^{in} の値は無限大である．そこで，この場合における η_l を $\eta_l^{(\text{C})}$，位相のずれを $\delta_l^{(\text{C})}$ と書くと，(4.6)および(4.8)から

$$\eta_l^{(\text{C})} = -\frac{h_l^{(2)}(ka)}{h_l^{(1)}(ka)}, \qquad \tan\delta_l^{(\text{C})} = \frac{j_l(ka)}{n_l(ka)} \tag{4.9}$$

であることがわかる．このときもちろん

$$\eta_l^{(\text{C})} = \exp(2i\delta_l^{(\text{C})}) \tag{4.10}$$

の関係が成立している．

さて，(4.6)の右辺から，この剛体による散乱の部分を分離して引き出しておく．すると

$$\eta_l(k) = \eta_l^{(C)} \frac{f_l^{\text{in}} - h_l^{(2)\prime}(ka)/h_l^{(2)}(ka)}{f_l^{\text{in}} - h_l^{(1)\prime}(ka)/h_l^{(1)}(ka)}. \tag{4.11}$$

ここで右辺の $h_l^{(1)}$ などの対数微分になっている項を，その実数部分と虚数部分にわけて

$$\begin{aligned} \frac{h_l^{(1)\prime}(ka)}{h_l^{(1)}(ka)} &= r_l(ka) + is_l(ka), \\ \frac{h_l^{(2)\prime}(ka)}{h_l^{(2)}(ka)} &= r_l(ka) - is_l(ka) \end{aligned} \tag{4.12}$$

と表わすと，(4.11)は

$$\eta_l(k) = \eta_l^{(C)}(k) \frac{f_l^{\text{in}} - r_l(ka) + is_l(ka)}{f_l^{\text{in}} - r_l(ka) - is_l(ka)} \tag{4.13}$$

と表現される．これを(2.12)に代入し，(4.10)を用いると

$$\sigma^{\text{tot}} = \frac{\pi}{k^2} \sum_{l=0}^{\infty} (2l+1) \left| [1 - \exp(2i\delta_l^{(C)})] + \frac{2is_l(ka)}{f_l^{\text{in}} - r_l(ka) - is_l(ka)} \right|^2 \tag{4.14}$$

となることが容易に示される．(4.14)で右辺の括弧の部分は，剛体球による散乱からの寄与を表わしており，一方残りの部分は f_l^{in} を含むので，ポテンシャルの内部における波動関数の性格を反映している．原子核による粒子の散乱の場合を考えると，前者は粒子が核の内部に侵入せずに，核の表面で反射し散乱されることによる寄与を示している．核物理学では，この部分による散乱を**ポテンシャル散乱**(potential scattering)という．一方，後者は粒子が核の内部に侵入した後に散乱される部分を表わしており，この部分による散乱を**共鳴散乱**(resonance scattering)という．つまり，この後者の部分に原子核の内部構造が反映しているのである．

§5 反応断面積

中性子が原子核に衝突すると，これまで考えていたような，中性子が核の状態を変えることなく，そのまま散乱される弾性散乱以外の現象がおきる．すなわち，中性子の入射エネルギーが高くなると，核を励起して，中性子はそれだけエネルギーを失って散乱される非弾性散乱がおきる．また，低エネルギーの中性子が核に衝突したとき，そのまま吸収されてしまうこともあるし，また重陽子などの，入射粒子とは別種の粒子を放出することもある．これらのすべての過程は，入射中性子と同一のエネルギーをもつ中性子の数だけを数える立場からみれば，みな中性子数を減少させる過程とみなすことができる．また，それらの過程はみな，原子核の内部構造に何らかの変化を与える過程であるという意味で，**核反応過程**と名付けることができよう．そこで，このような核反応をおこす全確率，つまりその全断面積を**反応断面積**(reaction cross-section)とよび，これをσ_rで表わすことにする．

核反応がおきているとき，中性子の内向きの球面波の振幅に比較して，外向きの球面波の振幅は小さくなっているはずである．したがって，このときには(2.13)は成立せず，

$$|\eta_l| < 1 \tag{5.1}$$

でなければならない．

反応断面積σ_rに対する表式を求めるには，原子核を中心とした十分に大きい半径rの球面Sを考えて，その球面を直角に横ぎって，正味，球の内部に蓄積される中性子の流れの強さ$J^{(r)}$を，入射中性子の流れの強さj_zで割算すればよい．半径rは十分に大きいとしているので，中性子の波動関数としては，その漸近形(2.6)を使うことができる．ただしこのとき，(2.13)ではなく(5.1)が成立していることに注意しよう．さて，$J^{(r)}$は粒子の流

れの密度の r 方向の成分 j_r を，半径 r の球面S上にわたって積分することにより与えられる．すなわち，

$$J^{(r)} = -\frac{\hbar}{2im}\int_{\mathrm{S}}\left(\psi_k{}^{(+)*}\frac{\partial\psi_k{}^{(+)}}{\partial r}-\psi_k{}^{(+)}\frac{\partial\psi_k{}^{(+)*}}{\partial r}\right)r^2\sin\theta \mathrm{d}\theta\mathrm{d}\varphi \tag{5.2}$$

である．ここで前の負号は，$J^{(r)}$ が球の内側に流れこむ量であることを示している．(2.6)の漸近形を(5.2)に代入し，r^{-1} に関してもっとも次数の低い項のみを残し，$P_l(\cos\theta)$ の直交性を利用して角積分を実行すると，たやすく次の結果を導くことができる．

$$J^{(r)} = \frac{\pi}{(2\pi)^3}\cdot\frac{\hbar k}{2m}\sum_{l=0}^{\infty}\frac{2l+1}{k^2}[1-|\eta_l|^2]. \tag{5.3}$$

第2章(3.2)によると

$$j_z = \frac{\hbar k}{(2\pi)^3 m} \tag{5.4}$$

であるから，反応断面積は

$$\sigma_r = \frac{J^{(r)}}{j_z} = \frac{\pi}{k^2}\sum_{l=0}^{\infty}(2l+1)[1-|\eta_l|^2] \tag{5.5}$$

で与えられることがわかった．

一方，弾性散乱の断面積 σ_s は(2.12)により

$$\sigma_s = \frac{\pi}{k^2}\sum_{l=0}^{\infty}(2l+1)|1-\eta_l|^2 \tag{5.6}$$

で与えられる．なぜなら，(2.12)の段階ではまだ，(2.13)の $|\eta_l|=1$ の条件をつかっていないからである．したがって，弾性散乱と核反応過程のすべてを含む全断面積 σ^{tot} は，(5.5)と(5.6)の和として

$$\sigma^{\mathrm{tot}} = \sigma_s+\sigma_r = \frac{2\pi}{k^2}\sum_{l=0}^{\infty}(2l+1)[1-\mathrm{Re}\,\eta_l(k)] \tag{5.7}$$

で与えられることになる．

核反応過程がおきる一般の場合における光学定理は，どのような形で表わされるであろうか．この問題については，すでに第2章(5.30)で，アイコナール近似の場合について述べたが，ここでの議論は近似によらない厳密な話である．さて，(2.5)より

$$f(0)-f^*(0)=\sum_{l=0}^{\infty}\frac{2l+1}{2ik}[\eta_l(k)+\eta_l^*(k)-2]$$

であるから

$$\mathrm{Im}\, f(0)=-\sum_{l=0}^{\infty}\frac{2l+1}{2k}[\mathrm{Re}\,\eta_l(k)-1] \qquad (5.8)$$

となる．(5.8)と(5.7)とを比較することにより，一般化された光学定理

$$\sigma_s+\sigma_r=\frac{4\pi}{k}\,\mathrm{Im}\, f(0) \qquad (5.9)$$

がえられた．

$|\eta_l|=1$ のときには，(5.5)から明らかに，$\sigma_r=0$ となり，一方 σ_s は(2.17)の弾性散乱の全断面積に一致する．これは当然のことである．次に，$\eta_l=0$ のときには，(5.5)の反応断面積はその最大値をとる．そしてこのとき，

$$\sigma_s=\sigma_r \qquad (5.10)$$

である．一般に $|\eta_l|<1$ で，核反応過程が存在するとき，それにともなって弾性散乱もかならず存在する．その理由を説明するために，入射した粒子が核に衝突したときに，全部それらが核反応をおこし，弾性的に散乱されることのない場合を考えてみよう．いま入射する粒子のエネルギーが高く，したがって，その波長 $\lambda=2\pi/k$ が核半径 a に比してきわめて小さいとする．すなわち，$ak\gg1$ であるとする．このときには，問題を半古典的に考えることができて，図3.5に示すような衝突径数 b を考えることができる．衝突径数 b，運動量 $\hbar k$ の粒子が入射するとき，その粒子の

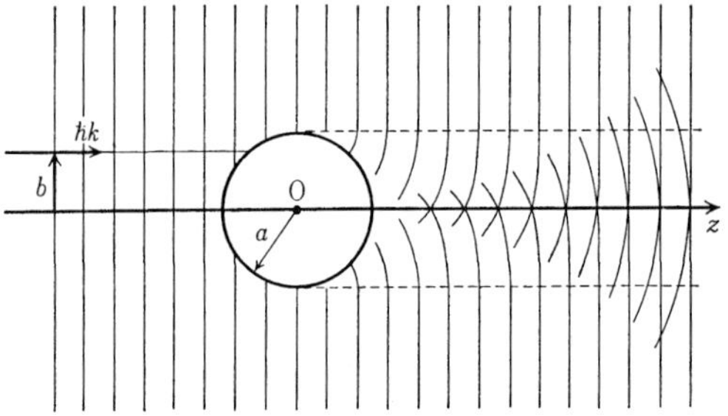

図 **3.5** 影 散 乱

核の中心Oに対してもつ角運動量は $\hbar k\cdot b$ である．この角運動量の固有値は $\hbar l$ で与えられるから，b のとりうる値は l/k であるということになる．さて，図3.5から明らかなように，$b<a$ のとき，粒子は核に衝突して核反応をおこす．これに対して $b>a$ のときには，粒子は核に衝突することなく素通りし，核反応もおこさず，また弾性散乱もおこさない．すなわち，$b=l/k$ の関係に注意すると，

（i） $l<ak$ のとき，かならず核反応をおこす．このとき，$\eta_l=0$ で，$\sigma_s=\sigma_r$ である．

（ii） $l>ak$ のとき，弾性散乱も核反応もおこさない．このとき，$\eta_l=1$ で，$\sigma_s=\sigma_r=0$ である．

したがって，(5.6)と(5.5)より

$$\sigma_s=\sigma_r=\frac{\pi}{k^2}\sum_{l=0}^{ak}(2l+1)=\frac{\pi}{k^2}[(ak)^2+2ak]\cong\pi a^2 \quad (5.11)$$

なる結果をうる．ここで $ak\gg1$ の条件によって，$(ak)^2$ の項に比して，(ak) の1次の項を無視した．すなわち，弾性散乱の断面積 σ_s と反応断面積 σ_r とは，それぞれ πa^2 で原子核の幾何学的断面積に等しい．いまの場合，反応断面積が核の幾何学的断面積に等しいということは，古典物理学的な直観に照らしても了解しうるところである．しかし，弾性散乱の断面積も幾何学的断面積 πa^2 で与えられることは，やや不可解に感ぜられるであろう．これは，図 3.5 に示したように，入射粒子の波動が回折現象をおこして，原子核の裏側にまわりこむことに原因がある．核の裏側にまわりこんだ波動は，核の裏側における影の部分の平面波と，核を中心とする外向きの球面波との重ね合わせになり，この球面波の部分が弾性散乱として観測されるのである．このような弾性散乱を**影散乱**(shadow scattering)といい，この影散乱があるために，核に衝突した粒子が全部吸収されてしまう場合でも，弾性散乱の断面積が 0 にならないのである．

§6 部分波展開による近似法

第 2 章 §4 で説明した Born 近似，また §5 のアイコナール近似のいずれも，大雑把にいって，入射粒子のエネルギーが大きいときに成立する近似法である．一方，入射エネルギーの低いときに用いられる代表的な近似法が，部分波展開による方法である．いま半古典的に考え，入射粒子の運動量を $\hbar k$，衝突径数を b とすると，ポテンシャルの中心 O に対する角運動量は，$\hbar k \cdot b = \hbar l$ で与えられる．ポテンシャルの半径を a とすると，散乱をおこすためには，$b \leqq a$ でなければならない．したがって，散乱がおきるための条件は

$$l \leqq ak \tag{6.1}$$

で与えられる．ak が小さいとき，つまり入射粒子のエネルギーが低いとき，散乱に寄与するのは，(6.1)の条件によって，角運動量の固有値 l の小さいものだけである．ak が大きいときには，散乱に寄与する l の値の上限は大きく，入射エネルギーが少し高

いと，その上限は20〜40にもなることがある．このような場合には，部分波展開による近似法はほとんど意味を失ってしまう．入射エネルギーが低く，$ak \leqq 1$ の程度であれば，主として寄与するのは $l=0$ のS波の散乱であり，$l=1$ のP波の散乱が多少きく程度である．したがって，このとき $l=2$ 以上の部分波からの寄与はほとんど完全に無視することができ，問題を非常に簡単化することができる．

(1) 剛体球による散乱

そこで，厳密に位相のずれのわかっている剛体球による散乱の場合について，ka の値が小さいとき，l の増大にともなって，その寄与がどの程度に小さくなるかを調べておこう．(4.9)に与えたように，このときの位相のずれは

$$\tan\delta_l{}^{(\mathrm{C})} = \frac{j_l(ka)}{n_l(ka)} \tag{6.2}$$

である．$ka \ll 1$ のとき

$$j_l(ka) \xrightarrow[ka\to 0]{} \frac{(ka)^l}{(2l+1)!!}, \qquad n_l(ka) \xrightarrow[ka\to 0]{} -\frac{(2l-1)!!}{(ka)^{l+1}} \tag{6.3}$$

であるから，低エネルギーにおける位相のずれは

$$\tan\delta_l{}^{(\mathrm{C})} = -\frac{(ka)^{2l+1}}{(2l+1)!!(2l-1)!!} \tag{6.4}$$

で与えられる．すなわち，

$$\begin{aligned} \tan\delta_0{}^{(\mathrm{C})} &= -ka, \\ \tan\delta_1{}^{(\mathrm{C})} &= -\frac{1}{3}(ka)^3, \\ \tan\delta_2{}^{(\mathrm{C})} &= -\frac{1}{45}(ka)^5 \end{aligned} \tag{6.5}$$

であり，l の増加とともに位相のずれは急速に小さくなる．ka は小さいから，たとえば $l=0$ のとき

$$\delta_0{}^{(\mathrm{C})} \cong -ka \tag{6.6}$$

と書くことができ，その他のものは無視することができる．このとき，S波の散乱振幅は

$$f(\theta) = \frac{1}{k}\exp(i\delta_0{}^{(\mathrm{C})})\cdot\sin\delta_0{}^{(\mathrm{C})} \cong \frac{\delta_0{}^{(\mathrm{C})}}{k} = -a \tag{6.7}$$

となり，したがって，微分断面積および全断面積はそれぞれ

$$\begin{aligned} \sigma(\theta) &= |f(\theta)|^2 = a^2 \\ \sigma^{\mathrm{tot}} &= 4\pi a^2 \end{aligned} \tag{6.8}$$

で表わされる．すなわち，S波の散乱断面積は，剛体球の幾何学的断面積 πa^2 の4倍である．このようになる理由は，入射平面波を Rayleigh の公式によって展開したとき，$l=0$ の部分波は，ポテンシャルの中心に向かって，球対称な振幅をもって集中してきて，これが半径 a の剛体球によって散乱されることになり，このとき散乱に寄与するのは，球の断面積 πa^2 であるよりも，むしろ球の全表面積 $4\pi a^2$ であることにある．

次に ka の値が非常に大きい場合を考えてみよう．このときには，漸近形として

$$j_l(ka) \xrightarrow[k\to\infty]{} \frac{\sin(ka-l\pi/2)}{ka}, \quad n_l(ka) \xrightarrow[k\to\infty]{} -\frac{\cos(ka-l\pi/2)}{ka} \tag{6.9}$$

が成立するので，

$$\tan\delta_l{}^{(\mathrm{C})} = -\frac{\sin(ka-l\pi/2)}{\cos(ka-l\pi/2)} = \tan\left(-ka+\frac{1}{2}l\pi\right) \tag{6.10}$$

となり，

$$\delta_l{}^{(\mathrm{C})} = -ka+\frac{1}{2}l\pi \tag{6.11}$$

をうる．いま $ka=l_{\max}$ と書くと，この場合の全断面積は

$$\sigma^{\text{tot}} = \frac{4\pi}{k^2}\sum_{l=0}^{l_{\max}}(2l+1)\sin^2\left(ka-\frac{1}{2}l\pi\right)$$

で与えられる．ここで右辺の和を，次のように分解して表わす．

$$\begin{aligned}\sigma^{\text{tot}} &= \frac{4\pi}{k^2}\left[\sin^2 ka+3\sin^2\left(ka-\frac{\pi}{2}\right)+5\sin^2(ka-\pi)+\cdots\right]\\ &= \frac{4\pi}{k^2}\left[\left\{\sin^2 ka+\sin^2\left(ka-\frac{\pi}{2}\right)\right\}\right.\\ &\qquad +2\left\{\sin^2\left(ka-\frac{\pi}{2}\right)+\sin^2(ka-\pi)\right\}\\ &\qquad \left.+3\left\{\sin^2(ka-\pi)+\sin^2\left(ka-\frac{3}{2}\pi\right)\right\}+\cdots\right].\end{aligned}$$

すると，中括弧の中身はみな1となるから

$$\sigma^{\text{tot}} = \frac{4\pi}{k^2}\sum_{l=0}^{l_{\max}} l = \frac{4\pi}{k^2}\left[\frac{(ka)(ka+1)}{2}\right] \cong 2\pi a^2 \qquad (6.12)$$

となる．すなわち，高エネルギーのときには l の大きい値までの和をとる必要があり，その全断面積は幾何学的断面積の2倍である．剛体球に対してこのように断面積が2倍になる理由は，入射平面波の球の前面による散乱の断面積 πa^2 と，図3.5に説明した球の裏面からの影散乱による寄与 πa^2 が加え合わさることにある．

(2)　井戸型ポテンシャルによるS波の散乱

これまで述べてきたように，$ka \ll 1$ であるような低エネルギーにおける散乱の場合には，$l=0$ のS波の散乱だけを考えれば十分である．そこでここでは図3.6に示すような井戸型ポテンシャル

$$V(r) = \begin{cases} -V_0 & r<a \\ 0 & r>a \end{cases} \qquad (6.13)$$

による散乱を，S波の場合にくわしく調べよう．ただしここで，$V_0>0$ である．

ポテンシャルの内部での解は，(1.13)で $l=0$ とおいた微分方

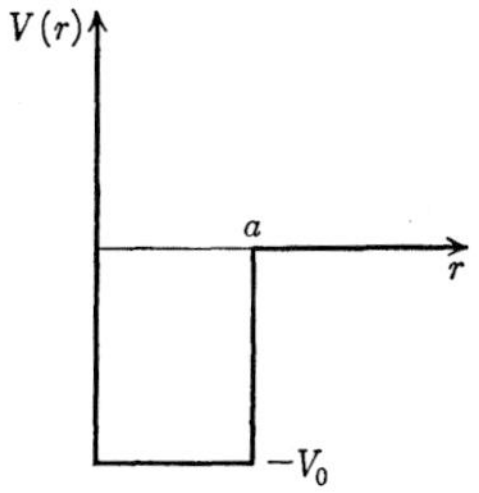

図 **3.6** 井戸型ポテンシャル

程式

$$\left[\frac{\mathrm{d}^2}{\mathrm{d}r^2}+(k^2+U_0)\right]u_0{}^{\mathrm{in}}(r) = 0 \tag{6.14}$$

の解として与えられる．ここで $U_0=2mV_0/\hbar^2$ である．(6.14)の $u_0{}^{\mathrm{in}}(r)$ は，$r=0$ の原点で(1.15)の条件をみたしていなければならない．すなわち

$$u_0{}^{\mathrm{in}}(0) = 0 \tag{6.15}$$

でなければならない．したがって，(6.14)の解は

$$u_0{}^{\mathrm{in}}(r) = A\sin\kappa r \tag{6.16}$$

で与えられる．ここで

$$\kappa = \sqrt{k^2+U_0} \tag{6.17}$$

である．未定の定数 A は，ポテンシャルの外における解となめらかに接続するという(1.17)の条件から決まるが，いまはそれを決定する必要はない．さて，ポテンシャルの内部における動径関数 $R_0{}^{(+)\mathrm{in}}(r)$ は

$$R_0{}^{(+)\mathrm{in}}(r) = \frac{u_0{}^{\mathrm{in}}(r)}{r} = A\frac{\sin\kappa r}{r} \tag{6.18}$$

で与えられる．すると，(4.3)の $f_0{}^{\mathrm{in}}$ は

$$f_0{}^{\mathrm{in}} \equiv \frac{1}{k}\frac{\mathrm{d}R_0{}^{(+)\mathrm{in}}}{\mathrm{d}r}(a)\Big/R_0{}^{(+)\mathrm{in}}(a) = \frac{1}{ka}[\kappa a\cot\kappa a-1] \tag{6.19}$$

である．あとでの便宜上，ここで $F_0(ka)$ を

$$F_0(ka) \equiv kaf_0^{\text{in}}-1 \tag{6.20}$$

で定義しておく．するとこの場合

$$F_0(ka) = \kappa a \cot \kappa a \tag{6.21}$$

となる．

(2.16), (4.10) および (4.13) から

$$\eta_0 = \exp(2i\delta_0) = \exp(2i\delta_0^{(C)})\frac{f_0^{\text{in}}-r_0(ka)+is_0(ka)}{f_0^{\text{in}}-r_0(ka)-is_0(ka)} \tag{6.22}$$

と書くことができる．ところが (4.9) より

$$\tan\delta_0^{(C)} = \frac{j_0(ka)}{n_0(ka)} = \tan(-ka)$$

であるから

$$\delta_0^{(C)} = -ka \tag{6.23}$$

である．また

$$\frac{h_0^{(1)\prime}(ka)}{h_0^{(1)}(ka)} \equiv r_0(ka)+is_0(ka) = -\frac{1}{ka}+i$$

である．したがって，この場合

$$r_0(ka) = -\frac{1}{ka}, \qquad s_0(ka) = 1 \tag{6.24}$$

となる．(6.20), (6.23) および (6.24) を，(6.22) に代入すると

$$\exp(2i\delta_0) = \exp(-2ika)\frac{F_0(ka)+ika}{F_0(ka)-ika} \tag{6.25}$$

をうる．ここで

$$F_0(ka) = \sqrt{(ka)^2+U_0a^2}\cdot\cot\sqrt{(ka)^2+U_0a^2} \tag{6.26}$$

である．$F_0(ka)$ は ka に関して偶関数である．そこで，$ka \ll 1$ であることを考慮して，(6.26) を (ka) のベキに展開すると，次の形になる．

$$F_0(ka) = F_0^{(1)}+F_0^{(2)}\cdot(ak)^2+\cdots. \tag{6.27}$$

はじめ，上の $F_0^{(1)} \neq 0$ の場合について調べよう．このときには，

(6.27)の右辺の第2項およびそれ以上の項は無視することができ，(6.25)は

$$\exp(2i\delta_0) = \exp(-2ika)\frac{F_0^{(1)}+ika}{F_0^{(1)}-ika} \qquad (6.28)$$

と表わされる．ka は小さいことを利用して，(6.28)の両辺を展開することにより，

$$\delta_0 = -ka\left(1-\frac{1}{F_0^{(1)}}\right) = -ka\left[1-\frac{\tan a\sqrt{U_0}}{a\sqrt{U_0}}\right] \qquad (6.29)$$

をうる．ここで

$$F_0^{(1)} = a\sqrt{U_0}\cdot\cot a\sqrt{U_0} \qquad (6.30)$$

である．前にあげた(3.21)は(6.29)を $a\sqrt{U_0}$ が小さいとして，展開したものである．(6.29)より，S波の散乱の全断面積は

$$\sigma_0^{\mathrm{tot}} = \frac{4\pi}{k^2}\sin^2\delta_0 \cong 4\pi a^2\left[1-\frac{1}{F_0^{(1)}}\right]^2 \qquad (6.31)$$

で与えられることがわかる．

(6.29)で，とくに $F_0^{(1)}=1$ のときには，$\delta_0=0$ となり，このとき散乱がおきない．一般に，$\delta_l=n\pi$ $(n=0,1,2,\cdots)$ のときには，$\sin\delta_l=0$ となり，$\sigma_l^{\mathrm{tot}}=0$ である．この現象を **Ramsauer-Townsend 効果**といい，稀ガス原子に遅い電子を衝突させたとき，この効果が観測されている．

次に，(6.30)の $F_0^{(1)}$ が0なる値をとるときを調べてみよう．このとき，(6.27)の右辺の第1項が消えるので，(6.25)は次のように表わされる．

$$\eta_0 = \exp(2i\delta_0) = \exp(-2ika)\frac{(ka)^2F_0^{(2)}+ika}{(ka)^2F_0^{(2)}-ika}. \qquad (6.32)$$

ここで ka が小さいとして，右辺を展開すると

$$\exp(2i\delta_0) \cong -1+2ika[1+F_0^{(2)}] \qquad (6.33)$$

となる．これから

$$\delta_0 = \frac{\pi}{2} - ka[1+F_0^{(2)}] \tag{6.34}$$

であることを知る．すなわち，このとき $ka\to 0$ の極限で，$\delta_0=\pi/2$ となり，散乱断面積はその最大値をとることになる．すなわち共鳴散乱がおきるのである．いまの場合には，これをとくに**零エネルギー共鳴**(zero-energy resonance)という．全断面積は，この場合

$$\sigma_0^{\text{tot}} = \frac{4\pi}{k^2}\sin^2\delta_0 \cong \frac{4\pi}{k^2}\cos^2[ka(1+F_0^{(2)})] \cong \frac{4\pi}{k^2} \tag{6.35}$$

となり，$k\to 0$ の極限で無限大になる．

上に述べたような共鳴散乱のおきる原因については，後にくわしく考察することにして，まず $F_0^{(1)}\neq 0$ のときと，$F_0^{(1)}=0$ のときに，散乱の波動関数が $k=0$ の極限でどのような振舞をしているかを調べておこう．(3.14)によると，$r>a$ のポテンシャルの外では，S波の場合，波動関数 $\psi_k^{(+)}(\boldsymbol{r})$ は

$$\begin{aligned}\psi_k^{(+)}(\boldsymbol{r}) &\cong \frac{1}{\sqrt{(2\pi)^3}}\,\frac{1}{2}[\exp(2i\delta_0)h_0^{(1)}(kr)+h_0^{(2)}(kr)] \\ &= \frac{1}{\sqrt{(2\pi)^3}}\,\frac{\exp(i\delta_0)\cos\delta_0}{kr}[\sin kr+\tan\delta_0\cdot\cos kr]\end{aligned} \tag{6.36}$$

と表わされる．したがって，$k\to 0$ の極限で $u_0^{\text{out}}(r)$ は

$$u_0^{\text{out}}(r) = r\psi_k^{(+)} = \text{const.}\left(r+\lim_{k\to 0}\frac{\tan\delta_0}{k}\right) \tag{6.37}$$

の形をもっている．そこで

$$\alpha \equiv -\lim_{k\to 0}\frac{\tan\delta_0}{k} \tag{6.38}$$

で α という量を定義すると，$k\to 0$ での波動関数は

$$u_0^{\text{out}}(r) = \text{const.}(r-\alpha) \tag{6.39}$$

の形で表わされる．(6.38)で定義された α を**散乱長**(scattering

length) とよぶ．まず，ポテンシャルが斥力によるものであるときを考えよう．このとき，図 3.7(a) に示されているように，ポテンシャルの内部の波動関数は，ポテンシャルの外に押し出されるような形をしており，そしてその外側では，(6.39) の形の直線になっている．したがって，このときには図から明らかなように，$\alpha>0$ であり，散乱長は正の値をとる．これに対して，引力のポテンシャルの場合には，図の (b)，(c) および (d) に示したような三つの場合がある．(6.29) より

$$\alpha=-\lim_{k\to 0}\frac{\tan\delta_0}{k}\cong a\left(1-\frac{1}{F_0^{(1)}}\right)$$
$$=a\left(1-\frac{\tan a\sqrt{U_0}}{a\sqrt{U_0}}\right)\cong -\frac{1}{3}a^3U_0 \qquad (6.40)$$

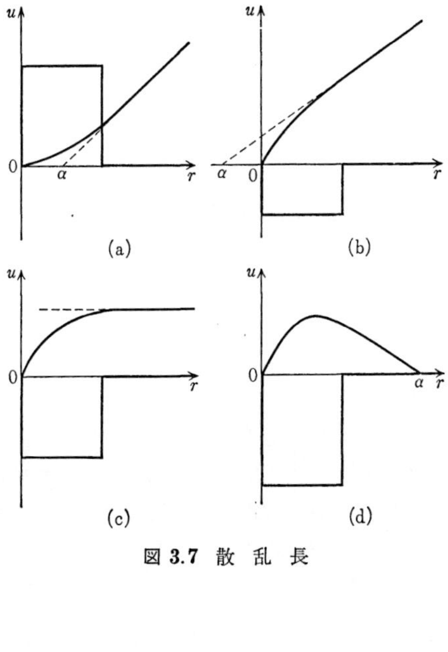

図 **3.7**　散　乱　長

であるから，$F_0^{(1)}<1$ で $a\sqrt{U_0}$ が小さいとき，つまりポテンシャルの強さが小さいとき，α の値は負である．図3.7(b)はこれを示したものである．なおこのとき，(6.29)および(6.31)は，散乱長 α を用いることによって，それぞれ

$$\delta_0 = -k\alpha, \qquad \sigma^{\text{tot}} = 4\pi\alpha^2 \tag{6.41}$$

と書くことができる．次に，ポテンシャルの深さ U_0 が，図(b)のときより深くなり，(6.30)の $F_0^{(1)}$ の値が0になったとき，零エネルギー共鳴がおきる．このとき(6.40)より $\alpha\to-\infty$ となり，波動関数 $u(r)$ は，図3.7(c)のようになる．このことはまた，(6.19)と(6.20)より

$$F_0(ka) = \frac{a\dfrac{\mathrm{d}u_0^{\text{in}}}{\mathrm{d}r}(a)}{u_0^{\text{in}}(a)} \tag{6.42}$$

の関係があることからもわかる．すなわち，$F_0^{(1)}=0$ の条件は，$k\to0$ の極限で(6.42)が0であることを示し，したがって，$\mathrm{d}u^{\text{in}}/\mathrm{d}r$ が $r=a$ で0であることになる．図(d)は，ポテンシャルがさらに深くなると，r の大きいところで波動関数が0になる**束縛状態**(bound state)が存在しうるようになることを示しており，このときには α は正の値をもっている．

さて，話をもどして，共鳴散乱がおきる原因を調べよう．(6.35)の零エネルギー共鳴のおきるのは

$$F_0^{(1)} = a\sqrt{U_0}\cot a\sqrt{U_0} = 0 \tag{6.43}$$

の条件がみたされるときであった．そこでこの条件が何を意味するかを考えることにしよう．図3.8は，Coulombポテンシャルと井戸型ポテンシャルにおける束縛状態のエネルギー準位を示したものである．どちらの場合にしても，安定な束縛状態のエネルギー準位は負の値をもっている．問題になるのは，ポテンシャルの

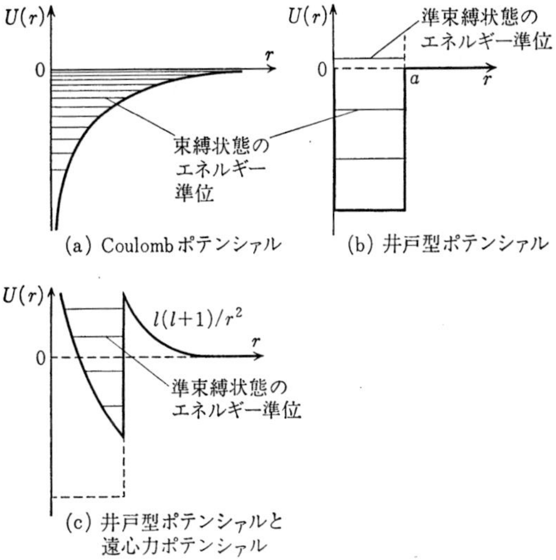

図 3.8　束縛状態と準束縛状態のエネルギー準位

内部の粒子のエネルギーが0よりもやや高いときである．朝顔の花のような形をしたCoulombポテンシャルには，どこといってはっきりした折れ目というものがない．したがって，正のエネルギーをもつ粒子は，そのエネルギーの値がいかに小さくても，遠方に流れ出し，一時的にも束縛状態にはなりえない．ところが，図3.8(b)のように，$r=a$ではっきりした折れ目をもつ井戸型ポテンシャルの場合には，正のエネルギーをもつ内部の粒子の波動はその折れ目のところで反射し，残りが外部にしみ出すことになる．このような反射がおきる原因は，ポテンシャルの内外で，波動関数の波数が急変するからである．ポテンシャルの壁で反射した粒子は，ふたたび壁にアタックしてポテンシャル外に出ようと試みる．このように，ポテンシャルの内部で反射をくり返すということは，粒子が井戸の中に一時的に閉じこめられ，正の値の離散固有値をもつ束縛状態をつくるということである．しかしこの場合，束縛状態とはいっても，負エネルギーの固有値をもつ束縛状態とは異なり，それは一時的なものにすぎず，間もなく粒子はポテンシァルの外に出てしまう．したがって，それは**準束縛状態**(meta-stable state)というべき状態である．これまでは，S波($l=0$)の場合を考えてきたが，P波($l=1$)以上の場合には，図3.8(c)にあるように，井戸型ポテンシァルに遠心力によるポテンシァルが重なり，これは井戸の壁の外側に塀を立てたような作用をする．したがって，このときの準安定な束縛状態は，S波のときよりも，より安定な状態となり，このため，比較的高い正エネルギーの離散固有値が許されることになる．上に述べたような準束縛状態のエネルギー固有値と一致するエネルギーをもつ粒子が入射してくると，そこに共鳴現象がおき，散乱断面積が異常に大きくなるのである．

上に説明した考え方にもとづいて，S波の散乱の共鳴現象を調べよう．井戸の内部での波動関数は(6.16)，すなわち

$$u_0^{\mathrm{in}}(r) = A\sin\sqrt{k^2+U_0}\cdot r \tag{6.44}$$

である．一方井戸の外での解は，これまでは(6.36)であるとしていた．すなわち，それは外向きの球面波と内向きの球面波とから構成されているとしていた．しかし，共鳴のおきる場合には，内向きの球面波はなく，外向きの球面波だけで表わされるとする．なぜなら，ひとたびポテンシァルの内部にはいってしまった内向きの球面波は，井戸の中に閉じこめられて準束縛状態を形成すると考え，その後その閉じこめられた粒子がポテンシァルの外にもれて出てくるとするからである．すなわち，このとき外部の波動関数は，外向きの球面波

$$u_0^{\mathrm{out}}(r) = B\exp(ikr) \tag{6.45}$$

で与えられる．(6.44)のポテンシャルの中の波動関数と，(6.45)の外部の波動関数とは，(1.17)の条件によって，なめらかに接続していなければならない．つまり

$$F_0(ka) = a\frac{\mathrm{d}u_0^{\mathrm{out}}}{\mathrm{d}r}(a)/u_0^{\mathrm{out}}(a) \tag{6.46}$$

である．ただし，(6.42)より

$$F_0(ka) \equiv a\frac{\mathrm{d}u_0^{\mathrm{in}}}{\mathrm{d}r}(a)/u_0^{\mathrm{in}}(a) \tag{6.47}$$

である．(6.46)および(6.47)に(6.45)と(6.44)とを代入すると

$$F_0(ka) \equiv a\sqrt{k^2+U_0}\,\cot a\sqrt{k^2+U_0} = ika \tag{6.48}$$

をうる．ここで$k=0$とおいたものが，零エネルギー共鳴の条件(6.43)にほかならない．

(6.48)はkの値に対する制限を与えており，kに対する固有値方程式である．しかし，(6.48)の右辺には虚数iがあり，そのためこの条件をみたすkの値は複素数であるということになる．そういう意味では，(6.48)は厳密な固有値問題であるとはいえない．このことは，複素数の固有値kに対応する固有関数が不安定な束縛状態であることを反映しているのである．いま，$|k|$はU_0に比較して小さいとして，(6.48)を近似的に解くことを考えよう．第1近似として，(6.48)の右辺を無視すると，

$$F_0(E_s) = a\sqrt{k_s^2+U_0}\,\cot a\sqrt{k_s^2+U_0} = 0 \tag{6.49}$$

である．この方程式の解は

$$a\sqrt{k_s^2+U_0} = \left(n+\frac{1}{2}\pi\right) \qquad n=0, \pm1, \pm2, \cdots$$

で与えられ，このときのエネルギー固有値E_sは

$$E_s = \frac{\hbar^2}{2m}k_s^2 = \frac{\hbar^2}{2ma^2}\left(n+\frac{1}{2}\pi\right)^2 - \frac{\hbar^2 U_0}{2m} \geqq 0 \tag{6.50}$$

なる離散固有値をとることになる．

いま，$\hbar^2\pi^2/8m=V_0a^2$ であるとすると，$n=0$ のとき $E_s=0$ となり，このとき

$$F_0(0)=0$$

である．これが前に述べた零エネルギー共鳴のおきるときである．すなわち，ポテンシャルの深さが，たまたま $V_0=\hbar^2\pi^2/8ma^2$ なる値をとるとき，$E_s=0$ のところに準束縛状態があり，そこに共鳴散乱が生ずるのである．

一般の場合には，(6.48)の左辺を入射エネルギー $E_k=\hbar^2k^2/2m$ の関数とみて，(6.49)の一つの解 E_s のまわりで展開すると，

$$\begin{aligned}F_0(ka) &= F_0(E_s)+\left(\frac{\mathrm{d}F_0}{\mathrm{d}E_k}\right)_s(E_k-E_s)+\cdots \\ &= \left(\frac{\mathrm{d}F_0}{\mathrm{d}E_k}\right)_s(E_k-E_s) \qquad (6.51)\end{aligned}$$

となる．ここで(6.49)を用いた．したがって，このとき(6.48)は

$$\left(\frac{\mathrm{d}F_0}{\mathrm{d}E_k}\right)_s(E_k-E_s)=ika$$

と書かれる．あるいは

$$E_k=E_s+\frac{ika}{\left(\dfrac{\mathrm{d}F_0}{\mathrm{d}E_k}\right)_s} \qquad (6.52)$$

である．さてここで

$$\Gamma_s=-\frac{2ka}{\left(\dfrac{\mathrm{d}F_0}{\mathrm{d}E_k}\right)_s} \qquad (6.53)$$

とおき，これを**共鳴の幅**(width of resonance)という．すると，(6.52)は

$$E_k=E_s-\frac{i}{2}\Gamma_s \qquad (6.54)$$

とも書くことができる．したがって，(6.51)は

$$F_0(ka) = -\frac{2ka}{\Gamma_s}(E_k - E_s) \qquad (6.55)$$

と表わされる．さて，(6.25)に(6.55)を代入すると

$$\eta_0 = \exp(2i\delta_0) = \exp(-2ika)\frac{-2(E_k - E_s) + i\Gamma_s}{-2(E_k - E_s) - i\Gamma_s} \qquad (6.56)$$

となる．あるいは，(6.56)を変形すると

$$\tan(\delta_0 + ka) = \frac{\Gamma_s}{2(E_s - E_k)} \qquad (6.57)$$

と表わすことができる．(6.57)から，入射エネルギー E_k が準束縛状態のエネルギー準位 E_s に一致したとき

$$\delta_0 + ka = \frac{\pi}{2} \qquad (6.58)$$

であることがわかる．

全断面積の表式(2.12)に，(6.25)および(6.55)を代入すると

$$\begin{aligned}\sigma_0{}^{\mathrm{tot}} &= \frac{\pi}{k^2}\left|1 - \exp(2i\delta_0)\right|^2 \\ &= \frac{\pi}{k^2}\left|\frac{2ika}{F_0(ka) - ika} + 1 - \exp(2ika)\right|^2 \\ &= \frac{4\pi}{k^2}\left|\frac{\Gamma_s/2}{(E_k - E_s) + i\Gamma_s/2} + \exp(ika)\cdot\sin ka\right|^2 \qquad (6.59)\end{aligned}$$

と表わすことができる．(6.59)の最後の表式の第1項は，共鳴散乱を表わし，第2項は剛体球によるポテンシャル散乱を示している．入射エネルギー E_k が，どの準束縛状態のエネルギー準位 E_s からも十分に遠くに離れているときには，第1項からの寄与は無視することができて，

$$\sigma_0{}^{\mathrm{tot}} = \frac{4\pi}{k^2}\sin^2 ka \cong 4\pi a^2 \qquad (6.60)$$

となる．この結果はS波の剛体球による散乱の全断面積に一致す

る．

ka の値が小さく，かつ E_k がエネルギーの低い準位 E_s の近くにあるときには，(6.59)の最後の表式の第2項は無視できて，第1項だけを考慮すればよい．このとき，全断面積は

$$\sigma_0^{\text{tot}} = \frac{\pi}{k_s^2} \frac{\Gamma_s^2}{(E_k - E_s)^2 + (\Gamma_s/2)^2} \tag{6.61}$$

で表わされる．ここで(6.61)が図3.9に示されているような鋭いピークをもつことを考慮して，E_k 以外の因子における k はすべて k_s でおきかえてある．なお，このとき，(6.58)より $\delta_0 \simeq \pi/2$ となり，(6.61)の断面積が共鳴散乱によるものであることを示している．実際に上のような共鳴散乱がおきるのは，ka が小さくて，準束縛状態のエネルギー固有値が0よりやや上にあるときであって，それより高いエネルギー準位のときには，図3.9のような鋭いピークはなくなってしまう．(6.61)は $E_k = E_s$ のとき最大値をとり，また Γ_s は断面積の大きさが半分になるときのピークの幅を表わしている．そこで，Γ_s を**半値幅**(half width)ともいう．(6.61)の表式を **Breit-Wigner の一準位公式**(Breit-Wigner's one level formula)という．

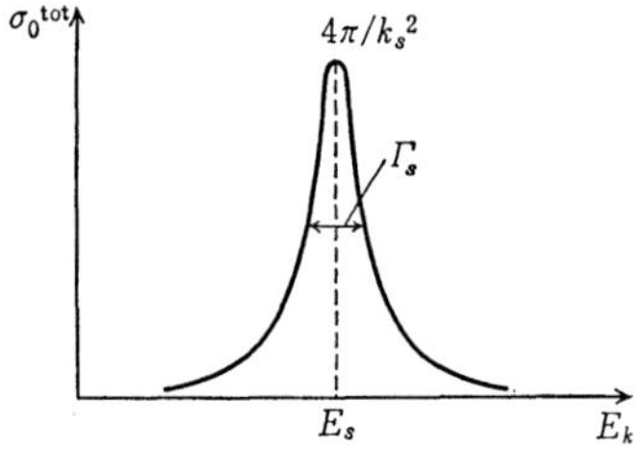

図 **3.9**　共鳴散乱の断面積

一般には，(6.59)の第1項と第2項とは重ね合わさって干渉をおこす．いまとくに，$E_k = E_s$ でかつ $ka = \pi/2$ のときを考えると，

このとき干渉効果は最大になり，(6.58)は$\delta_0=0$を与え，したがって，$\sigma_0{}^{\mathrm{tot}}=0$となる．このとき，(6.59)の全断面積は入射エネルギー$\boldsymbol{E}_k$の関数として，図3.10のような形になる．

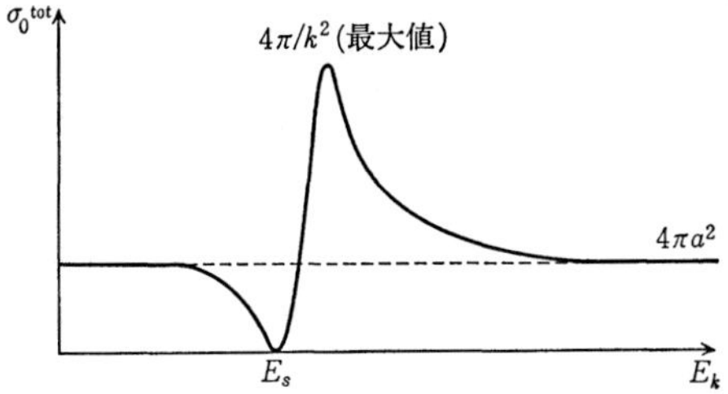

図 3.10　ポテンシャル散乱と共鳴散乱の干渉

第4章　時間に依存する散乱の理論

§1　Heisenberg 表示と相互作用表示

第2章および第3章においては，量子力学的体系における散乱の問題を，時間に依存しない定常状態における Schrödinger の方程式にもとづいて取り扱ってきた．すなわち，散乱状態は入射してくる粒子の平面波と，散乱された粒子の球面波の重ね合わせで記述されると考えて，その球面波の振幅を決定することによって散乱断面積を求めたのである．この方法は，考え方としては，古典物理学における波動の散乱の問題の扱い方と本質的に同等であり，ただその波動が量子力学的確率振幅であると解釈をする点においてのみ，古典的波動の散乱理論と異なるのであった．一方，第2章§2のはじめにも述べたように，考えている体系の量子力学的状態の時間的変化の様子を追跡し，その状態がいま観測しようとする終状態に転移する確率を求めるという形で，散乱問題をとらえることも可能である．この古典物理学ではみられない，状態の転移という量子力学固有の考え方は，第2章および第3章における主題であった2体系のポテンシャルによる散乱という比較的簡単な問題だけではなく，標的系が複雑な構造をもつ体系に対しても，また，さらに相対論的な場によって記述される体系における散乱の問題にも適用しうる考え方である．そういう意味でこの章で展開する時間に依存する散乱理論は，これまで述べてきた理論よりも，より一般的な理論であるということができる．

この章では，散乱理論をこのような立場から再構成し，そしてこれを2体系のポテンシャル散乱という特別に簡単な場合に適用した場合，その結果が第2章でえられた結論とまったく一致することが示される.

時間に依存する散乱の理論を展開するのに先立って，まず量子力学的体系の時間的発展を記述する方法について説明しておこう. 量子力学的体系の時間的発展を記述する方法として，もっともよく利用されているのは，**Schrödinger 表示**である．この表示では，波動関数 $\Psi_{\mathrm{S}}(t)$ が Schrödinger の方程式

$$i\hbar\frac{\partial\Psi_{\mathrm{S}}(t)}{\partial t}=H\Psi_{\mathrm{S}}(t) \tag{1.1}$$

にしたがって時間的に変化し，一方物理量を表わす演算子は時間的に変化しないとしている．(1.1)において，H は考えている体系の全ハミルトニアンを表わすエルミット演算子である．また，このハミルトニアン H は，交換関係

$$[q_i,p_j]=i\hbar\delta_{i,j},\ \ [q_i,q_j]=[p_i,p_j]=0 \tag{1.2}$$

をみたす正準共役なエルミット演算子 $q_1,q_2,\cdots,q_N$; $p_1,p_2,\cdots,p_N$ の関数として与えられている.

この Schrödinger 表示に対して，波動関数は時間的に一定に保たれ，物理量を表わす演算子のほうが時間的に変化すると考える立場があり，これが **Heisenberg 表示**である．いま，時刻 $t=0$ における波動関数が Ψ であるとすると，時刻 t における波動関数 $\Psi_{\mathrm{S}}(t)$ は，Schrödinger の方程式(1.1)により

$$\Psi_{\mathrm{S}}(t)=\exp(-iHt/\hbar)\Psi \tag{1.3}$$

で与えられる．これは(1.1)の Schrödinger の方程式の形式解である．さていま，Schrödinger 表示における任意の物理量を A とする．もちろんこの A はエルミット演算子で，一般に $q_1,q_2,\cdots,q_N$; $p_1,p_2,\cdots,p_N$ の関数として与えられる．なお，いまスピン演算子

を考慮していないが，それのあるなしは以下の議論に影響がないので，簡単のためここではそれを省略する．物理量 A の時刻 t における期待値は

$$\langle \Psi_{\mathrm{S}}(t)|A|\Psi_{\mathrm{S}}(t)\rangle \tag{1.4}$$

で与えられる．ここで括弧記号は Dirac の記法であり，(1.4)をくわしく書けば

$$\begin{aligned}\langle \Psi_{\mathrm{S}}(t)|A|\Psi_{\mathrm{S}}(t)\rangle \\ \equiv \int \Psi_{\mathrm{S}}{}^*(q_1, q_2, \cdots, q_N;\ t) A\left(q_1, q_2, \cdots, q_N; \frac{\hbar}{i}\frac{\partial}{\partial q_1}, \cdots, \frac{\hbar}{i}\frac{\partial}{\partial q_N}\right) \\ \times \Psi_{\mathrm{S}}(q_1, q_2, \cdots, q_N;\ t)\mathrm{d}q_1\mathrm{d}q_2\cdots\mathrm{d}q_N\end{aligned}$$

である．(1.4)に(1.3)を代入すると

$$\begin{aligned}\langle \Psi_{\mathrm{S}}(t)|A|\Psi_{\mathrm{S}}(t)\rangle &= \langle \Psi|\exp(iHt/\hbar)A\exp(-iHt/\hbar)|\Psi\rangle \\ &\equiv \langle \Psi|\boldsymbol{A}(t)|\Psi\rangle\end{aligned} \tag{1.5}$$

となる．ここで演算子 $\boldsymbol{A}(t)$ は

$$\boldsymbol{A}(t) \equiv \exp(iHt/\hbar)A\exp(-iHt/\hbar) \tag{1.6}$$

で定義される時間的に変化する演算子である．物理量として，(1.6)により時間的に変化する演算子を用い，一方状態を表わす波動関数として，時間的に一定の波動関数 Ψ を用いるのが Heisenberg 表示である．

(1.6)で Heisenberg 表示の演算子を太い文字で表わしたが，これはベクトルを意味するのではなく，すぐあとで明らかになるように，この演算子が相互作用の影響を含んだ複雑な演算子であることを感覚的に表現したかったからである．また，(1.5)から(1.6)を導くとき，演算子 A の期待値を考えたが，(1.6)の関係をうるためには，任意の行列要素をとればよい．すると，任意の完全系に対して(1.5)の関係に相当するものがえられ，したがって，演算子として(1.6)が成立することになる．なお，(1.3)と(1.6)を

みると，Schrödinger 表示と Heisenberg 表示とは $t=0$ で一致している．これは単に便宜上そうしただけであって，ある特定の時刻 t_0 をとり，その時刻での波動関数を Ψ とすれば

$$\Psi_{\mathrm{S}}(t) = \exp\{-iH(t-t_0)/\hbar\}\Psi$$

であり，これにともなって，Heisenberg 表示の演算子は

$$A(t) = \exp\{iH(t-t_0)/\hbar\} A \exp\{-iH(t-t_0)/\hbar\}$$

で与えられる．しかし，本書では一貫して $t_0=0$ と選ぶ．これは一度決めたら途中で変更しない方がよい．そうしないと無用の混乱と誤解を招くだけである．さて，(1.6)の変換によって，(1.2)の正準交換関係は不変に保たれ

$$[\boldsymbol{q}_i(t), \boldsymbol{p}_j(t)] = i\hbar\delta_{i,j}, \qquad [\boldsymbol{q}_i(t), \boldsymbol{q}_j(t)] = [\boldsymbol{p}_i(t), \boldsymbol{p}_j(t)] = 0 \quad (1.7)$$

である．なぜならば，たとえば

$$\begin{aligned}[\boldsymbol{q}_i(t), \boldsymbol{p}_j(t)] &= \mathrm{e}^{iHt/\hbar}q_i\,\mathrm{e}^{-iHt/\hbar}\cdot\mathrm{e}^{iHt/\hbar}p_j\,\mathrm{e}^{-iHt/\hbar} \\ &\quad -\mathrm{e}^{iHt/\hbar}p_i\,\mathrm{e}^{-iHt/\hbar}\cdot\mathrm{e}^{iHt/\hbar}q_j\,\mathrm{e}^{-iHt/\hbar} \\ &= \exp(iHt/\hbar)\,[q_i, p_j]\exp(-iHt/\hbar) \\ &= i\hbar\delta_{i,j}\exp(iHt/\hbar)\exp(-iHt/\hbar) \\ &= i\hbar\delta_{i,j}\end{aligned}$$

となるからである．したがって，(1.6)の変換は正準変換である．

Heisenberg 表示の演算子 $A(t)$ の時間的変化を規定する微分方程式は，(1.6)の時間微分をとることにより，次式で与えられる．

$$\begin{aligned}\frac{\mathrm{d}A(t)}{\mathrm{d}t} &= \frac{i}{\hbar}\exp(iHt/\hbar)[H, A]\exp(-iHt/\hbar) \\ &= \frac{i}{\hbar}[H, A(t)]. \end{aligned} \qquad (1.8)$$

この演算子に関する方程式を**Heisenberg の運動方程式**といい，これは Schrödinger 表示における運動方程式(1.1)と同等の役割を果す方程式である．(1.8)の計算で，一般に A と H とは順序を

交換できず，また H は自分自身とは交換可能であるから

$$\boldsymbol{H} = \exp(iHt/\hbar)H\exp(-iHt/\hbar) = H \tag{1.9}$$

であることを利用した．しかし誤解を避けるために，(1.9)の式の内容についてもう少しくわしく説明しておこう．Schrödinger 表示におけるハミルトニアンは，(1.2)の交換関係をみたす正準演算子 $q_1, q_2, \cdots, q_N; p_1, p_2, \cdots, p_N$ の関数として

$$H = H(q_1, q_2, \cdots, q_N; p_1, p_2, \cdots, p_N)$$

で表わされる．これを Heisenberg 表示に変換すると，

$$\begin{aligned} H(q_1, \cdots, p_N) &= \exp(iHt/\hbar)H(q_1, \cdots, p_N)\exp(-iHt/\hbar) \\ &= H(\mathrm{e}^{iHt/\hbar}q_1\,\mathrm{e}^{-iHt/\hbar}, \cdots, \mathrm{e}^{iHt/\hbar}p_N\,\mathrm{e}^{-iHt/\hbar}) \\ &= H(\boldsymbol{q}_1(t), \cdots, \boldsymbol{p}_N(t)) \end{aligned}$$

である．すなわち，(1.9)の太い文字の $\boldsymbol{H}$ は

$$\boldsymbol{H} = H(\boldsymbol{q}_1(t), \boldsymbol{q}_2(t), \cdots, \boldsymbol{q}_N(t); \boldsymbol{p}_1(t), \boldsymbol{p}_2(t), \cdots, \boldsymbol{p}_N(t)) \tag{1.10}$$

を表わしている．ここで $\boldsymbol{q}_i(t), \boldsymbol{p}_j(t)$ は(1.7)の交換関係をみたす Heisenberg 表示の演算子である．したがって，(1.8)の最後の交換関係の中の H の内容は(1.10)であることに注意されたい．また，(1.10)の $H(\boldsymbol{q}_1(t), \cdots, \boldsymbol{p}_N(t))$ の関数形は $H(q_1, \cdots, p_N)$ の関数形と同じであり，(1.9)により演算子としても相等しい．

(1.8)の Heisenberg の運動方程式は，演算子の方程式であるが，形式的にはその形は古典力学における正準方程式と一致する．これを示すため，(1.8)で $\boldsymbol{A}(t)=\boldsymbol{q}_i(t)$ とおくと，交換関係(1.7)より

$$\frac{i}{\hbar}[H, \boldsymbol{q}_i(t)] = \frac{\partial H}{\partial \boldsymbol{p}_i(t)}$$

となり，したがって

$$\frac{\mathrm{d}\boldsymbol{q}_i(t)}{\mathrm{d}t} = \frac{\partial H}{\partial \boldsymbol{p}_i(t)} \tag{1.11}$$

をうる．また，$\boldsymbol{A}(t) = \boldsymbol{p}_i(t)$ とおくと

$$\frac{i}{\hbar}[H, \boldsymbol{p}_i(t)] = -\frac{\partial H}{\partial \boldsymbol{q}_i(t)}$$

となるから

$$\frac{\mathrm{d}\boldsymbol{p}_i(t)}{\mathrm{d}t} = -\frac{\partial H}{\partial \boldsymbol{q}_i(t)} \tag{1.12}$$

である．すなわち，(1.11)と(1.12)の形は古典力学の正準方程式とまったく同じ形である．

古典力学においては，力学量 $\boldsymbol{q}_i^{(c)}(t), \boldsymbol{p}_i^{(c)}(t)$ 等は時間 t をパラメーターとして，(1.11)と(1.12)と同形の正準方程式の解として規定されていた．ところが，Schrödinger 表示で記述された量子力学では(通常この形式で量子力学を学びはじめるのだが)，力学量 q_i, p_i は時間的に変化せず，(1.2)の交換関係をみたす演算子(例えば，演算子 q_i を対角化する表現では，交換関係(1.2)より $p_i = \dfrac{\hbar}{i}\dfrac{\partial}{\partial q_i}$ とおかれる)であるとされ，力学系の時間的変化は，古典力学ではまったく現われない確率振幅 $\Psi_{\mathrm{S}}(t)$ によって与えられるとするのである．このように，古典力学とは自然記述の方法が全然ちがう表示で量子力学の解説がはじめられるため，量子力学をはじめて学ぶものに非常なとまどいと違和感を与えるのである．これに対して，Heisenberg 表示では，古典力学におけると同様に，力学量 $\boldsymbol{q}_i(t), \boldsymbol{p}_i(t)$ が時間的に変化し，しかもその運動方程式(1.11)と(1.12)の形は古典力学のそれとまったく同じである．こういう意味で，この表示は古典力学と量子力学との対応関係を明確にし，量子力学に対する理解を深めるのに役に立つのである．ただ，この表示の力学量 $\boldsymbol{A}(t)$ は，古典力学のそれとちがって演算子であるから，古典的力学量に対応する数値をうるには，その期待値 $\langle\Psi|\boldsymbol{A}(t)|\Psi\rangle$ をとらなくてはならない．

次に，Schrödinger 表示におけるハミルトニアン H が

$$H = H_0 + V \tag{1.13}$$

と，二つの部分に分解できる場合を考えよう．散乱問題を考える場合には，この H_0 は入射粒子および標的系を記述するハミルトニアンであり，V はそれらの間の相互作用を表わすハミルトニアンである．以下では H_0 を自由ハミルトニアン，V を相互作用ハミルトニアンとよぶことにする．例えば，第2章および第3章で考えてきた2粒子系のポテンシャルによる散乱の場合には，H_0 は重心の運動を分離したあとの2粒子の相対運動のエネルギーを表わし，また V は2粒子間に作用するポテンシャルを示している．

さてこのとき，Schrödinger 表示における運動方程式は

$$i\hbar\frac{\partial\Psi_{\mathrm{S}}(t)}{\partial t}=(H_0+V)\Psi_{\mathrm{S}}(t) \tag{1.14}$$

である．ここで，(1.13)の自由ハミルトニアン H_0 を用いて

$$\Psi(t)\equiv\exp(iH_0t/\hbar)\Psi_{\mathrm{S}}(t) \tag{1.15}$$

なる変換をする．(1.15)で定義された新しい波動関数 $\Psi(t)$ は

$$i\hbar\frac{\partial\Psi(t)}{\partial t}=V(t)\Psi(t) \tag{1.16}$$

なる方程式をみたす．ただし，ここで $V(t)$ は

$$V(t)=\exp(iH_0t/\hbar)V\exp(-iH_0t/\hbar) \tag{1.17}$$

で定義される演算子である．(1.16)の方程式は，(1.14)を用いて，次のような手続きによってえられる．すなわち，(1.15)を時間微分し，H_0 と V とが一般に交換不能であることに注意すると，

$$\begin{aligned}i\hbar\frac{\partial\Psi(t)}{\partial t}&=i\hbar\left[\frac{i}{\hbar}H_0\exp(iH_0t/\hbar)\Psi_{\mathrm{S}}(t)+\exp(iH_0t/\hbar)\frac{\mathrm{d}\Psi_{\mathrm{S}}(t)}{\mathrm{d}t}\right]\\&=-H_0\Psi(t)+\exp(iH_0t/\hbar)(H_0+V)\exp(-iH_0t/\hbar)\Psi(t)\\&=V(t)\Psi(t)\end{aligned}$$

となる．そこで一般に，任意の Schrödinger 表示の演算子 A の期待値を考え，(1.15)を用いて次のように変形する．

$$\langle \Psi_S(t)|A|\Psi_S(t)\rangle = \langle \Psi(t)|\exp(iH_0t/\hbar)A\exp(-iH_0t/\hbar)|\Psi(t)\rangle$$
$$= \langle \Psi(t)|A(t)|\Psi(t)\rangle. \qquad (1.18)$$

ここで

$$A(t) = \exp(iH_0t/\hbar)A\exp(-iH_0t/\hbar) \qquad (1.19)$$

である．(1.19)の時間微分をとると，演算子 $A(t)$ の時間的変化を規定する方程式は，(1.8)を導いたときと同様の方法により

$$\frac{\mathrm{d}A(t)}{\mathrm{d}t} = \frac{i}{\hbar}[H_0, A(t)] \qquad (1.20)$$

で与えられる．すなわち，演算子 $A(t)$ は，Heisenberg 表示の演算子 $\boldsymbol{A}(t)$ とは異なり，相互作用ハミルトニアン V を除いた自由ハミルトニアン H_0 の作用のもとに時間的に変化する．一方，このときの波動関数 $\Psi(t)$ は，(1.16)にみるように，相互作用ハミルトニアン $V(t)$ の作用によって，時間的変動が規定されている．すなわち，ここに導入した(1.15)および(1.19)によって与えられる表示は，Schrödinger 表示と Heisenberg 表示の中間の表示ともいうべきものであり，この表示を**相互作用表示**(interaction representation)という．

さて，(1.19)で $A=H_0$ とおけば，

$$H_0(q_1, \cdots, q_N; p_1, \cdots, p_N)$$
$$= \exp(iH_0t/\hbar)H_0(q_1, \cdots, q_N; p_1, \cdots, p_N)\exp(-iH_0t/\hbar)$$
$$= H_0(\mathrm{e}^{iH_0t/\hbar}q_1\mathrm{e}^{-iH_0t/\hbar}, \cdots, \mathrm{e}^{iH_0t/\hbar}p_N\mathrm{e}^{-iH_0t/\hbar})$$
$$= H_0(q_1(t), \cdots, q_N(t); p_1(t), \cdots, p_N(t)) \qquad (1.21)$$

となり，自由ハミルトニアン H_0 の関数形はこの変換によって変わらず，またそれらは，演算子としても相等しい．また，(1.20)の右辺の H_0 は，(1.21)の最後の形で与えられているものと考えるべきである．したがって，(1.20)の解として与えられる演算子 $q_i(t)$ および $p_i(t)$ は，相互作用の影響をうけず，自由ハミルトニ

アン H_0 によって規定され，そのときの

$$H_0 = H_0(q_1(t), \cdots, q_N(t); p_1(t), \cdots, p_N(t)) \tag{1.22}$$

は，その自由系のエネルギーを与えることになる．しかし，

$$H_0(q_1(t), \cdots, p_N(t)) + V(q_1(t), \cdots, q_N(t)) \tag{1.23}$$

なるものを考えても，これは相互作用を含む全体系のエネルギーを与えるものではないことに注意されたい．全体系のエネルギーは，Heisenberg 表示の演算子 $\boldsymbol{q}_i(t)$, $\boldsymbol{p}_i(t)$, あるいは Schrödinger 表示の算子 q_i, p_i を用いた

$$\begin{aligned} H_0(\boldsymbol{q}_1(t), \cdots, \boldsymbol{p}_N(t)) + V(\boldsymbol{q}_1(t), \cdots, \boldsymbol{q}_N(t)) \\ = H_0(q_1, \cdots, p_N) + V(q_1, \cdots, q_N) \end{aligned} \tag{1.24}$$

によって与えられるのである．これは当然のことであって，たとえば古典力学において重力の作用のもとでの粒子の運動を考えたとき，(1.24)にその重力の作用のもとでの運動方程式の解 $\boldsymbol{q}_i^{(c)}(t)$, $\boldsymbol{p}_i^{(c)}(t)$ を代入してはじめて，その系の全エネルギーが与えられ，(1.23)のように重力の作用のない自由運動をしている解 $q_i^{(c)}(t)$, $p_i^{(c)}(t)$ を代入しても，それはその系の全エネルギーを与えない．

(1.15)および(1.19)で定義された相互作用表示は，$t=0$ で Schrödinger 表示と一致する．これも Schrödinger 表示から Heisenberg 表示に移ったときと同様に，単に便宜上のものにすぎない．相互作用表示と Schrödinger 表示とが，ある特定の時刻 t_1 において一致するようにしても差し支えはない．ときには，$t_1=-\infty$ のように選ぶこともあり，人によりこの点が相違することがあるから注意を要する．

さて，(1.15)および(1.19)で定義された変換によって，(1.2)の正準交換関係の形は不変である．すなわち，

$$[q_i(t), p_j(t)] = \exp(iH_0t/\hbar)[q_i, p_j]\exp(-iH_0t/\hbar) = i\hbar\delta_{i,j} \tag{1.25}$$

となり，その他の交換関係も

$$[q_i(t), q_j(t)] = [p_i(t), p_j(t)] = 0 \tag{1.26}$$

である．すなわち，Schrödinger 表示から相互作用表示への変換は正準変換である．

相互作用表示の利点の一つは，物理量を表わす演算子に対する運動方程式(1.20)が，自由ハミルトニアン H_0 が簡単な場合には解くことができる点にある．これに対して，Heisenberg 表示での運動方程式(1.8)には相互作用の効果が含まれていて，ほとんどの場合に，これを解くことができない．つまり，Heisenberg 表示における演算子 $\boldsymbol{A}(t)$ はその中に相互作用による影響を完全に含んでおり，そのため極めて複雑な演算子である．この事実を感覚的に把えられるように太い文字をつかったのである．実際，場の量子論では，Heisenberg 表示の演算子を“着物をきた演算子”とよんでいる．これに対して，相互作用の効果を含まない相互作用表示での演算子 $A(t)$ は“裸の演算子”といわれる．つまり，演算子 $A(t)$ は $\boldsymbol{A}(t)$ とちがって，Schrödinger 表示の演算子 A と同様に，その内容がわかっている演算子である．たとえば，ポテンシァル V の中で運動する粒子を考えたとき，Schrödinger 表示でそのハミルトニアン H は

$$H = H_0 + V = \frac{1}{2m}\boldsymbol{p}^2 + V \tag{1.27}$$

で与えられる．このとき相互作用表示での演算子 $q_i(t), p_i(t)$ ($i=1, 2, 3$) は，運動方程式

$$\begin{aligned} \frac{\mathrm{d}q_i(t)}{\mathrm{d}t} &= \frac{i}{\hbar}\left[\frac{1}{2m}p_i^2(t),\ q_i(t)\right] = \frac{1}{m}p_i(t), \\ \frac{\mathrm{d}p_i(t)}{\mathrm{d}t} &= \frac{i}{\hbar}\left[\frac{1}{2m}p_i^2(t),\ p_i(t)\right] = 0 \end{aligned} \tag{1.28}$$

の解として与えられる．はじめの時刻を t' とし，そのときの演算

子が $q_i(t'), p_i(t')$ であるとすると，任意の時刻 t における演算子は，(1.28) より

$$q_i(t) = \frac{1}{m}p_i(t')(t-t')+q_i(t'), \qquad p_i(t) = p_i(t') \tag{1.29}$$

で与えられる．Heisenberg 表示の演算子の場合には，相互作用がよほど簡単なものでないかぎり，このように演算子の方程式を解くことはできない．さて，(1.29) を利用すると，異なる時刻における交換関係を求めることができる．たとえば

$$\begin{aligned}[q_i(t), q_i(t')] &= \left[\frac{p_i(t')}{m}(t-t')+q_i(t'), q_i(t')\right] \\ &= \frac{(t-t')}{m}[p_i(t'), q_i(t')] = \frac{\hbar}{im}(t-t') \end{aligned} \tag{1.30}$$

である．ただし，ここで同時刻での交換関係 (1.25) および (1.26) を利用した．(1.30) からわかるように，同時刻では交換可能な演算子も，時刻がちがえば一般に交換可能ではない．たとえば

$$[V(t), V(t')] \neq 0 \tag{1.31}$$

である．Heisenberg 表示でも，同時刻では交換可能な二つの演算子が，異なる時刻では一般に交換不能になる．しかし，この場合相互作用表示におけるように，交換関係 $[\boldsymbol{q}_i(t), \boldsymbol{q}_j(t')]$ の値を書き下すことは一般にはできないのである．

よく知られているように，相対論においては，同時刻という概念は Lorentz 変換に対して不変な概念ではない．したがって，相対論的な場の量子論において，場の量に対する交換関係を，同時刻で設定する通常の量子化の手続きが Lorentz 不変な意味をもつか否かは，証明を要する重大な課題である．交換関係の Lorentz 不変性を示すには，異なる時刻における交換関係を導き，その形の Lorentz 変換に対する共変性を証明すればよい．ところが，Schrödinger 表示では演算子は時間に無関係であり，したがって

この表示で交換関係の共変性を示すことはできない．一方，Heisenberg 表示では，異なる時刻での交換関係を書き下すことができない．そのため，Heisenberg 表示における交換関係の Lorentz 不変性を証明するには，不変変分論などの難しい理論を用いなければならなかった．ところが，相互作用表示では，異なる時刻における交換関係を容易に求めることができ，その共変性を一目瞭然に示すことができるのである．有名な Tomonaga-Schwinger 理論は，この相互作用表示を利用することによって，交換関係その他の基本方程式の Lorentz 不変性が，一目でわかるように，場の量子論を再構成したものである．

正準変換(1.3)および(1.6)により，Schrödinger 表示から Heisenberg 表示への変換がなされ，また，(1.15)と(1.19)により，Schrödinger 表示を相互作用表示へ変換した．それでは，Heisenberg 表示と相互作用表示との間にはどのような関係があるだろうか．(1.19)の逆変換

$$A = \exp(-iH_0t/\hbar)A(t)\exp(+iH_0t/\hbar)$$

を(1.6)に代入すると，Heisenberg 表示の演算子 $\boldsymbol{A}(t)$ と相互作用表示のそれ $A(t)$ とは，

$$\boldsymbol{A}(t) = \exp(iHt/\hbar)\exp(-iH_0t/\hbar)A(t)\exp(iH_0t/\hbar)\exp(-iHt/\hbar) \tag{1.32}$$

なる変換で結びついていることがわかる．また，Heisenberg 表示の波動関数 $\boldsymbol{\Psi}$ と相互作用表示のそれ $\Psi(t)$ との間には

$$\boldsymbol{\Psi} = \exp(iHt/\hbar)\exp(-iH_0t/\hbar)\Psi(t) \tag{1.33}$$

の関係がある．ここで，(1.3)と(1.15)とを用いた．(1.33)の逆変換は

$$\Psi(t) = \exp(iH_0t/\hbar)\exp(-iHt/\hbar)\boldsymbol{\Psi} \tag{1.34}$$

で与えられる．ここで H と H_0 とは Schrödinger 表示でのハミル

トニアンであり，また H と H_0 とは一般に交換不能なので，(1.32)，(1.33)および(1.34)に現われている二つの指数関数の順序に注意しなくてはならない．

さて，話を相互作用表示における波動関数の時間的変化を与える方程式(1.16)にもどそう．いま，時刻 t' における波動関数 $\Psi(t')$ と，時刻 t における波動関数 $\Psi(t)$ とを結びつける演算子を $U(t,t')$ と書き，

$$\Psi(t) = U(t,t')\Psi(t') \tag{1.35}$$

とおく．この演算子 $U(t,t')$ の具体的な形を知るため，(1.35)に(1.34)を代入する．すると

$$\begin{aligned}&\exp(iH_0t/\hbar)\exp(-iHt/\hbar)\Psi\\&\qquad= U(t,t')\exp(iH_0t'/\hbar)\exp(-iHt'/\hbar)\Psi\end{aligned}$$

である．この関係は任意の波動関数 Ψ に対して成立しているのであるから，演算子として

$$\begin{aligned}&\exp(iH_0t/\hbar)\exp(-iHt/\hbar)\\&\qquad= U(t,t')\exp(iH_0t'/\hbar)\exp(-iHt'/\hbar)\end{aligned}$$

である．右から逆演算子をかけることにより，

$$U(t,t') = \exp(iH_0t/\hbar)\exp\{-iH(t-t')/\hbar\}\exp(-iH_0t'/\hbar) \tag{1.36}$$

をうる．この表式は，相互作用表示の波動関数の時間的変化を与える演算子 $U(t,t')$ を，Schrödinger 表示の演算子 H および H_0 で表現したものである．(1.36)の表式から，$U(t,t')$ は

$$\begin{aligned}&U(t,t) = 1,\\&U(t,t'') = U(t,t')U(t',t''),\\&U^\dagger(t',t) = U(t,t'),\\&U^\dagger(t,t')U(t,t') = U(t,t')U^\dagger(t,t') = 1\end{aligned} \tag{1.37}$$

なる性質をもつことが証明できる．ここで $U^\dagger$ は U のエルミット

共役演算子を意味している．(1.37)の性質があることから，U の集合は**群**(group)をつくっていることがわかる．また，(1.32)と(1.33)の Heisenberg 表示と相互作用表示との関係を与える式は，(1.36)を用いることにより

$$\begin{aligned} \Psi &= U(0,t)\Psi(t), \\ A(t) &= U(0,t)A(t)U(t,0) \end{aligned} \tag{1.38}$$

と表わすことができる．

(1.36)の式は，U を Schrödinger 表示の演算子で表わしたものであるが，これを相互作用表示の演算子で表わしたらどうなるであろうか．この問題にこたえるために，(1.35)を(1.16)に代入する．すると

$$i\hbar\frac{\partial U(t,t')}{\partial t}\Psi(t') = V(t)U(t,t')\Psi(t')$$

である．$\Psi(t')$ は任意の波動関数でよいから，演算子の関係として，

$$i\hbar\frac{\partial U(t,t')}{\partial t} = V(t)U(t,t') \tag{1.39}$$

が成立する．さて，(1.37)から $U(t',t')=1$ であることを用いると，(1.39)は

$$U(t,t') = 1-\frac{i}{\hbar}\int_{t'}^{t}V(t'')U(t'',t')\mathrm{d}t'' \tag{1.40}$$

なる積分方程式で表わすことができる．これが相互作用表示の演算子 $V(t)$ により表現された演算子 U である．

(1.40)の U を相互作用ハミルトニアン $V(t)$ だけで表わそうとするならば，左辺の U を右辺に逐次に代入すればよい．すると

$$\begin{aligned} U(t,t') &= 1+\left(\frac{-i}{\hbar}\right)\int_{t'}^{t}V(t_1)\mathrm{d}t_1+\left(\frac{-i}{\hbar}\right)^2\int_{t'}^{t}\mathrm{d}t_1\int_{t'}^{t_1}\mathrm{d}t_2V(t_1)V(t_2)+\cdots \\ &= \sum_{n=0}^{\infty}\left(\frac{-i}{\hbar}\right)^n\int_{t'}^{t}\mathrm{d}t_1\int_{t'}^{t_1}\mathrm{d}t_2\cdots\int_{t'}^{t_{n-1}}\mathrm{d}t_nV(t_1)V(t_2)\cdots V(t_n) \end{aligned} \tag{1.41}$$

をうる．ここで右辺の $V(t)$ は相互作用表示の演算子なので，(1.31)にあるように，これらは一般に交換不能な演算子であることに注意されたい．(1.41)の右辺の時間に関する多重積分の上限をそろえるため

$$\theta(t)=\begin{cases}1 & t>0\\ 0 & t<0\end{cases} \tag{1.42}$$

で定義される階段関数を用いると，(1.41)は

$$U(t,t')=\sum_{n=0}^{\infty}\left(\frac{1}{i\hbar}\right)^n\int_{t'}^{t}\mathrm{d}t_1\int_{t'}^{t}\mathrm{d}t_2\cdots\int_{t'}^{t}\mathrm{d}t_n\theta(t_1-t_2)\cdot\theta(t_2-t_3)\cdots\cdots\theta(t_{n-1}-t_n)V(t_1)V(t_2)\cdots V(t_n) \tag{1.43}$$

と表わすことができる．そこで演算子Pを

$$\mathrm{P}(V(t_1)V(t_2)\cdots V(t_n))\equiv\sum_{\mathrm{P}(1,2,\cdots,n)}\theta(t_1-t_2)\theta(t_2-t_3)\cdots\theta(t_{n-1}-t_n)V(t_1)V(t_2)\cdots V(t_n) \tag{1.44}$$

で定義する．ここで右辺の和は，$t_1, t_2, \cdots, t_n$ の n 個のパラメーターのあらゆる置換(permutation)をとったものの和をとることを意味し，この演算子Pを**Dyson の時間順序演算子**(chronological operator)という．さて，(1.44)を $t_1, t_2, \cdots, t_n$ に関して，t' から t まで積分し，右辺の和の各項の積分変数を適当に書き変えると，(1.44)の右辺の $n!$ 個の項はすべて同じものになってしまう．したがって，(1.43)は(1.44)を用いて

$$U(t,t')=\sum_{n=0}^{\infty}\frac{1}{n!}\left(\frac{1}{i\hbar}\right)^n\int_{t'}^{t}\mathrm{d}t_1\int_{t'}^{t}\mathrm{d}t_2\cdots\int_{t'}^{t}\mathrm{d}t_n\mathrm{P}(V(t_1)V(t_2)\cdots V(t_n)) \tag{1.45}$$

と表わすことができる．この(1.45)の展開式を**Dyson の展開式**といい，$U(t,t')$ を相互作用表示の演算子 $V(t)$ に関して，もっとも対称的な形に表わしたものである．

最後に，あとでの必要のため，$U(t,t')$ に対する(1.40)とはやや異なった形の積分方程式を導いておこう．(1.35)を t' で微分すると，

$$i\hbar\frac{\partial\Psi(t)}{\partial t'} = 0 = i\hbar\frac{\partial U(t,t')}{\partial t'}\Psi(t')+i\hbar U(t,t')\frac{\mathrm{d}\Psi(t')}{\mathrm{d}t'}$$

$$= i\hbar\frac{\partial U(t,t')}{\partial t'}\Psi(t')+U(t,t')V(t')\Psi(t')$$

となる．ここで $\Psi(t')$ は任意であるから，微分方程式

$$i\hbar\frac{\partial U(t,t')}{\partial t'} = -U(t,t')V(t') \tag{1.46}$$

をうる．(1.40)と同様にして，(1.46)を積分方程式に書き直すと

$$U(t,t') = 1+\frac{i}{\hbar}\int_t^{t'}\mathrm{d}t''U(t,t'')V(t'') \tag{1.47}$$

である．

§2　S 行列の理論

散乱現象を時間的に追跡して調べるという立場にもとづいて，散乱の理論を構成することを考えよう．話の内容をはっきりさせるため，いま中性子と陽子の2個の粒子の間の散乱を想定して議論を進めよう．これらの2個の粒子は，衝突のずっと前にはおたがいに十分に遠くに離れていて，その間に相互作用もなく独立に自由に運動している．時間の経過とともに，これらの粒子はたがいに近づき，そして相互作用をおよぼしあって衝突し，その後ふたたび遠ざかり，自由な粒子として散乱されていく．このような状況を考えると，散乱現象を時間的に追跡する立場で記述するためには，前節で説明した相互作用表示の理論を用いるのが適当であることが理解されよう．さて，衝突以前の初期の時刻としては，事実上，無限の過去の時刻をとることができ，また衝突現象が終

了して，粒子が散乱されていく時刻を無限の未来にとってよいであろう．このとき，$t=-\infty$ の時刻では，粒子間に相互作用ははたらかない，すなわち(1.16)の方程式で相互作用ハミルトニアン $V(-\infty)$ は0であると考えられる．したがって，このときの波動関数 $\Psi(t=-\infty)$ は粒子間に相互作用がはたらきはじめるまでは，ある決まった状態に保たれることになる．そこで，時刻 $t=-\infty$ における波動関数 $\Psi(-\infty)$ を，自由ハミルトニアン H_0 の固有状態として設定したとする．すなわち，$t=-\infty$ における初期状態を

$$\Psi(-\infty)=\Phi_i, \qquad H_0\Phi_i=E_i\Phi_i \tag{2.1}$$

で決める．ただし，波動関数 Φ_i は次のような直交規格化の条件をみたしているとする．

$$\langle\Phi_i|\Phi_j\rangle=\delta_{i,j}, \tag{2.2}$$

初期状態をこのように決めておくと，その後の任意の時刻における波動関数 $\Psi(t)$ は，(1.35)より

$$\Psi(t)=U(t,-\infty)\Psi(-\infty)=U(t,-\infty)\Phi_i \tag{2.3}$$

で与えられるわけである．2個の粒子の衝突が終り，その後，それらがおたがいに遠くに離れた時刻 $t=+\infty$ においては，波動関数は

$$\Psi(+\infty)=U(+\infty,-\infty)\Phi_i \tag{2.4}$$

で表わされる状態になる．さて，この章では，中性子と陽子の弾性散乱のときのように，散乱の前後において，(1.13)のハミルトニアンの分解の仕方が変わらず，$t=+\infty$ の時刻における状態も，同じ自由ハミルトニアン H_0 の固有関数で指定される場合に話を限ることにする．散乱の前後で，それらの状態を指定する自由ハミルトニアンが異なる場合に関しては，第5章で調べることにする．そこで(2.4)で与えられた波動関数 $\Psi(+\infty)$ を，H_0 の固有関

数の完全系 $\{\Phi_j\}$ で展開し，その展開係数を $S_{j,i}$ と書くと

$$\Psi(+\infty)=U(+\infty,-\infty)\Phi_i=\sum_j S_{j,i}\Phi_j \tag{2.5}$$

と表わされる．すなわち，波動関数 $\Psi(+\infty)$ は一般に H_0 の固有関数 Φ_j の重ね合わせとして表わされる．そこで，この状態 $\Psi(+\infty)$ の中に，初期状態 Φ_i と同じく H_0 の固有関数，すなわち

$$H_0\Phi_f=E_f\Phi_f \tag{2.6}$$

で与えられる状態 Φ_f を発見する確率振幅を求めると，それは

$$\begin{aligned}\langle\Phi_f|\Psi(+\infty)\rangle&=\langle\Phi_f|U(+\infty,-\infty)|\Phi_i\rangle=\sum_j S_{j,i}\langle\Phi_f|\Phi_j\rangle\\&=\sum_j S_{j,i}\delta_{f,j}=S_{f,i}\end{aligned} \tag{2.7}$$

で与えられることになる．ここで(2.2)の条件を用いている．すなわち，行列要素

$$S_{f,i}=\langle\Phi_f|U(+\infty,-\infty)|\Phi_i\rangle \tag{2.8}$$

は，時刻 $t=-\infty$ において，H_0 の固有状態 Φ_i にあった体系が，相互作用 $V(t)$ の影響によって，時刻 $t=+\infty$ において，H_0 の固有状態 Φ_f に転移する確率振幅を与えるものである．この $S_{f,i}$ を **S 行列**，あるいは**散乱行列** (scattering matrix) といい，また

$$S\equiv U(+\infty,-\infty) \tag{2.9}$$

なる演算子を S 演算子という．(2.8)の S 行列が求まれば，状態 Φ_i から状態 Φ_f への転移確率が与えられ，それから散乱断面積が決められる．したがって，時間に依存する散乱の理論において，この S 行列はその中心的な役割を果す重要な物理量であり，以下の問題は，この S 行列の性質を調べ，それを求める方法を与え，そしてその結果が第2章および第3章における時間に依存しない散乱の理論と同一の結果を導くことを示すことである．

(1) 極限操作の導入

上に述べた話は，時刻 $t=\pm\infty$ においては，相互作用がなくな

るということが話の前提になっている．しかしながら，例えば中性子と陽子の二つの粒子の波動関数が，H_0 の固有状態，すなわち平面波で与えられているとするならば，これらの粒子の波動関数は無限に広い空間的領域に拡がっており，したがって，それらは時刻 $t=\pm\infty$ においても重なり合っていて，そのために粒子間にはいつでも相互作用があることになる．つまり，初期状態と終状態が H_0 の固有状態になっていることと，そのとき粒子間に相互作用がないとすることとは矛盾するのである．このことは，数学的には(1.36)で定義された演算子 $U(t,t')$ に H_0 の固有状態を作用させたとき，$t\to+\infty$，$t'\to-\infty$ などの極限が存在しないことに対応している．実際，H_0 の固有関数 Φ_i を(1.36)の右辺に作用すると，$\exp[-iE_it'/\hbar]$ という因子が現われ，これは明らかに $t'\to-\infty$ の極限で収束しない．しかしながら，物理的に考えれば，スリットから入射する粒子の状態は，決して厳密な平面波，つまり H_0 の純粋な固有状態であるはずはない．初期状態は十分に離れた2点を中心とする波束で表わされ，2個の粒子の波束はたがいに重なり合う部分がない．終状態についても同様であり，相互作用がはたらくのは，これらの波束が重なり合ったときだけである．したがって，上の困難を避けるには，(2.1)および(2.6)におけるように，初めの状態と終りの状態を H_0 の正確な固有関数で指定せず，それらの適当な重ね合わせとしての波束で表わされるとし，それらの波束の運動を時間的に追跡するという方法で理論を構成したらよいわけである．

このように波束を用いて理論をつくることは，もちろん可能であるが，このようにすると，以下の計算がひどく面倒になるという欠点がある．そこで上の困難を避ける第2の方法として考えられるのは，初めの状態と終りの状態を H_0 の正確な固有状態で指

定するかわりに，相互作用ハミルトニアン $V(t)$ そのものが，$t=\pm\infty$ において 0 になるとすることである．この操作を相互作用の**スイッチ・オフ** (switch-off) という．しかし，この操作をある特定の時刻 $\pm T_0$ でおこなうと，その時刻がきまっているため，$\Delta E\Delta t\sim\hbar$ の不確定性関係によって，体系のとるエネルギーの値に大きな不確定性を与えることになる．時間に依存しない散乱理論においては，散乱状態 $\psi_k^{(+)}$ のエネルギー E_k は入射エネルギーと同じ値であったことを考えると，むしろいつ相互作用がスイッチ・オフされたのかができるだけはっきりしないように，$\Delta t\to\infty$ にとって，エネルギーの不確定性 ΔE が 0 になるようにすべきであろう．このようなスイッチ・オフの操作を，**断熱的スイッチ・オフ** (adiabatic switch-off) という．ここで断熱的という言葉を使ったが，本来は断熱的というよりも，状態を乱さないように“ゆっくり”という意味であるから，**準静的** (quasi-static) といったほうがよい．しかし習慣的に断熱的という言葉が使われている．さて，相互作用の断熱的スイッチ・オフをおこなうための，もっとも直接的な方法は，(1.16) の右辺の相互作用を表わすハミルトニアン $V(t)$ を $\exp(-\epsilon|t|/\hbar)V(t)$ とおきかえ，

$$i\hbar\frac{\partial\Psi(t)}{\partial t}=\exp(-\epsilon|t|/\hbar)V(t)\Psi(t) \tag{2.10}$$

とすることである．ここで ϵ は正の無限小のパラメーターであり，すべての計算をおえた段階で 0 の極限をとるものとする．すると

$$\Psi(t)=U(t,-\infty)\Phi_i \tag{2.11}$$

で定義される演算子 $U(t,-\infty)$ のみたす積分方程式は

$$U(t,-\infty)=1-\frac{i}{\hbar}\int_{-\infty}^{t}\exp(-\epsilon|t'|/\hbar)V(t')U(t',-\infty) \tag{2.12}$$

となる．すなわち，(1.40) の $U(t,t')$ で $t'\to-\infty$ にとったもの，

$U(t,-\infty)$ は，(2.12)の積分方程式の解として定義されるのである．このように，演算子 $U(t,-\infty)$ が，積分方程式(2.12)の解として定義されているということは，以下の議論にとってはなはだ不都合である．なぜなら，(2.12)の積分方程式を正確に解いたとき，はじめて $U(t,-\infty)$ の内容がわかるというわけだからである．しかも，(2.12)を解くことは，(1.45)のような展開によらない限りほとんど不可能である．その上，(1.45)の展開は Born 近似における逐次近似の展開と本質的に同じものであり，多くの場合にその収束性は保証されない．

そこで，(2.10)のスイッチ・オフの操作の欠陥を除くために，本書では $t'=\pm\infty$ としたときの演算子 $U(t,\mp\infty)$ 等を次のように定義する．

$$U(t,\mp\infty)\equiv 1-\frac{i}{\hbar}\int_{\mp\infty}^{t}\mathrm{d}t'\,U(t,t')\exp(-\epsilon|t'|/\hbar)V(t'),\quad (2.13)$$

$$U(\pm\infty,t)\equiv 1+\frac{i}{\hbar}\int_{\pm\infty}^{t}\mathrm{d}t'\exp(-\epsilon|t'|/\hbar)V(t')U(t',t).\quad (2.14)$$

これらの定義式は，(1.47)および(1.40)の $U(t,t')$ の積分方程式において，それぞれ $t'=\mp\infty$, $t=\pm\infty$ とおき，収束因子 $\exp(-\epsilon|t|/\hbar)$ を挿入したものである．これらの定義では，(2.12)の定義とちがって，右辺の $U(t,t')$ 等は(1.36)によって与えられていて，(2.13)および(2.14)の右辺の積分を実行しさえすれば，$U(t,\mp\infty)$ などの演算子の内容がわかることになっている．つまり，性格のわかっているもので，わからなかったものを定義しているのであるから，(2.12)と比べて(2.13)および(2.14)はわかりやすい．また，これらの定義の利点は，第5章の3体系における散乱の理論において，より明確になるであろう．

(2.13)と(2.14)の定義から，ただちに

$$U^\dagger(t,\pm\infty)=U(\pm\infty,t),\quad U^\dagger(\pm\infty,t)=U(t,\pm\infty) \tag{2.15}$$

の性質をみとめることができる．また，$\epsilon\to 0$ の極限では

$$U(t,\pm\infty)=U(t,t')U(t',\pm\infty),\quad U(\pm\infty,t)=U(\pm\infty,t')U(t',t) \tag{2.16}$$

と書くことができる．これは次のようにして証明される．

$$\begin{aligned}
&U(t,t')U(t',\pm\infty)\\
&= U(t,t')\left[1-\frac{i}{\hbar}\int_{\pm\infty}^{t'}\mathrm{d}t''U(t',t'')\exp(-\epsilon|t''|/\hbar)V(t'')\right]\\
&= U(t,t')-\frac{i}{\hbar}\int_{\pm\infty}^{t'}\mathrm{d}t''U(t,t'')\exp(-\epsilon|t''|/\hbar)V(t'')\\
&= 1-\frac{i}{\hbar}\int_{t'}^{t}\mathrm{d}t''U(t,t'')\exp(-\epsilon|t''|/\hbar)V(t'')\\
&\qquad\qquad -\frac{i}{\hbar}\int_{\pm\infty}^{t'}\mathrm{d}t''U(t,t'')\exp(-\epsilon|t''|/\hbar)V(t'')\\
&= 1-\frac{i}{\hbar}\int_{\pm\infty}^{t}\mathrm{d}t''U(t,t'')\exp(-\epsilon|t''|/\hbar)V(t'')\\
&= U(t,\pm\infty).
\end{aligned}$$

ここで2番目の等号では(1.37)を用い，また3番目の等号では，(1.47)を用い，また積分領域が有限の場合，$\epsilon\to 0$ の極限では収束因子 $\exp[-\epsilon|t''|/\hbar]$ を付け加えてもかまわないことを用いた．

(2) 散乱状態の波動関数

ここで

$$\Psi_i^{(\pm)}\equiv U(0,\mp\infty)\Phi_i \tag{2.17}$$

で定義される波動関数 $\Psi_i^{(\pm)}$ を考えよう．(2.13)を代入すると

$$\Psi_i^{(\pm)}=\Phi_i+\frac{i}{\hbar}\int_0^{\mp\infty}\mathrm{d}t'\exp(-\epsilon|t'|/\hbar)U(0,t')V(t')\Phi_i \tag{2.18}$$

である．これに(1.17)および(1.36)を代入して，すべての演算子を Schrödinger 表示のそれに書きかえると

$$\Psi_i^{(\pm)}=\Phi_i+\frac{i}{\hbar}\int_0^{\mp\infty}\mathrm{d}t'\exp(-\epsilon|t'|/\hbar)\exp(iHt'/\hbar)\exp(-iH_0t'/\hbar)$$
$$\times\exp(iH_0t'/\hbar)V\exp(-iH_0t'/\hbar)\Phi_i$$
$$=\Phi_i+\frac{i}{\hbar}\int_0^{\mp\infty}\mathrm{d}t'\exp(-\epsilon|t'|/\hbar)\exp(iHt'/\hbar)V$$
$$\times\exp(-iE_it'/\hbar)\Phi_i$$
$$=\Phi_i+\frac{i}{\hbar}\int_0^{\mp\infty}\mathrm{d}t'\exp\{-i(E_i-H)t'/\hbar-\epsilon|t'|/\hbar\}V\Phi_i$$
$$=\Phi_i+\frac{1}{E_i-H\pm i\epsilon}V\Phi_i \tag{2.19}$$

となる．さて，第2章(2.28)の公式から

$$\frac{1}{E_i-H\pm i\epsilon}=\frac{1}{E_i-H_0\pm i\epsilon}\left[1+V\frac{1}{E_i-H\pm i\epsilon}\right] \tag{2.20}$$

が成立する．この関係を(2.19)に適用すると

$$\Psi_i^{(\pm)}=\Phi_i+\frac{1}{E_i-H_0\pm i\epsilon}\left[1+V\frac{1}{E_i-H\pm i\epsilon}\right]V\Phi_i$$
$$=\Phi_i+\frac{1}{E_i-H_0\pm i\epsilon}V\left[1+\frac{1}{E_i-H\pm i\epsilon}V\right]\Phi_i$$
$$=\Phi_i+\frac{1}{E_i-H_0\pm i\epsilon}V\Psi_i^{(\pm)} \tag{2.21}$$

となる．すなわち，(2.17)の波動関数 $\Psi_i^{(\pm)}$ は積分方程式

$$\Psi_i^{(\pm)}=\Phi_i+\frac{1}{E_i-H_0\pm i\epsilon}V\Psi_i^{(+)} \tag{2.22}$$

をみたし，その形式解は

$$\Psi_i^{(\pm)}=\Phi_i+\frac{1}{E_i-H\pm i\epsilon}V\Phi_i \tag{2.23}$$

で与えられるということである．これらの結果を第2章の(2.27)および(2.34)と比較するならば，それらの一致は明らかである．すなわち，(2.22)は第2章(2.27)の Lippmann-Schwinger の方程式そのものであり，したがって，(2.17)の波動関数 $\Psi_i^{(\pm)}$ は，入

射粒子の波動関数が Φ_i であるときの散乱状態を表わしていることがわかる．このようにして，時間に依存する散乱の理論から，第2章のそれとまったく一致する散乱の積分方程式が導かれたわけである．しかしながら，第2章の(2.24)の H_0 は自由粒子の相対運動のエネルギーであり，また V は2粒子間のポテンシャルであった．一方，(2.22)における自由ハミルトニアン H_0 および相互作用ハミルトニアン V は，より複雑なものであってもよく，したがって，ここで導いた Lippmann-Schwinger の方程式(2.22)は，第2章のそれよりもより一般的な散乱の積分方程式である．

上に示したことをまとめると，次のようにいうことができる．演算子 $U(0,\mp\infty)$ を，$t=\mp\infty$ において

$$H_0\Phi_i = E_i\Phi_i \tag{2.24}$$

で与えられる状態関数 Φ_i に作用させることにより，時間の経過とともにゆっくりと相互作用 V による効果がとりいれられ，時刻 $t=0$ に達したときには，その状態が散乱状態 $\Psi_i^{(\pm)}$ に成長する．そして，散乱状態 $\Psi_i^{(\pm)}$ は，初めと同じエネルギー固有値 E_i に属する全ハミルトニアン H の固有状態になっている．すなわち

$$H\Psi_i^{(\pm)} = E_i\Psi_i^{(\pm)} \tag{2.25}$$

である．上に述べた事情を**断熱定理** (adiabatic theorem) という．またこのように，初めの状態 Φ_i から散乱状態 $\Psi_i^{(\pm)}$ をつくりだす演算子 $U(0,\mp\infty)$ を，**Møller の波動演算子** (wave operator) という．

なお，(2.17)，(2.24)および(2.25)から

$$\begin{aligned} HU(0,\mp\infty)\Phi_i &= E_iU(0,\mp\infty)\Phi_i = U(0,\mp\infty)E_i\Phi_i \\ &= U(0,\mp\infty)H_0\Phi_i \end{aligned}$$

となり，この関係式は H_0 の固有関数の完全系 $\{\Phi_n\}$ のなかの任意の Φ_i に対して成立するから

$$HU(0, \mp\infty) = U(0, \mp\infty)H_0 \tag{2.26}$$

である．

(3) **散乱状態 $\Psi_i^{(\pm)}$ の直交・規格化性と波動演算子の性質**

第2章では，入射平面波 ϕ_k は

$$\phi_k = \frac{1}{\sqrt{(2\pi)^3}}\exp(i\boldsymbol{k}\cdot\boldsymbol{r})$$

と表わされ，それは

$$\frac{1}{(2\pi)^3}\int_{-\infty}^{\infty}\exp\{i(\boldsymbol{k}-\boldsymbol{k}')\cdot\boldsymbol{r}\}\mathrm{d}^3\boldsymbol{r} = \delta^3(\boldsymbol{k}-\boldsymbol{k}') \tag{2.27}$$

として，無限大に規格化されていた．あるいは，この規格化の仕方は，第2章(2.7)にあるように，体積 $(2\pi)^3$ の中に1個の粒子が存在することになっていた．さて，(2.17)の散乱状態 $\Psi_i^{(\pm)}$ の規格化条件を調べるにあたって，(2.27)の規格化よりも，次のような規格化の仕方を用いたほうがわかりやすい．すなわち，一辺 L の大きな立方体を考えて，その中に粒子が1個あるとするのである．このとき

$$\Phi_k^{(L)} = \frac{1}{\sqrt{L^3}}\exp(i\boldsymbol{k}\cdot\boldsymbol{r}) \tag{2.28}$$

と表わされ，立方体 L^3 の境界面上で周期性の条件を要求すると

$$\langle\Phi_{k'}^{(L)}|\Phi_k^{(L)}\rangle = \frac{1}{L^3}\int_{L^3}\exp\{i(\boldsymbol{k}-\boldsymbol{k}')\cdot\boldsymbol{r}\}\mathrm{d}^3\boldsymbol{r} = \delta_{k,k'} \tag{2.29}$$

となる．ただし，k_x, k_y, k_z はそれぞれ $2\pi n/L$ $(n=0, \pm1, \cdots)$ で与えられる．

このように規格化の条件を選んだ理由は，散乱の波動関数 $\Psi_i^{(\pm)}$ が無限小のパラメーター ϵ に依存しており，この ϵ が上の立方体の一辺の大きさ L と関係しているからである．本来，収束因子 $\exp[-\epsilon|t|/\hbar]$ というものは，入射波が平面波ではなくて，波束であることの代用品として導入されたものであった．簡単のため，

図4.1のようにポテンシャルによる粒子の散乱を考える．ポテンシャルの拡がっている領域の半径を a とし，入射波を表わす波束 $\overline{\Phi}_i$ は大よそ立方体 L^3 の程度の領域に拡がっていて

$$\overline{\Phi_i}(\boldsymbol{r}) = \frac{1}{\sqrt{L^3}} \exp(-\sqrt[3]{\pi}\,|\boldsymbol{r}|/L) \exp(i\boldsymbol{k}\cdot\boldsymbol{r}) \qquad (2.30)$$

で表わされるとする．このとき，この波束は

$$\int_{-\infty}^{\infty} \overline{\Phi}_i{}^*(\boldsymbol{r})\overline{\Phi}_i(\boldsymbol{r})\mathrm{d}^3\boldsymbol{r} = 1 \qquad (2.31)$$

と規格化されている．いま，$L \gg a$ であって，波束の拡がりに比較して，ポテンシャルの存在する領域は非常に小さいとする．さて，時刻 $t=0$ において，この波束がポテンシャルの存在する領域に重なっていて，ポテンシャルの作用のもとにあるとする．この波束が進行して，ポテンシャルと重ならない領域まで移動する時間は，図4.1から明らかなように，大よそ L/v_0 で与えられる．ここで，v_0 は波束の**群速度**(group velocity)である．このときには，すでに波束とポテンシャルの間の相互作用はなくなっているわけであるから，相互作用 V がスイッチ・オフされるまでの時間 $\hbar/\epsilon$ は L/v_0 の程度の値をもっていなければならない．すなわち，

$$\epsilon \cong \frac{\hbar v_0}{L} \qquad (2.32)$$

の関係がある．したがって，(2.30)のような波束を平面波にす

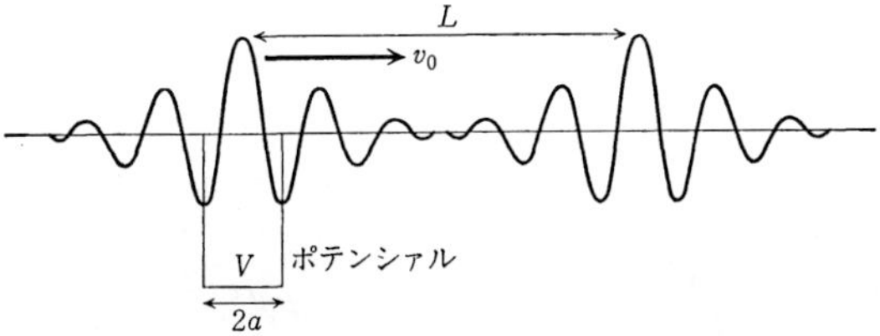

図 **4.1**　波束の大さきとスイッチ・オフの関係

る極限 $L\to\infty$ と，$\epsilon\to 0$ の極限とは(2.32)の関係によって結びついているわけである．

上の予備的考察のもとに，散乱状態の波動関数 $\Psi_i^{(\pm)}$ の直交・規格化性を調べよう．波動関数 $\Psi_i^{(\pm)}$ が確率振幅として意味をもつためには，初めの状態 $\Phi_i^{(L)}$ が

$$\langle \Phi_i^{(L)} | \Phi_j^{(L)} \rangle = \delta_{i,j} \tag{2.33}$$

と直交し，かつ規格化されているとき，それにともなって，$\Psi_i^{(\pm)}$ もまた，$L\to\infty$ の極限で

$$\langle \Psi_i^{(\pm)} | \Psi_j^{(\pm)} \rangle = \delta_{i,j} \tag{2.34}$$

と直交し，かつ規格化されていなければならない．(2.34)が成立しているか否かを調べるため，まず(2.23)を次のように変形しておく．

$$\begin{aligned}
\Psi_i^{(\pm)} &= \left(1 + \frac{1}{E_i - H \pm i\epsilon} V\right) \Phi_i^{(L)} \\
&= \left[1 + \frac{1}{E_i - H \pm i\epsilon}(H - H_0)\right] \Phi_i^{(L)} \\
&= \left[1 + \frac{1}{E_i - H \pm i\epsilon}(H - E_i)\right] \Phi_i^{(L)} = \frac{\pm i\epsilon}{E_i - H \pm i\epsilon} \Phi_i^{(L)}.
\end{aligned} \tag{2.35}$$

(2.35)を用いると，

$$\begin{aligned}
&\langle \Psi_i^{(+)} | \Psi_j^{(+)} \rangle \\
&\quad = \left\langle \Phi_i^{(L)} \middle| \frac{-i\epsilon}{E_i - H - i\epsilon} \cdot \frac{i\epsilon}{E_j - H + i\epsilon} \middle| \Phi_j^{(L)} \right\rangle \\
&\quad = \frac{i\epsilon}{E_j - E_i + 2i\epsilon} \left\langle \Phi_i^{(L)} \middle| \frac{-i\epsilon}{E_i - H - i\epsilon} + \frac{i\epsilon}{E_j - H + i\epsilon} \middle| \Phi_j^{(L)} \right\rangle \\
&\quad = \frac{i\epsilon}{E_j - E_i + 2i\epsilon} \left[\langle \Psi_i^{(+)} | \Phi_j^{(L)} \rangle + \langle \Phi_i^{(L)} | \Psi_j^{(+)} \rangle \right]
\end{aligned} \tag{2.36}$$

となる．さて，(2.22)の Lippmann-Schwinger の方程式を用いる

ことによって

$$\langle \Phi_i^{(L)}|\Psi_j^{(+)}\rangle = \langle \Phi_i^{(L)}|\Phi_i^{(L)}\rangle + \left\langle \Phi_i^{(L)}\left|\frac{1}{E_j-H_0+i\epsilon}V\right|\Psi_j^{(+)}\right\rangle$$

$$= \delta_{i,j} + \frac{1}{E_j-E_i+i\epsilon}\langle \Phi_i^{(L)}|V|\Psi_j^{(+)}\rangle \qquad (2.37)$$

である．同様にして

$$\langle \Psi_i^{(+)}|\Phi_j^{(L)}\rangle = \delta_{i,j} + \frac{1}{E_i-E_j-i\epsilon}\langle \Psi_i^{(+)}|V|\Phi_j^{(L)}\rangle \qquad (2.38)$$

をうる．(2.37)と(2.38)とを(2.36)に代入すると

$$\langle \Psi_i^{(+)}|\Psi_j^{(+)}\rangle = \frac{i\epsilon}{E_j-E_i+2i\epsilon}\Big[2\delta_{i,j} + \frac{1}{E_j-E_i+i\epsilon}\Big\{\langle \Phi_i^{(L)}|V|\Psi_j^{(+)}\rangle - \langle \Psi_i^{(+)}|V|\Phi_j^{(L)}\rangle\Big\}\Big] \qquad (2.39)$$

となる．ところが

$$\begin{aligned}\langle \Phi_j^{(L)}|V|\Psi_i^{(+)}\rangle^* &= \langle \Phi_j^{(L)}|VU(0,-\infty)|\Phi_i^{(L)}\rangle^* \\ &= \langle \Phi_i^{(L)}|U^\dagger(0,-\infty)V|\Phi_j^{(L)}\rangle \\ &= \langle U(0,-\infty)\Phi_i^{(L)}|V|\Phi_j^{(L)}\rangle \\ &= \langle \Psi_i^{(+)}|V|\Phi_j^{(L)}\rangle \end{aligned} \qquad (2.40)$$

であるから，(2.39)は

$$\langle \Psi_i^{(+)}|\Psi_j^{(+)}\rangle = \frac{2i\epsilon}{E_j-E_i+2i\epsilon}\Big[\delta_{i,j} + \frac{1}{2}\cdot\frac{1}{E_j-E_i+i\epsilon}\Big\{\langle \Phi_i^{(L)}|V|\Psi_j^{(+)}\rangle - \langle \Phi_j^{(L)}|V|\Psi_i^{(+)}\rangle^*\Big\}\Big] \qquad (2.41)$$

と書くことができる．さてここで，行列要素 $\langle \Phi_i^{(L)}|V|\Psi_j^{(+)}\rangle$ を考えると，領域 L^3 にわたる積分において，それが0でないのは，相互作用のある領域 a^3 においてだけであるから，

$$\langle \Phi_i^{(L)}|V|\Psi_j^{(+)}\rangle \sim \frac{V_0 a^3}{L^3} \tag{2.42}$$

と書くことができる．ここで V_0 はポテンシャル V の深さを表わす．また，分母の L^3 は(2.28)の規格化の定数からくるものである．$\langle \Phi_j^{(L)}|V|\Psi_i^{(+)}\rangle^*$ についても同様であるから，(2.41)は

$$\langle \Psi_i^{(+)}|\Psi_j^{(+)}\rangle = \frac{2i\epsilon}{E_j-E_i+2i\epsilon}\left[\delta_{i,j}+\frac{1}{2}\frac{1}{E_j-E_i+i\epsilon}\cdot\frac{V_0 a^3}{L^3}\right] \tag{2.43}$$

と表わすことができる．ここではじめ，$E_i \neq E_j$ のときを考えると，明らかに $L\to\infty$ の極限で(2.43)の右辺は0になる．一方，$E_i=E_j$ のときには，(2.32)の関係により

$$\langle \Psi_i^{(+)}|\Psi_j^{(+)}\rangle = \delta_{i,j}+\frac{1}{2i}\frac{V_0 a^3}{\epsilon L^3} \xrightarrow[L\to\infty]{} \delta_{i,j} \tag{2.44}$$

となり，したがって，(2.34)がたしかに成立することがわかる．

内向きの球面波を散乱波とする波動関数 $\Psi_i^{(-)}$ についても，上とまったく同様にして，その直交・規格化性を示すことができる．

このように，散乱状態の波動関数 $\Psi_i^{(\pm)}$ が，直交かつ規格化されていることから，波動演算子 $U(0,\mp\infty)$ に関して，次のような性質を導くことができる．すなわち，(2.17)より

$$\begin{aligned}\sum_i |\Psi_i^{(\pm)}\rangle\langle \Phi_i^{(L)}| &= \sum_i U(0,\mp\infty)|\Phi_i^{(L)}\rangle\langle \Phi_i^{(L)}| \\ &= U(0,\mp\infty)\end{aligned}$$

となる．ここで $\{\Phi_i^{(L)}\}$ の完全性の条件

$$\sum_i |\Phi_i^{(L)}\rangle\langle \Phi_i^{(L)}| = 1 \tag{2.45}$$

を用いた．すなわち

$$U(0,\mp\infty) = \sum_i |\Psi_i^{(\pm)}\rangle\langle \Phi_i^{(L)}| \tag{2.46}$$

である．また，(2.15)の関係から

$$U(\mp\infty,0) = U^\dagger(0,\mp\infty) = \sum_i |\Phi_i^{(L)}\rangle\langle \Psi_i^{(\pm)}| \tag{2.47}$$

をうる．したがって，

$$
\begin{aligned}
U^{\dagger}(0, \mp\infty)U(0, \mp\infty) &= U(\mp\infty, 0)U(0, \mp\infty) \\
&= \sum_{i,j} |\Phi_i{}^{(L)}\rangle\langle\Psi_i{}^{(\pm)}|\Psi_j{}^{(\pm)}\rangle\langle\Phi_j{}^{(L)}| \\
&= \sum_{i} |\Phi_i{}^{(L)}\rangle\langle\Phi_i{}^{(L)}| \\
&= 1 \qquad (2.48)
\end{aligned}
$$

である．ここで，(2.34)と(2.45)を利用した．(2.48)から

$$
U(\mp\infty, 0)U(0, \mp\infty)\Phi_i{}^{(L)} = \Phi_i{}^{(L)},
$$

また

$$
U(\mp\infty, 0)U(0, \mp\infty)\Phi_i{}^{(L)} = U(\mp\infty, 0)\Psi_i{}^{(\pm)}
$$

であるから

$$
U(\mp\infty, 0)\Psi_i{}^{(\pm)} = \Phi_i{}^{(L)} \qquad (2.49)
$$

となる．すなわち，散乱状態 $\Psi_i{}^{(\pm)}$ に波動演算子 $U(\mp\infty, 0)$ を作用させて，時刻 $t=\mp\infty$ にもどすと，もとの状態 $\Phi_i{}^{(L)}$ にもどるというわけである．それでは，(2.48)の演算子の順序を逆にしたらどうであろうか．このとき

$$
\begin{aligned}
U(0, \mp\infty)U^{\dagger}(0, \mp\infty) &= U(0, \mp\infty)U(\mp\infty, 0) \\
&= \sum_{i,j} |\Psi_i{}^{(\pm)}\rangle\langle\Phi_i{}^{(L)}|\Phi_j{}^{(L)}\rangle\langle\Psi_j{}^{(\pm)}| \\
&= \sum_{i} |\Psi_i{}^{(\pm)}\rangle\langle\Psi_i{}^{(\pm)}| \\
&= 1-\sum_{B} |\Psi_B\rangle\langle\Psi_B| \qquad (2.50)
\end{aligned}
$$

である．ここで波動関数 Ψ_B は，全ハミルトニアン H の固有関数の完全系 $\{\Psi_i{}^{(\pm)}, \Psi_B\}$ のうちの，束縛状態を示すものであり，

$$
H\Psi_B = E_B\Psi_B,\quad E_B<0 \qquad (2.51)
$$

である．すなわち，全ハミルトニアンが束縛状態の存在を許すとき，(2.48)の右辺は1になるが，その逆の(2.50)の右辺は1にならない．つまり，このとき波動演算子 $U(0, \mp\infty)$ はユニタリー演

算子 (unitary operator) ではない.

それでは, (2.49) のように, この束縛状態の波動関数 Ψ_B に波動演算子 $U(\pm\infty,0)$ を作用させたらどうなるであろうか. (2.14) の定義により,

$$
\begin{aligned}
&U(\pm\infty,0)\Psi_B\\
&=\Psi_B-\frac{i}{\hbar}\int_0^{\pm\infty}\mathrm{d}t'\exp(-\epsilon|t'|/\hbar)\exp\{i(H_0-E_B)t'/\hbar\}V\Psi_B\\
&=\Psi_B+\frac{1}{H_0-E_B\mp i\epsilon}V\Psi_B=\Psi_B+\frac{1}{H_0-E_B\mp i\epsilon}(E_B-H_0)\Psi_B\\
&=\Psi_B-\Psi_B=0 \qquad (2.52)
\end{aligned}
$$

である. ここで, H_0 の固有値 E_i はつねに正であり, 一方 E_B の値は負であるため, 上式のエネルギー分母に特異点がないことから, $\epsilon=0$ としてもよいことを利用した. (2.52) の結果から, この束縛状態は散乱状態と直交していることが導かれる. すなわち

$$
\begin{aligned}
\langle\Psi_B|\Psi_i{}^{(\pm)}\rangle&=\langle\Psi_B|U(0,\mp\infty)|\Phi_i{}^{(L)}\rangle\\
&=\langle U(\mp\infty,0)\Psi_B|\Phi_i{}^{(L)}\rangle=0 \qquad (2.53)
\end{aligned}
$$

である.

これまで述べてきた波動演算子の性質をまとめると, 図4.2のように表わすことができる. 図4.2の上の横線およびいくつかの点は, 時刻 $t=0$ における全ハミルトニアン H の固有値のスペク

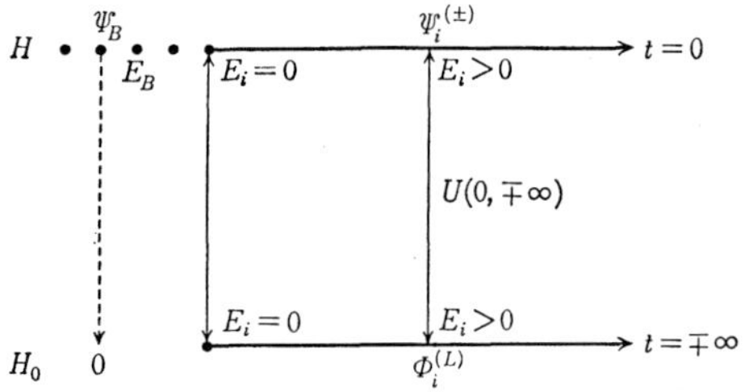

図 4.2　波動演算子の性質

トルと同時に，それに対応する固有状態をも表わし，また下の横線は，時刻 $t=\mp\infty$ における自由ハミルトニアン H_0 の固有値のスペクトルおよびそれに対応する固有状態を示すものとする．このとき，散乱状態と，初め(あるいは終り)の状態とは，波動演算子によって結びつけることができ，また断熱定理によってエネルギー固有値は同じ値に保たれる．一方，全ハミルトニアン H の束縛状態 Ψ_B に波動演算子を作用させると 0 になってしまう．つまり波動演算子によって，束縛状態を自由ハミルトニアンの固有状態からつくり出すことはできない．

(4) S 行列とその性質

散乱現象を状態間の転移であると考えて，その転移確率を求めるには，(2.9) の S 演算子を計算しなくてはならない．この $S=U(+\infty,-\infty)$ はその引数に無限大を含んでおり，したがって，この定義を与えておく必要がある．そこでいま，(2.14) で $t=\mp\infty$ とおいて，演算子 $U(\pm\infty,\mp\infty)$ を

$$U(\pm\infty,\mp\infty)\equiv 1-\frac{i}{\hbar}\int_{\mp\infty}^{\pm\infty}\mathrm{d}t'\exp(-\epsilon|t'|/\hbar)V(t')U(t',\mp\infty) \tag{2.54}$$

で定義する．ここで右辺の $U(t',\mp\infty)$ は (2.13) ですでに定義されたものである．しかし，(2.13) において $t=\pm\infty$ とおけば，S 演算子を

$$U'(\pm\infty,\mp\infty)\equiv 1-\frac{i}{\hbar}\int_{\mp\infty}^{\pm\infty}\mathrm{d}t'\exp(-\epsilon|t'|/\hbar)U(\pm\infty,t')V(t') \tag{2.55}$$

で定義することもできる．ここで右辺の $U(\pm\infty,t')$ は (2.14) で与えられている．それでは，これらの二つの定義は一致しているであろうか．それを $U(+\infty,-\infty)$ の場合について調べてみよう．(2.55) に (2.14) を代入すると

$$U'(+\infty,-\infty)=1-\frac{i}{\hbar}\int_{-\infty}^{\infty}\mathrm{d}t'\exp(-\epsilon|t'|/\hbar)$$
$$\times\left[1-\frac{i}{\hbar}\int_{t'}^{\infty}\mathrm{d}t''\exp(-\epsilon'|t''|/\hbar)V(t'')U(t'',t')\right]V(t')$$
$$=1-\frac{i}{\hbar}\int_{-\infty}^{\infty}\mathrm{d}t'\exp(-\epsilon|t'|/\hbar)V(t')+\left(\frac{i}{\hbar}\right)^2\int_{-\infty}^{\infty}\mathrm{d}t'\exp(-\epsilon|t'|/\hbar)$$
$$\times\int_{-\infty}^{\infty}\mathrm{d}t''\theta(t''-t')\exp(-\epsilon'|t''|/\hbar)V(t'')U(t'',t')V(t')$$
$$=1-\frac{i}{\hbar}\int_{-\infty}^{\infty}\mathrm{d}t'\exp(-\epsilon|t'|/\hbar)V(t')+\left(\frac{i}{\hbar}\right)^2\int_{-\infty}^{\infty}\mathrm{d}t''\exp(-\epsilon'|t''|/\hbar)$$
$$\times\int_{-\infty}^{\infty}\mathrm{d}t'\theta(t'-t'')\exp(-\epsilon|t'|/\hbar)V(t')U(t',t'')V(t'')$$
$$=1-\frac{i}{\hbar}\int_{-\infty}^{\infty}\mathrm{d}t'\exp(-\epsilon|t'|/\hbar)V(t')$$
$$\times\left[1-\frac{i}{\hbar}\int_{-\infty}^{t'}\mathrm{d}t''\exp(-\epsilon'|t''|/\hbar)U(t',t'')V(t'')\right]$$
$$=1-\frac{i}{\hbar}\int_{-\infty}^{\infty}\mathrm{d}t'\exp(-\epsilon|t'|/\hbar)V(t')U(t',-\infty)$$
$$=U(+\infty,-\infty) \tag{2.56}$$

となって，(2.54) の $U(+\infty,-\infty)$ と (2.55) の $U'(+\infty,-\infty)$ は一致している．同様に

$$U'(-\infty,+\infty)=U(-\infty,+\infty) \tag{2.57}$$

も示すことができる．なお，(2.56) の証明で，2番目の等号では (1.42) の階段関数 $\theta(t)$ を利用し，3番目の等号では ϵ と ϵ' をいれかえ，積分変数 t' と t'' を交換した．また，(2.54) と (2.55) から

$$U(-\infty,+\infty)=U^{\dagger}(+\infty,-\infty) \tag{2.58}$$

であることもすぐにわかる．

ところが，$U(+\infty,-\infty)$ は (2.13) と (2.14) から

$$U''(+\infty,-\infty)\equiv U(\infty,t)U(t,-\infty) \tag{2.59}$$

としても定義することができる．これは(2.54)および(2.55)の定義と矛盾していないだろうか．(2.54)の定義と(2.16)の関係から

$$
\begin{aligned}
U(+\infty,-\infty) &= 1-\frac{i}{\hbar}\int_{-\infty}^{\infty}\mathrm{d}t'\exp(-\epsilon|t'|/\hbar)V(t')U(t',0)U(0,-\infty) \\
&= 1-\frac{i}{\hbar}\Big[\int_{0}^{\infty}\mathrm{d}t'\exp(-\epsilon|t'|/\hbar)V(t')U(t',0) \\
&\qquad +\int_{-\infty}^{0}\mathrm{d}t'\exp(-\epsilon|t'|/\hbar)V(t')U(t',0)\Big]U(0,-\infty) \\
&= 1+\{U(+\infty,0)-1\}U(0,-\infty)-\{U(-\infty,0)-1\}U(0,-\infty) \\
&= 1+U(+\infty,0)U(0,-\infty)-U(-\infty,0)U(0,-\infty) \\
&= U(+\infty,0)U(0,-\infty) = U''(+\infty,-\infty)
\end{aligned}
\tag{2.60}
$$

である．すなわち，この定義も前の定義と一致している．上の証明で，3番目の等号では(2.14)を用い，また5番目の等号では，(2.48)を利用した．

そこで，S 演算子の上の定義にもとづいて，S 行列の要素を求め，それを Schrödinger 表示の演算子で表現しよう．初期状態を $\Phi_i^{(L)}$，終りの状態を $\Phi_f^{(L)}$ とすると，これらの間の行列要素は次のように計算される．

$$
\begin{aligned}
\langle\Phi_f^{(L)}|S|\Phi_i^{(L)}\rangle &= \langle\Phi_f^{(L)}|U(+\infty,-\infty)|\Phi_i^{(L)}\rangle \\
&= \langle\Phi_f^{(L)}|\Phi_i^{(L)}\rangle \\
&\qquad -\frac{i}{\hbar}\langle\Phi_f^{(L)}|\int_{-\infty}^{\infty}\mathrm{d}t'\exp(-\epsilon|t'|/\hbar)V(t')U(t',-\infty)|\Phi_i^{(L)}\rangle \\
&= \delta_{f,i}-\frac{i}{\hbar}\langle\Phi_f^{(L)}|\int_{-\infty}^{\infty}\mathrm{d}t'\exp(-\epsilon|t'|/\hbar)V(t')U(t',0)|U(0,-\infty)\Phi_i^{(L)}\rangle \\
&= \delta_{f,i}-\frac{i}{\hbar}\int_{-\infty}^{\infty}\mathrm{d}t'\exp(-\epsilon|t'|/\hbar)\exp(iE_f t'/\hbar) \\
&\qquad \times\langle\Phi_f^{(L)}|V\exp(-iHt')|\Psi_i^{(+)}\rangle
\end{aligned}
$$

$$= \delta_{f,i} - \frac{i}{\hbar}\int_{-\infty}^{\infty} \mathrm{d}t' \exp(-\epsilon|t'|/\hbar) \exp\{i(E_f - E_i)t'/\hbar\} \langle \Phi_f^{(L)} | V | \Psi_i^{(+)} \rangle$$

$$= \delta_{f,i} - 2\pi i \delta(E_f - E_i) \langle \Phi_f^{(L)} | V | \Psi_i^{(+)} \rangle. \tag{2.61}$$

間もなく明らかにされるように，このS行列要素に対する表式こそ，時間に依存する散乱の理論において，もっとも基本的な役割を果し，これから散乱断面積が計算される．しかし，その問題にはいる前に，ここで定義したS演算子のもつ性質を調べておこう．

まず，S行列は次のように書き直すことができる．すなわち，

$$\begin{aligned}\langle \Phi_a^{(L)} | S | \Phi_b^{(L)} \rangle &= \langle \Phi_a^{(L)} | U(+\infty, -\infty) | \Phi_b^{(L)} \rangle \\ &= \langle \Phi_a^{(L)} | U(+\infty, 0) U(0, -\infty) | \Phi_b^{(L)} \rangle \\ &= \langle U^\dagger(+\infty, 0) \Phi_a^{(L)} | U(0, -\infty) \Phi_b^{(L)} \rangle \\ &= \langle U(0, +\infty) \Phi_a^{(L)} | U(0, -\infty) \Phi_b^{(L)} \rangle \\ &= \langle \Psi_a^{(-)} | \Psi_b^{(+)} \rangle. \end{aligned} \tag{2.62}$$

同様にして

$$\begin{aligned}\langle \Phi_a^{(L)} | S^\dagger | \Phi_b^{(L)} \rangle &= \langle \Phi_a^{(L)} | U^\dagger(+\infty, -\infty) | \Phi_b^{(L)} \rangle \\ &= \langle \Phi_a^{(L)} | U(-\infty, +\infty) | \Phi_b^{(L)} \rangle \\ &= \langle \Psi_a^{(+)} | \Psi_b^{(-)} \rangle \end{aligned} \tag{2.63}$$

である．したがって

$$\begin{aligned}&\sum_c \langle \Phi_a^{(L)} | S^\dagger | \Phi_c^{(L)} \rangle \langle \Phi_c^{(L)} | S | \Phi_b^{(L)} \rangle \\ &\quad = \sum_c \langle \Psi_a^{(+)} | \Psi_c^{(-)} \rangle \langle \Psi_c^{(-)} | \Psi_b^{(+)} \rangle \\ &\quad = \langle \Psi_a^{(+)} | \Psi_b^{(+)} \rangle - \sum_B \langle \Psi_a^{(+)} | \Psi_B \rangle \langle \Psi_B | \Psi_b^{(+)} \rangle \\ &\quad = \delta_{a,b} \end{aligned} \tag{2.64}$$

となる．ここで，全ハミルトニアンHの固有関数の完全性

$$\sum_c |\Psi_c^{(-)}\rangle\langle\Psi_c^{(-)}| + \sum_B |\Psi_B\rangle\langle\Psi_B| = 1 \tag{2.65}$$

と，(2.34)および(2.53)を用いた．なお，(2.65)で Ψ_B は H の束縛状態を表わしている．まったく同様の手続きによって

$$\sum_c \langle\Phi_a^{(L)}|S|\Phi_c^{(L)}\rangle\langle\Phi_c^{(L)}|S^\dagger|\Phi_b^{(L)}\rangle = \delta_{a,b}$$

を証明することができる．すなわち

$$S^\dagger S = SS^\dagger = 1 \tag{2.66}$$

であって，S 演算子は，波動演算子 $U(0, \mp\infty)$ とちがって，全ハミルトニアン H が束縛状態をもつか否かに関係なくユニタリー演算子である．すなわち，散乱の前後でつねに全確率が保存されている．

さて，(2.26)に示したように

$$HU(0, \mp\infty) = U(0, \mp\infty)H_0 \tag{2.67}$$

である．この関係式のエルミット共役をとると

$$U(\mp\infty, 0)H = H_0U(\pm\infty, 0) \tag{2.68}$$

となる．そこで，(2.67)の左から $U(+\infty, 0)$ を掛けると

$$\begin{aligned} U(+\infty, 0)HU(0, -\infty) &= U(+\infty, 0)U(0, -\infty)H_0 \\ &= SH_0 \end{aligned} \tag{2.69}$$

をうる．一方，(2.68)の右から $U(0, -\infty)$ を掛けると

$$\begin{aligned} U(+\infty, 0)HU(0, -\infty) &= H_0U(+\infty, 0)U(0, -\infty) \\ &= H_0S \end{aligned} \tag{2.70}$$

である．(2.69)と(2.70)とを比較すると

$$[S, H_0] = 0 \tag{2.71}$$

となる．すなわち，自由ハミルトニアン H_0 と演算子 S とは交換可能であり，したがって H_0 が対角化されているとき，S も H_0 のエネルギー固有値に関して対角的になっている．つまり，散乱過

程の前後で自由ハミルトニアン H_0 のエネルギーが保存される．全ハミルトニアン H のエネルギーが保存されるという話ならば，それは当然のことであるが，H の一部分の H_0 のエネルギーが保存されるというのであるから，このことは決して当然のことではない．このように，自由ハミルトニアン H_0 のエネルギーが散乱の前後で保存されることになった理由は，相互作用を断熱的(実は準静的)にスイッチ・オフしたことにある点に注意しよう．

(5)　転移確率と散乱断面積

(2.8)ですでに説明したように，(2.61)の S 行列要素

$$S_{f,i} = \langle\Phi_f^{(L)}|U(\infty, -\infty)|\Phi_i^{(L)}\rangle$$
$$= \delta_{f,i} - 2\pi i\delta(E_f - E_i)\langle\Phi_f^{(L)}|V|\Psi_i^{(+)}\rangle \qquad (2.72)$$

は，時刻 $t = -\infty$ において，H_0 の固有状態 $\Phi_i^{(L)}$ にあった体系が，時刻 $t = +\infty$ において，H_0 の固有状態 $\Phi_f^{(L)}$ に転移する確率振幅を与えるものである．いま，$f \neq i$ のときを考えると，状態 Φ_i から状態 Φ_f への転移確率 $W_{f,i}$ は

$$W_{f,i} = |S_{f,i}|^2 = [2\pi\delta(E_f - E_i)]^2|\langle\Phi_f^{(L)}|V|\Psi_i^{(+)}\rangle|^2 \qquad (2.73)$$

で与えられることになる．さて，デルタ関数の性質から

$$[\delta(E_f - E_i)]^2 = \delta(E_f - E_i)\cdot\frac{1}{2\pi\hbar}\int_{-\infty}^{\infty} \mathrm{d}t \exp\{i(E_f - E_i)t/\hbar\}$$
$$= \delta(E_f - E_i)\frac{\tau}{2\pi\hbar} \qquad (2.74)$$

である．ここで τ は $-\infty$ から $+\infty$ までの無限大の時間を表わしている．$W_{f,i}$ は無限大の時間 τ の間における転移確率であるから，単位時間当りの転移確率 $w_{f,i}$ は

$$w_{f,i} = \frac{W_{f,i}}{\tau} = \frac{2\pi}{\hbar}\delta(E_f - E_i)|\langle\Phi_f^{(L)}|V|\Psi_i^{(+)}\rangle|^2 \qquad (2.75)$$

で表わされることになる．

さて，空間に固定されたポテンシャルによる粒子の散乱，ある

いは2粒子の散乱の場合を考えよう．このような場合，終りの状態におけるエネルギー固有値E_fは連続スペクトルのなかの一つである．このとき，実際に観測できるのはE_fのまわりのある狭い幅ΔE_fのなかでの状態を重ね合わせたものである．また，散乱された粒子の方向もある微小立体角$\Delta\Omega_f$よりくわしくは指定できない．すなわち，(2.75)における終状態については，$\Delta E_f\Delta\Omega_f$の範囲にある状態について和をとる必要がある．さて，それぞれの状態は波数ベクトル$\boldsymbol{k}_f$で指定され，その微小領域$\Delta k_x\Delta k_y\Delta k_z$のなかにある状態の数は，$k_x=2\pi n_x/L$等の関係から

$$\Delta n_x\Delta n_y\Delta n_z=\frac{L^3}{(2\pi)^3}\Delta k_x\Delta k_y\Delta k_z \tag{2.76}$$

で与えられる．いま，$E_f=\hbar^2k_f^2/2m$とすると，$\Delta E_f=(\hbar^2/m)k_f\Delta k_f$であり，$\Delta k_x\Delta k_y\Delta k_z=k_f^2\Delta k_f\Delta\Omega_f=(m/\hbar^2)k_f\Delta E_f\Delta\Omega_f$と書くことができるので，$\Delta E_f\Delta\Omega_f$の領域内にある状態の数は

$$\Delta n_x\Delta n_y\Delta n_z=\frac{L^3}{(2\pi)^3}\frac{m}{\hbar^2}k_f\Delta E_f\Delta\Omega_f \tag{2.77}$$

で与えられることがわかる．そこで，この範囲にわたって，(2.75)の終状態についての和をとると，転移確率は

$$\begin{aligned}
&\sum_f w_{f,i}\Delta n_x\Delta n_y\Delta n_z\\
&=\frac{2\pi}{\hbar}\frac{L^3}{(2\pi)^3}\frac{m}{\hbar^2}\Delta\Omega_f\int_{\Delta E_f}k_f\mathrm{d}E_f\delta(E_i-E_f)|\langle\Phi_f{}^{(L)}|V|\Psi_i{}^{(+)}\rangle|^2\\
&=\frac{2\pi}{\hbar}\frac{L^3}{(2\pi)^3}\cdot\frac{m}{\hbar^2}\Delta\Omega_f k_f|\langle\Phi_f{}^{(L)}|V|\Psi_i{}^{(+)}\rangle|^2
\end{aligned} \tag{2.78}$$

で与えられることになる．ただし，初めの状態のエネルギーE_iはΔE_fの範囲内にあるとした．もしそうでなければ，転移確率は0である．これはエネルギーの保存則から当然である．

転移確率(2.78)は，初期状態が$\Phi_i{}^{(L)}$で与えられたときのそれ

である．このとき，単位面積当り，毎秒入射してくる粒子数 N_i は，(2.28)および第2章(3.2)から

$$N_i = \frac{\hbar k_i}{L^3 m} \tag{2.79}$$

である．そこで，単位面積当り，毎秒1個の粒子が入射してくるとき，その方向 $\boldsymbol{k}_i$ に対して角度 θ の方向にある微小立体角 $\Delta\Omega_f$ のまわりの単位立体角のなかへ，粒子が転移によって散乱されてくる確率を考えると，これは散乱の微分断面積 $\sigma(\theta)$ にほかならない．したがって，(2.78)より

$$\begin{aligned}\sigma(\theta) &= \frac{\sum_f w_{f,i}\Delta n_x \Delta n_y \Delta n_z}{\Delta\Omega_f} \Bigg/ \frac{\hbar k_i}{L^3 m} \\ &= \frac{L^6}{(2\pi)^3}\cdot\frac{k_f}{k_i}\cdot\frac{2\pi m^2}{\hbar^4}|\langle\Phi_f{}^{(L)}|V|\Psi_i{}^{(+)}\rangle|^2 \end{aligned} \tag{2.80}$$

をうる．(2.80)のなかの波動関数 $\Phi_f{}^{(L)}$ と $\Psi_i{}^{(+)}$ とは，その規格化条件がそれぞれ(2.33)と(2.34)で与えられている．一方，第2章では，(2.27)で規格化された平面波 ϕ_f と，散乱状態の波動関数 $\psi_i{}^{(+)}$ とを用いていた．そこで，(2.80)を第2章の(3.4)および(3.5)と比較するため，(2.80)における波動関数を第2章のそれに変更しよう．$L\to\infty$ の極限では，明らかに

$$\Phi_f{}^{(L)} = \sqrt{\frac{(2\pi)^3}{L^3}}\phi_f, \quad \Psi_i{}^{(+)} = \sqrt{\frac{(2\pi)^3}{L^3}}\psi_i{}^{(+)} \tag{2.81}$$

の関係がある．したがって，(2.80)は $k_i=k_f$ を用いると

$$\begin{aligned}\sigma(\theta) &= \frac{L^6}{(2\pi)^3}\cdot\frac{2\pi m^2}{\hbar^4}\left(\sqrt{\frac{(2\pi)^3}{L^3}}\right)^4|\langle\phi_f|V|\psi_i{}^{(+)}\rangle|^2 \\ &= \frac{(2\pi)^4 m^2}{\hbar^4}|\langle\phi_f|V|\psi_i{}^{(+)}\rangle|^2 \end{aligned} \tag{2.82}$$

となる．そこで，第2章(3.5)を用いると，(2.82)は

$$\sigma(\theta) = |f(\theta)|^2 \tag{2.83}$$

となり，この結果は第2章(3.4)の結果と完全に一致している．なお，(2.80)において，(2.23)の形式解を用いると

$$\begin{aligned}\langle \Phi_f{}^{(L)}|V|\Psi_i{}^{(+)}\rangle &= \left\langle \Phi_f{}^{(L)}\middle|V\left(1+\frac{1}{E_i-H+i\epsilon}V\right)\middle|\Phi_i{}^{(L)}\right\rangle \\ &= \left\langle \Phi_f{}^{(L)}\middle|\left(1+V\frac{1}{E_f-H+i\epsilon}\right)V\middle|\Phi_i{}^{(L)}\right\rangle \\ &= \langle(1+\frac{1}{E_f-H-i\epsilon}V)\Phi_f{}^{(L)}|V|\Phi_i{}^{(L)}\rangle \\ &= \langle \Psi_f{}^{(-)}|V|\Phi_i{}^{(L)}\rangle \qquad (2.84)\end{aligned}$$

と変形できる．ここで，(2.80)の表式のなかでは$E_i=E_f$であることを用いた．(2.84)を用いると，(2.80)は

$$\sigma(\theta) = \frac{L^6}{(2\pi)^3}\cdot\frac{k_f}{k_i}\cdot\frac{2\pi m^2}{\hbar^4}|\langle \Psi_f{}^{(-)}|V|\Phi_i{}^{(L)}\rangle|^2 \qquad (2.85)$$

と書くこともできる．

(2.80)または(2.85)で与えられる散乱断面積を求めるには，(2.22)の Lippmann-Schwinger の方程式を解き，その解$\Psi^{(\pm)}$を(2.80)または(2.85)に代入すればよい．しかし

$$\langle \Phi_f{}^{(L)}|V|\Psi_i{}^{(+)}\rangle = \langle \Phi_f{}^{(L)}|T(E_i+i\epsilon)|\Phi_i{}^{(L)}\rangle \qquad (2.86)$$

と書き，

$$T(E_i+i\epsilon) \equiv V+VG(E_i+i\epsilon)V \qquad (2.87)$$

と定義し，第2章のGに関する積分方程式(2.32)を解いてもよい．その積分方程式の性質を調べるに当って，複素数zを用いて

$$G(z) \equiv \frac{1}{z-H}, \qquad G_0(z) \equiv \frac{1}{z-H_0} \qquad (2.88)$$

と定義し，これらのみたす積分方程式

$$G(z) = G_0(z)+G_0(z)VG(z) \qquad (2.89)$$

を考えてもよい．すなわち，こうすれば(2.89)の解きやすいzの領域で解を求め，その結果を解析的に延長して，$z=E_i+i\epsilon$にお

ける解を求めることができる．$G(z)$ で物理的に意味をもつのは，$z=E_i\pm i\epsilon$ のときだけであるが，このように任意の複素数 z に拡張した量を**エネルギー・オフ・シェル** (energy off-shell) にある量といい，第2章，(2.32) などの積分方程式の一般的性質を調べるときに，きわめて有用である．

上では散乱断面積を決める問題を，Green 関数 G を求める問題に帰着させたが，(2.87) より

$$T(z)\equiv V+VG(z)V \tag{2.90}$$

で $T(z)$ を定義すれば，(2.89) より

$$T(z)=V+VG_0(z)(1+VG(z))V=V+VG_0(z)T(z) \tag{2.91}$$

なる $T(z)$ に関する積分方程式をうる．この積分方程式を解いて $T(z)$ を求め，$z=E_i+i\epsilon$ とおいてもよい．

(6) 光学定理

最後に，時間に依存する散乱の理論にもとづいて，光学定理を証明しておこう．(2.64) の S 行列のユニタリー性から

$$\sum_f\langle\Phi_i^{(L)}|S^\dagger|\Phi_f^{(L)}\rangle\langle\Phi_f^{(L)}|S|\Phi_i^{(L)}\rangle=1. \tag{2.92}$$

これに，(2.61) を代入し，(2.40) の関係を利用すると

$$\sum_f\Big[\delta_{i,f}+2\pi i\delta_{f,i}\delta(E_f-E_i)\{\langle\Phi_f^{(L)}|V|\Psi_i^{(+)}\rangle^*-\langle\Phi_f^{(L)}|V|\Psi_i^{(+)}\rangle\}$$
$$+(2\pi)^2\delta^2(E_f-E_i)|\langle\Phi_f^{(L)}|V|\Psi_i^{(+)}\rangle|^2\Big]=1$$

となる．したがって

$$4\pi\,\mathrm{Im}\,\langle\Phi_i^{(L)}|V|\Psi_i^{(+)}\rangle+(2\pi)^2\sum_f\delta(E_f-E_i)|\langle\Phi_f^{(L)}|V|\Psi_i^{(+)}\rangle|^2=0$$

をうる．ここで第2項に (2.75) を代入すると

$$-\frac{2}{\hbar}\,\mathrm{Im}\,\langle\Phi_i^{(L)}|V|\Psi_i^{(+)}\rangle=\sum_f w_{f,i} \tag{2.93}$$

の関係をうる．これが時間に依存する理論における光学定理を表わす関係式である．

(2.93) が第2章の光学定理 (3.18) と同等のものであることは，

次のようにして示すことができる．(2.81)の関係を使って，波動関数の規格化条件を変え，また第2章の(3.5)を用いると

$$\langle \Phi_i^{(L)}|V|\Psi_i^{(+)}\rangle = \frac{(2\pi)^3}{L^3}\langle \phi_i|V|\phi_i^{(+)}\rangle = -\frac{2\pi}{L^3}\frac{\hbar^2}{m}f(0) \quad (2.94)$$

をうる．一方，(2.78)に注意し，(2.93)の右辺の和は終状態の数についての和であることを考慮すると，

$$\sum_f w_{f,i} = \frac{2\pi}{\hbar}\frac{L^3}{(2\pi)^3}\frac{m}{\hbar^2}k_f\int \mathrm{d}\Omega_f|\langle \Phi_f^{(L)}|V|\Psi_i^{(+)}\rangle|^2$$

である．ここで波動関数の規格化を変え，入射平面波の流れの強さ $\hbar k_i/L^3m$ をひきだしておくと，$k_i=k_f$ として

$$\begin{aligned}\sum_f w_{f,i} &= \frac{\hbar k_i}{L^3m}\cdot\frac{L^6}{(2\pi)^3}\cdot\frac{2\pi m^2}{\hbar^4}\left(\frac{(2\pi)^3}{L^3}\right)^2\int \mathrm{d}\Omega_f|\langle \phi_i|V|\phi_i^{(+)}\rangle|^2 \\ &= \frac{\hbar k_i}{L^3m}\left[\frac{(2\pi)^2m}{\hbar^2}\right]^2\int \mathrm{d}\Omega_f|\langle \phi_f|V|\phi_i^{(+)}\rangle|^2 \\ &= \frac{\hbar k_i}{L^3m}\int \mathrm{d}\Omega_f|f(\theta)|^2 = \frac{\hbar k_i}{L^3m}\sigma^{\mathrm{tot}} \end{aligned} \quad (2.95)$$

となる．(2.94)と(2.95)とを(2.93)に代入すれば

$$\mathrm{Im}\, f(0) = \frac{k_i}{4\pi}\sigma^{\mathrm{tot}} \quad (2.96)$$

となり，これは第2章の(3.18)と同じものである．

§3 微細平衡の原理と時間反転

転移確率を与える表式(2.75)において，Born 近似をとると

$$w_{a,b}{}^{(\mathrm{B})} = \frac{2\pi}{\hbar}\delta(E_a-E_b)|\langle \Phi_a^{(L)}|V|\Phi_b^{(L)}\rangle|^2 \quad (3.1)$$

である．一方その逆過程の転移確率は，Born 近似で

$$w_{b,a}{}^{(\mathrm{B})} = \frac{2\pi}{\hbar}\delta(E_b-E_a)|\langle \Phi_b^{(L)}|V|\Phi_a^{(L)}\rangle|^2 \quad (3.2)$$

で与えられる．ところが，

$$\langle \Phi_a^{(L)}|V|\Phi_b^{(L)}\rangle^* = \langle \Phi_b^{(L)}|V^\dagger|\Phi_a^{(L)}\rangle = \langle \Phi_b^{(L)}|V|\Phi_a^{(L)}\rangle \quad (3.3)$$

であるから,

$$w_{a,b}^{(\mathrm{B})} = w_{b,a}^{(\mathrm{B})} \tag{3.4}$$

である. すなわち, 状態 $\Phi_b^{(L)}$ から状態 $\Phi_a^{(L)}$ への転移確率 $w_{a,b}^{(\mathrm{B})}$ は, 逆の過程の転移確率, つまり状態 $\Phi_a^{(L)}$ から状態 $\Phi_b^{(L)}$ へのそれ $w_{b,a}^{(\mathrm{B})}$ に等しい. (3.4)の関係を微分断面積の間の関係に直すと, (2.82)から

$$\sigma_{a,b}^{(\mathrm{B})}(\theta) = \sigma_{b,a}^{(\mathrm{B})}(\theta) \tag{3.5}$$

となる. なお, 状態 $\Phi_a^{(L)}$ の波数 k_a と状態 $\Phi_b^{(L)}$ の波数 k_b とが一致しないときには, (3.5)は(2.80)より

$$\frac{\sigma_{a,b}^{(\mathrm{B})}(\theta)}{k_a^2} = \frac{\sigma_{b,a}^{(\mathrm{B})}(\theta)}{k_b^2} \tag{3.6}$$

におきかえられる. (3.4), (3.5)あるいは(3.6)の関係は, 近似によらずに正確に成り立っているであろうか. (3.4)ないし(3.6)の関係を**微細平衡の原理** (principle of detailed balance) といい, この節の目的はこの原理が近似によらずに正確に成り立つかどうかを調べることである.

容易に想像できるように, 微細平衡の原理は**時間の反転** (time reversal) と関係がある. そこで Newton 力学における時間反転を考えることからはじめよう. いま, 質量 m の粒子が, ポテンシャル $V(\boldsymbol{r})$ のなかで運動しているとする. このとき, その運動は

$$m\frac{\mathrm{d}^2\boldsymbol{r}(t)}{\mathrm{d}t^2} = -\mathrm{grad}\, V(\boldsymbol{r}(t)) \tag{3.7}$$

によって規定される. そしてこの解を

$$\boldsymbol{r} = \boldsymbol{r}(t) \tag{3.8}$$

と書くことにしよう. 図 4.3 (a) は, この運動を図示したものとする. ここで, 図 4.3 (a) のように, 時間座標軸の方向を反転させたとする. すると, 同一世界点 P の新旧時間座標のよみの間には

$$t' = -t \tag{3.9}$$

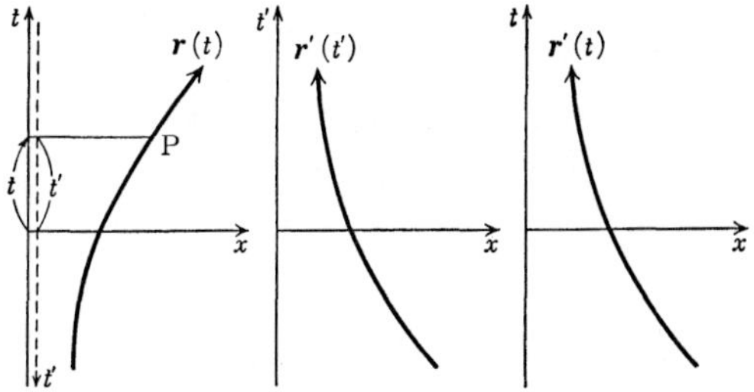

(a) 時間座標軸の反転　(b) 時間反転　(c) 逆転運動

図 **4.3** 時 間 反 転

の関係がある．一方，旧時間軸の t で表わした粒子の軌道関数 $\boldsymbol{r}(t)$ を新時間軸の t' で書きかえると

$$\boldsymbol{r}(t)=\boldsymbol{r}(-t')=\boldsymbol{r}'(t') \tag{3.10}$$

となる．2番目の等号は $-t'$ の関数を t' の関数に書きかえたことによる関数形の変化を与えている．すなわち，新時間軸における軌道関数 $\boldsymbol{r}'(t')$ は，同じ粒子の同じ運動ではあるが，$\boldsymbol{r}(t)$ とはその関数形が異なっている．これをえがいたのが，図 4.3 (b) である．さて，$\boldsymbol{r}'(t')$ のパラメーター t' を t と書きかえると，この運動 $\boldsymbol{r}'(t)$ は元の運動 $\boldsymbol{r}(t)$ の逆転運動になっている．すなわち，これは映画を逆転させたときの運動にほかならない．図 4.3 (c) は，この逆転運動を示したものである．つまり，運動 $\boldsymbol{r}(t)$ の逆転運動 $\boldsymbol{r}'(t)$ は，(3.10) の手続きにより

$$\boldsymbol{r}(t)\longrightarrow\boldsymbol{r}'(t) \tag{3.11}$$

の対応によりえられる．一方，粒子の運動量にはどのような対応があるであろうか．

$$\boldsymbol{p}(t)=m\frac{\mathrm{d}\boldsymbol{r}(t)}{\mathrm{d}t}=-m\frac{\mathrm{d}\boldsymbol{r}(-t')}{\mathrm{d}t'}=-m\frac{\mathrm{d}\boldsymbol{r}'(t')}{\mathrm{d}t'}=-\boldsymbol{p}'(t')$$

より，順運動の運動量 $\boldsymbol{p}(t)$ と，逆転運動の運動量 $\boldsymbol{p}'(t)$ の間には

$$\boldsymbol{p}(t) \longrightarrow -\boldsymbol{p}'(t) \tag{3.12}$$

の対応関係がある．

さて，(3.9)と(3.10)を(3.7)に代入すれば，

$$m\frac{\mathrm{d}^2\boldsymbol{r}'(t')}{\mathrm{d}t'^2} = -\mathrm{grad}'\ V(\boldsymbol{r}'(t')) \tag{3.13}$$

となる．ここでパラメーター t' を t と書きかえると，

$$m\frac{\mathrm{d}^2\boldsymbol{r}'(t)}{\mathrm{d}t^2} = -\mathrm{grad}'\ V(\boldsymbol{r}'(t)) \tag{3.14}$$

をうる．これと(3.7)とを比較すると，$\boldsymbol{r}(t)$ が運動方程式の解になっているとき，その逆転運動 $\boldsymbol{r}'(t)$ もまた同じ運動方程式の解になっていることがわかる．すなわち，Newton 力学においては運動は可逆的である．このような運動の可逆性は，量子力学においても保証されているであろうか．

量子力学における順運動と逆転運動との関係を調べるため，はじめ簡単な平面波の運動を考えよう．順運動の波動関数が

$$\Phi_{\boldsymbol{p}}{}^{(L)}(t) = \frac{1}{\sqrt{L^3}}\exp(i\boldsymbol{p}\cdot\boldsymbol{r}/\hbar)\exp(-iE_{\boldsymbol{p}}t/\hbar) \tag{3.15}$$

であるとき，その逆転運動は $\boldsymbol{p}\to-\boldsymbol{p}$ のおきかえにより

$$\Phi_{-\boldsymbol{p}}{}^{(L)}(t) = \frac{1}{\sqrt{L^3}}\exp(-i\boldsymbol{p}\cdot\boldsymbol{r}/\hbar)\exp(-iE_{\boldsymbol{p}}t/\hbar) \tag{3.16}$$

で表わされるはずである．ここで $E_{-\boldsymbol{p}}=E_{\boldsymbol{p}}$ の関係を用いている．そこで古典力学において逆転運動を導いた手続きにならって，(3.9)を(3.15)に代入する．すると

$$\Phi_{\boldsymbol{p}}{}'^{(L)}(t') \equiv \Phi_{\boldsymbol{p}}{}^{(L)}(-t') = \frac{1}{\sqrt{L^3}}\exp\{i(\boldsymbol{p}\cdot\boldsymbol{r}+E_{\boldsymbol{p}}t')/\hbar\} \tag{3.17}$$

となり，ここで t' を t に変えると

$$\Phi_{\boldsymbol{p}}{}'^{(L)}(t) \equiv \frac{1}{\sqrt{L^3}}\exp\{i(\boldsymbol{p}\cdot\boldsymbol{r}+E_{\boldsymbol{p}}t)/\hbar\} \tag{3.18}$$

となる．これはたしかに $-\boldsymbol{p}$ の方向に進行する波動を表わしてい

るが，(3.16)で表わされる逆転運動にはなっていない．そこで(3.18)の複素共役をとると，

$$\Phi_p{}'^{(L)*}(t) = \frac{1}{\sqrt{L^3}} \exp\{-i(\boldsymbol{p}\cdot\boldsymbol{r}+E_p t)/\hbar\} = \Phi_{-p}{}^{(L)}(t) \qquad (3.19)$$

となり，(3.16)がえられる．つまり，量子力学的運動の場合には，逆転運動をうるには，古典力学における手続きに加えて，波動関数の複素共役をとる手続きが必要なのである．

上の予備的考察のもとに，一般の Schrödinger 方程式

$$i\hbar \frac{\mathrm{d}\Psi(t)}{\mathrm{d}t} = H\Psi(t) \qquad (3.20)$$

を考えよう．ここで(3.9)の変換をおこなうと

$$-i\hbar \frac{\mathrm{d}\Psi(-t')}{\mathrm{d}t'} = H\Psi(-t') \qquad (3.21)$$

である．そこで

$$\Psi(-t') = \Psi'(t') \qquad (3.22)$$

と書きかえ，t' を t に変えると

$$-i\hbar \frac{\mathrm{d}\Psi'(t)}{\mathrm{d}t} = H\Psi'(t) \qquad (3.23)$$

となる．(3.19)の操作にならって，両辺の複素共役をとると

$$i\hbar \frac{\mathrm{d}\Psi'^*(t)}{\mathrm{d}t} = H^*\Psi'^*(t) \qquad (3.24)$$

となる．ここでハミルトニアン H が粒子のスピンに関係せず

$$H = -\sum_i \frac{\hbar^2}{2m_i}\triangle_i + \frac{1}{2}\sum_{i>j} V(r_{ij}) \qquad (3.25)$$

のような形をしていれば

$$H^* = H \qquad (3.26)$$

であり，したがって(3.24)は

$$i\hbar \frac{\mathrm{d}\Psi'^*(t)}{\mathrm{d}t} = H\Psi'^*(t) \qquad (3.27)$$

となる．すなわち，$\Psi(t)$ が Schrödinger 方程式(3.20)の解になっていれば，その逆転運動 $\Psi'^*(t)$ もまた解になっている．すなわち，量子力学的運動もまた可逆である．

これまでの話では，ハミルトニアン H が(3.26)の関係をみたす実の演算子であるとしていた．しかし，一般には H はエルミット，すなわち $H^\dagger=H$ ではあるが，実の演算子 $H^*=H$ ではない．たとえば，軌道角運動量 $\boldsymbol{L}$ とスピン角運動量 $\boldsymbol{s}$ の間の相互作用があって，ハミルトニアン H の形が

$$H = -\frac{\hbar^2}{2m}\triangle + V(r) + \boldsymbol{L}\cdot\boldsymbol{s}\xi(r) \tag{3.28}$$

で与えられている場合がそうである．ここで $\boldsymbol{s}=(\hbar/2)\boldsymbol{\sigma}$ と書くと，$\boldsymbol{\sigma}$ は次の2行2列の行列

$$\sigma_x = \begin{pmatrix} 0 & 1 \\ 1 & 0 \end{pmatrix}, \quad \sigma_y = \begin{pmatrix} 0 & -i \\ i & 0 \end{pmatrix}, \quad \sigma_z = \begin{pmatrix} 1 & 0 \\ 0 & -1 \end{pmatrix} \tag{3.29}$$

で表わされ，これを **Pauli のスピン行列**という．(3.29)より

$$\begin{aligned} &\sigma_x{}^2 = \sigma_y{}^2 = \sigma_z{}^2 = 1, \\ &\sigma_x\sigma_y = -\sigma_y\sigma_x = i\sigma_z, \\ &\sigma_y\sigma_z = -\sigma_z\sigma_y = i\sigma_x, \\ &\sigma_z\sigma_x = -\sigma_x\sigma_z = i\sigma_y \end{aligned} \tag{3.30}$$

の関係があることが知られる．一方，軌道角運動量演算子 $\boldsymbol{L}$ は

$$\boldsymbol{L} = \boldsymbol{r}\times\boldsymbol{p} = \frac{\hbar}{i}\boldsymbol{r}\times\boldsymbol{\nabla} \tag{3.31}$$

で表わされる．そこで，(3.28)のなかの $\boldsymbol{\sigma}\cdot\boldsymbol{L}$ の部分の複素共役をとると，(3.29)と(3.31)とから

$$\begin{aligned} (\boldsymbol{\sigma}\cdot\boldsymbol{L})^* &= \sigma_x{}^*L_x{}^* + \sigma_y{}^*L_y{}^* + \sigma_z{}^*L_z{}^* \\ &= -\sigma_xL_x + \sigma_yL_y - \sigma_zL_z \end{aligned} \tag{3.32}$$

となり，その他の $V(r)$ や $\xi(r)$ が実の量であっても，明らかに $H^*\neq H$ である．したがって，このとき(3.27)は成立せず，(3.24)

をうるだけである．そこで

$$H^* = R^{-1}HR, \tag{3.33}$$

あるいは

$$H = RH^*R^{-1} \tag{3.34}$$

になるような，スピン変数にのみ作用する演算子 R を考える．(3.33) を (3.24) に代入すると，

$$i\hbar\frac{\mathrm{d}R\Psi'^*(t)}{\mathrm{d}t} = HR\Psi'^*(t) \tag{3.35}$$

となり，こんどは，$\Psi(t)$ が (3.20) をみたすとき，$R\Psi'^*(t)$ もまた (3.20) の解になっていることになり，この場合の逆転運動は $R\Psi'^*(t)$ で与えられる．そこで一般に逆転運動の波動関数を $\Psi^R(t)$ と書くことにすると，それは

$$\Psi^R(t) \equiv R\Psi'^*(t) \tag{3.36}$$

で与えられる．(3.36) において，複素共役をとる手続きを1種の演算子で表わし，これを K と書けば

$$\Psi^R(t) = RK\Psi'(t) = RK\Psi(-t)$$

とすることができ，またこのとき

$$(RK)\boldsymbol{\sigma}(RK)^{-1} = -\boldsymbol{\sigma}, \qquad (RK)\boldsymbol{L}(RK)^{-1} = -\boldsymbol{L}$$

$$(RK)\mathbf{r}(RK)^{-1} = \mathbf{r}, \qquad (RK)\boldsymbol{p}(RK)^{-1} = -\boldsymbol{p}$$

などの関係が証明されるが，このとき変換の演算子 RK はユニタリーではなく，反ユニタリー (anti-unitary) な演算子であり，本書ではこの演算子 K は利用しないですませることにする．

さて，(3.33) をみたすような演算子 R は本当にあるだろうか．(3.28) の例の場合には，$R=R^{-1}=\sigma_y$ とすればよい．実際，(3.30) を利用し，(3.32) の結果に注意すると

$$\begin{aligned} R^{-1}(\boldsymbol{\sigma}\cdot\boldsymbol{L})R &= R^{-1}\boldsymbol{\sigma}R\cdot\boldsymbol{L} = \sigma_y\sigma_x\sigma_y L_x + \sigma_y\sigma_y\sigma_y L_y + \sigma_y\sigma_z\sigma_y L_z \\ &= -\sigma_x L_x + \sigma_y L_y - \sigma_z L_z = (\boldsymbol{\sigma}\cdot\boldsymbol{L})^* \end{aligned} \tag{3.37}$$

となって，(3.33)がみたされる．なお，これまでの話では，演算子 $\boldsymbol{r}, \boldsymbol{p}, \boldsymbol{\sigma}$ に対する特別な表現が利用されてきたが，上にえられたすべての結果は，それらの演算子の表現には無関係に成立することが証明できるのである．

さて，これまでの時間反転の一般論を散乱の問題に適用しよう．いま散乱系の全ハミルトニアン H が

$$H = H_0 + V \tag{3.38}$$

と分解され，一般には H_0 も V もスピン変数 $\boldsymbol{\sigma}$ を含むものとする．そして

$$H_0^* = R^{-1}H_0R, \qquad V^* = R^{-1}VR \tag{3.39}$$

をみたす演算子 R が存在すると仮定する．すなわち，考えている体系は可逆的であるとする．ハミルトニアン H_0 の固有状態 $\Phi_a{}^{(L)}$ の逆転運動を表わす状態 $\Phi_a{}^{(L),R}$ は，(3.36)より

$$\Phi_a{}^{(L),R} = R\Phi_a{}^{(L)*} \tag{3.40}$$

で与えられる．ところが(3.19)によると，$\Phi_a{}^{(L)}$ の空間部分の波動関数に関しては

$$\Phi_p{}^{(L)*} = \Phi_{-p}{}^{(L)} \tag{3.41}$$

であり，また例えば上向きのスピン状態 $v(+)$ に，$R = \sigma_y$ を作用させると

$$Rv(+) = \sigma_y\begin{pmatrix}1\\0\end{pmatrix} = i\begin{pmatrix}0\\1\end{pmatrix} = \exp(i\pi/2)v(-)$$

となり，それは下向きの状態 $v(-)$ に変わる．したがって，位相因子 $\exp(i\pi/2)$ を波動関数 $\Phi_a{}^{(L)}$ に含めてしまうと，一般に

$$\Phi_a{}^{(L),R} = R\Phi_a{}^{(L)*} = \Phi_{-a}{}^{(L)} \tag{3.42}$$

である．ここで添字 a は運動量とスピンの量子数を一括して示したものである．なお，(3.40)および(3.41)で，考えている状態が定常状態であり，時間依存性がないため，(3.36)と(3.19)におけ

る時間変数の書きかえからくる関数形の変化は考える必要がないことを利用している．さて，散乱状態の波動関数は，(2.19)より

$$\Psi_a^{(+)} = U(0, -\infty)\Phi_a^{(L)} = \left(1+\frac{1}{E_a-H+i\epsilon}V\right)\Phi_a^{(L)} \qquad (3.43)$$

で与えられる．この状態に対する逆転運動の状態は

$$\Psi_a^{(+),R} \equiv R\Psi_a^{(+)*} = R\left(1+\frac{1}{E_a-H^*-i\epsilon}V^*\right)\Phi_a^{(L)*} \qquad (3.44)$$

である．ここで，(3.39)の仮定および(3.42)の性質を利用すると

$$\begin{aligned}\Psi_a^{(+),R} &= R\left(1+\frac{1}{E_a-H^*-i\epsilon}V^*\right)R^{-1}R\Phi_a^{(L)*}\\ &= \left(1+\frac{1}{E_a-H-i\epsilon}V\right)\Phi_{-a}^{(L)}\\ &= \Phi_{-a}^{(L)}+\frac{1}{E_a-H_0-i\epsilon}V\Psi_a^{(+),R} \qquad (3.45)\end{aligned}$$

をうる．図4.4(b)は，この状態の散乱の様子を示したものであり，これはたしかに状態$\Psi_a^{(+)}$の逆転運動になっている．なお，内向きの球面波をもつ散乱状態$\Psi_a^{(-)}$と$\Psi_a^{(+),R}$とは，入射平面波の方向が反対向きである点で異なる状態であることに注意されたい．

そこでこんどは，散乱振幅を調べよう．$R^\dagger=R^{-1}$であることに注意し，またエネルギー・シェル(energy shell)上で$E=E_a=E_b$と表わすと，

$$\begin{aligned}\langle\Phi_{-b}^{(L)}|V|\Psi_{-a}^{(+)}\rangle &= \left\langle\Phi_{-b}^{(L)}\middle|V\left(1+\frac{1}{E-H+i\epsilon}V\right)\middle|\Phi_{-a}^{(L)}\right\rangle\\ &= \left\langle R\Phi_b^{(L)*}\middle|V\left(1+\frac{1}{E-H+i\epsilon}V\right)\middle|R\Phi_a^{(L)*}\right\rangle\\ &= \left\langle\Phi_b^{(L)*}\middle|R^{-1}V\left(1+\frac{1}{E-H+i\epsilon}V\right)R\middle|\Phi_a^{(L)*}\right\rangle\\ &= \left\langle\Phi_b^{(L)*}\middle|V^*+V^*\frac{1}{E-H^*+i\epsilon}V^*\middle|\Phi_a^{(L)*}\right\rangle\end{aligned}$$

$$= \left\langle \Phi_b{}^{(L)} \middle| V + V\frac{1}{E-H-i\epsilon}V \middle| \Phi_a{}^{(L)} \right\rangle^*$$

$$= \left\langle \Phi_a{}^{(L)} \middle| V^\dagger + V^\dagger \frac{1}{E-H^\dagger+i\epsilon}V^\dagger \middle| \Phi_b{}^{(L)} \right\rangle$$

$$= \left\langle \Phi_a{}^{(L)} \middle| V\left(1+\frac{1}{E-H+i\epsilon}V\right) \middle| \Phi_b{}^{(L)} \right\rangle = \langle \Phi_a{}^{(L)} | V | \Psi_b{}^{(+)} \rangle$$

と変形される．ここで，2番目の等号では(3.42)を用い，3番目では$R^\dagger = R^{-1}$を，4番目で(3.39)の仮定を，7番目の等号ではHとVのエルミット性をそれぞれ用いた．こうして，体系の可逆性の仮定のもとに

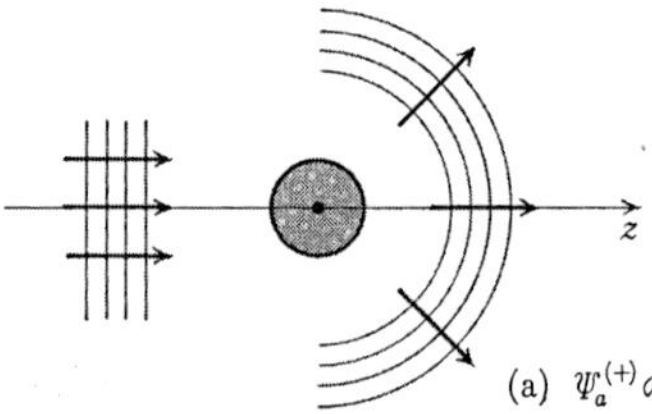

(a) $\Psi_a^{(+)}$の波動関数

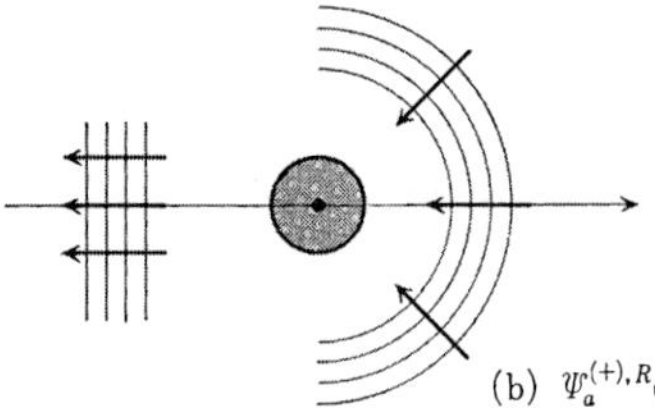

(b) $\Psi_a^{(+),R}$の波動関数

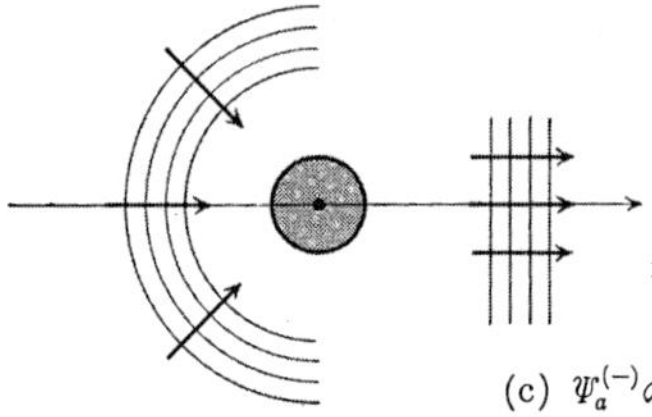

(c) $\Psi_a^{(-)}$の波動関数

図 **4.4**　散乱状態の波動関数

$$\langle \Phi_{-b}{}^{(L)} | V | \Psi_{-a}{}^{(+)} \rangle = \langle \Phi_a{}^{(L)} | V | \Psi_b{}^{(+)} \rangle \tag{3.46}$$

の関係が成立することが証明された．ここで，(2.75)を用いると

$$w_{-b,-a} = w_{a,b} \tag{3.47}$$

の関係をうる．この関係を**相反性**(reciprocity)の関係という．これに対して，**微細平衡の原理**(principle of detailed balance)は

$$w_{b,a} = w_{a,b} \tag{3.48}$$

で表わされるものであって，これは(3.47)とは似て非なるものである．(3.47)と(3.48)の相違を直観的にわかるように表わしたのが，図4.5である．

それでは，微細平衡の原理はどのような条件のもとに成立するだろうか．いま，2粒子による散乱を考え，状態 $\Phi_a{}^{(L)}$ の量子数 a として粒子間の相対運動量 $\boldsymbol{p}_a$ とそれぞれの粒子のスピンの固有値 s_1 および s_2 をとり，状態 $\Phi_b{}^{(L)}$ と量子数 b としては，それぞ

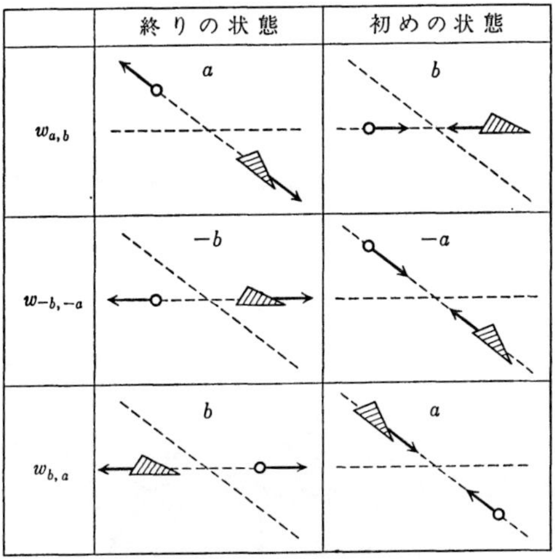

図 **4.5** 相反関係と微細平衡

れ，$\boldsymbol{p}_b, s_1', s_2'$ をとることにする．(3.42)の関係からわかるように，このとき，逆転運動においては，相対運動量の符号のほかに，スピンの値の符号も反対になることに注意されたい．したがって，順運動および逆転運動の確率振幅は，エネルギー・シェル上でそれぞれ

$$\langle \Phi_a{}^{(L)}|V|\Psi_b{}^{(+)}\rangle = \langle \boldsymbol{p}_a, s_1, s_2|T(E+i\epsilon)|\boldsymbol{p}_b, s_1', s_2'\rangle \tag{3.49}$$

および

$$\langle \Phi_{-b}{}^{(L)}|V|\Psi_{-a}{}^{(+)}\rangle = \langle -\boldsymbol{p}_b, -s_1', -s_2'|T(E+i\epsilon)|-\boldsymbol{p}_a, -s_1, -s_2\rangle \tag{3.50}$$

と表わされる．ここで $T(E+i\epsilon)$ は(2.87)で与えられる演算子であり，また

$$|\Phi_a{}^{(L)}\rangle \equiv |a\rangle, \qquad \langle \Phi_b{}^{(L)}| = \langle b| \tag{3.51}$$

などの記法を用いた．さて，上記の Dirac のブラ・ケット記号は，第2章(3.5)にあるように，波動関数の変数 $\boldsymbol{r}$ に関する積分を含んでいる．そこで，この相対座標 $\boldsymbol{r}$ に関する積分を $-\boldsymbol{r}$ に関する積分に書きかえる．するとこのとき，平面波 $\exp(i\boldsymbol{p}\cdot\boldsymbol{r})$ の指数の符号は変化し，演算子 $T(E+i\epsilon)$ に含まれる $H(\boldsymbol{r}, \boldsymbol{p})$, $V(\boldsymbol{r})$ も，それぞれ $H(-\boldsymbol{r}, -\boldsymbol{p})$, $V(-\boldsymbol{r})$ に変化する．このとき，これらが空間座標の反転に対して不変であるとき，すなわち

$$H_0(\boldsymbol{r}, \boldsymbol{p}) = H_0(-\boldsymbol{r}, -\boldsymbol{p}), \qquad V(\boldsymbol{r}) = V(-\boldsymbol{r}) \tag{3.52}$$

の条件が成立しているとき，(3.50)は

$$\langle \Phi_{-b}{}^{(L)}|V|\Psi_{-a}{}^{(+)}\rangle = \langle \boldsymbol{p}_b, -s_1', -s_2'|T(E+i\epsilon)|\boldsymbol{p}_a, -s_1, -s_2\rangle \tag{3.53}$$

と書き直すことができる．したがって，(3.47)の相反性の関係は

$$|\langle \boldsymbol{p}_a, s_1, s_2|T(E+i\epsilon)|\boldsymbol{p}_b, s_1', s_2'\rangle|^2$$
$$= |\langle \boldsymbol{p}_b, -s_1', -s_2'|T(E+i\epsilon)|\boldsymbol{p}_a, -s_1, -s_2\rangle|^2 \tag{3.54}$$

と表わすことができる．ここで，両辺のスピンの固有値の正負の

すべての値に関する和をとったときの転移確率を考える．このとき，それぞれの過程に対して，(2.75)により次のように書くことができる．

$$w(\boldsymbol{p}_a, \boldsymbol{p}_b) = \frac{2\pi}{\hbar}\delta(E_a - E_b) \times \sum_{\substack{s_1, s_2 \\ s_1', s_2'}} |\langle \boldsymbol{p}_a, s_1, s_2 | T(E+i\epsilon) | \boldsymbol{p}_b, s_1', s_2' \rangle|^2, \tag{3.55}$$

$$w(\boldsymbol{p}_b, \boldsymbol{p}_a) = \frac{2\pi}{\hbar}\delta(E_b - E_a) \times \sum_{\substack{s_1, s_2 \\ s_1', s_2'}} |\langle \boldsymbol{p}_b, -s_1', -s_2' | T(E+i\epsilon) | \boldsymbol{p}_a, -s_1, -s_2 \rangle|^2. \tag{3.56}$$

すると，明らかに

$$w(\boldsymbol{p}_a, \boldsymbol{p}_b) = w(\boldsymbol{p}_b, \boldsymbol{p}_a) \tag{3.57}$$

が成立することになる．すなわち，考えている体系が可逆的であり，また空間座標の反転に対して，H_0 と V とが不変であるとき，スピンに関する和をとった転移確率に関して，微細平衡の原理が成立する．

(3.57)の関係を，微分断面積の間の関係に書きかえよう．このとき，スピンに関して入射状態については平均をとり，終状態については和をとると，(2.80)から

$$\sigma(\boldsymbol{p}_a, \boldsymbol{p}_b) = \frac{k_a}{k_b}\frac{L^6}{(2\pi)^3}\frac{2\pi m^2}{\hbar^4}\frac{1}{(2s_1'+1)(2s_2'+1)} \times \sum_{\substack{s_1, s_2 \\ s_1', s_2'}} |\langle \boldsymbol{p}_a, s_1, s_2 | T(E+i\epsilon) | \boldsymbol{p}_a, s_1', s_2' \rangle|^2 \tag{3.58}$$

また

$$\sigma(\boldsymbol{p}_b, \boldsymbol{p}_a) = \frac{k_b}{k_a}\frac{L^6}{(2\pi)^3}\frac{2\pi m^2}{\hbar^4}\frac{1}{(2s_1+1)(2s_2+1)} \times \sum_{\substack{s_1, s_2 \\ s_1', s_2'}} |\langle \boldsymbol{p}_b, -s_1', -s_2' | T(E+i\epsilon) | \boldsymbol{p}_a, -s_1, -s_2 \rangle|^2 \tag{3.59}$$

となる．したがって，微分断面積の間には，

$$\sigma(\boldsymbol{p}_a, \boldsymbol{p}_b)(2s_1'+1)(2s_2'+1)k_b^2 = \sigma(\boldsymbol{p}_b, \boldsymbol{p}_a)(2s_1+1)(2s_2+1)k_a^2 \tag{3.60}$$

の関係が成立する．散乱の前後における粒子のスピンの大きさが異なっているとき，この関係を利用し，(3.60)の両辺の微分断面積の比を測定することにより，スピンが未知の粒子のそれを決定することができる．

§4　同種粒子の散乱

これまで，散乱系を構成する粒子は，すべて異なる種類の区別できる粒子であるとしてきた．考えている体系が同種粒子を含むときには，量子力学の原理によると，その系の波動関数は同種粒子のいれかえに対して，対称または反対称でなければならない．そこで，ここでは2個の同種粒子のポテンシャルによる散乱の問題を考えよう．これよりやや複雑な体系における波動関数の対称・反対称化の問題は，第5章でとりあげることにする．

2粒子の弾性散乱の微分断面積は，(2.82)で与えられる．しかし，いまの場合，初めの状態 ϕ_i および終りの状態 ϕ_f は対称化，あるいは反対称化された波動関数 ϕ_i^{S} および ϕ_f^{S} によりおきかえられなければならない．すなわち，

$$\sigma(\theta) = \frac{(2\pi)^4 m^2}{\hbar^4}\left|\langle\phi_f{}^{\mathrm{S}}|T(E_i+i\varepsilon)|\phi_i{}^{\mathrm{S}}\rangle\right|^2 \tag{4.1}$$

である．ここで

$$\begin{aligned} \phi_i{}^{\mathrm{S}}(\boldsymbol{r}) &= \frac{1}{\sqrt{2}}[\phi_k(\boldsymbol{r})\pm\phi_k(-\boldsymbol{r})], \\ \phi_f{}^{\mathrm{S}}(\boldsymbol{r}) &= \frac{1}{\sqrt{2}}[\phi_{k'}(\boldsymbol{r})\pm\phi_{k'}(-\boldsymbol{r})] \end{aligned} \tag{4.2}$$

である．(4.1)と(4.2)で，m は2粒子の換算質量，$\boldsymbol{r}$ はその相対

座標，また $\boldsymbol{k}$ と $\boldsymbol{k}'$ とは，それぞれ初めと終りの状態の相対運動量を示す波数ベクトルである．なお，(4.2)の前の係数 $1/\sqrt{2}$ は，波動関数の規格化条件からくるものである．さて，2個の粒子が同種粒子であるとき，明らかに，

$$H_0(-\boldsymbol{p},-\boldsymbol{r}) = H_0(\boldsymbol{p},\boldsymbol{r}), \qquad V(-\boldsymbol{r}) = V(\boldsymbol{r}) \tag{4.3}$$

である．つまり，これらは粒子1と2のいれかえに対して不変である．(4.3)の関係から

$$T(E_i+i\epsilon) \equiv T_{\boldsymbol{r}}(E_i+i\epsilon) = V(\boldsymbol{r})+\frac{1}{E_k-H+i\epsilon}V(\boldsymbol{r}) \tag{4.4}$$

もまた，粒子のいれかえに対して不変である．すなわち，

$$T_{-\boldsymbol{r}}(E_i+i\epsilon) = T_{+\boldsymbol{r}}(E_i+i\epsilon) \tag{4.5}$$

である．そこで

$$\begin{aligned}&\langle\phi_f{}^{\mathrm{S}}|T(E_i+i\epsilon)|\phi_i{}^{\mathrm{S}}\rangle\\&=\frac{1}{2}\int \mathrm{d}^3\boldsymbol{r}\Big[\phi_{k'}{}^*(\boldsymbol{r})T_{\boldsymbol{r}}(E_i+i\epsilon)\phi_k(\boldsymbol{r})+\phi_{k'}{}^*(-\boldsymbol{r})T_{\boldsymbol{r}}(E_i+i\epsilon)\phi_k(-\boldsymbol{r})\\&\qquad\pm\phi_{k'}{}^*(\boldsymbol{r})T_{\boldsymbol{r}}(E_i+i\epsilon)\phi_k(-\boldsymbol{r})\pm\phi_{k'}{}^*(-\boldsymbol{r})T_{\boldsymbol{r}}(E_i+i\epsilon)\phi_k(\boldsymbol{r})\Big]\end{aligned}$$

の右辺の第2項および第3項で，積分変数 $\boldsymbol{r}$ を $-\boldsymbol{r}$ に変え，(4.5)の関係を利用すると

$$\begin{aligned}&\langle\phi_f{}^{\mathrm{S}}|T(E_i+i\epsilon)|\phi_i{}^{\mathrm{S}}\rangle\\&=\int \mathrm{d}^3\boldsymbol{r}\Big[\phi_{k'}{}^*(\boldsymbol{r})T_{\boldsymbol{r}}(E_i+i\epsilon)\phi_k(\boldsymbol{r})\pm\phi_{k'}{}^*(-\boldsymbol{r})T_{\boldsymbol{r}}(E_i+i\epsilon)\phi_k(\boldsymbol{r})\Big]\end{aligned} \tag{4.6}$$

をうる．したがって，微分断面積(4.1)は

$$\begin{aligned}\sigma(\theta) = \frac{(2\pi)^4m^2}{\hbar^4}\bigg|&\int \mathrm{d}^3\boldsymbol{r}\phi_{k'}{}^*(\boldsymbol{r})T_{\boldsymbol{r}}(E_i+i\epsilon)\phi_k(\boldsymbol{r})\\&\pm\int \mathrm{d}^3\boldsymbol{r}\phi_{k'}{}^*(-\boldsymbol{r})T_{\boldsymbol{r}}(E_i+i\epsilon)\phi_k(\boldsymbol{r})\bigg|^2\end{aligned} \tag{4.7}$$

で与えられることになる．このとき，全断面積 σ^{tot} は

$$\sigma^{\mathrm{tot}} = \frac{1}{2}\int_{\text{全立体角}}\sigma(\theta)\mathrm{d}\Omega = \int_0^{\pi/2}\sin\theta\mathrm{d}\theta\int_0^{2\pi}\mathrm{d}\varphi\sigma(\theta) \tag{4.8}$$

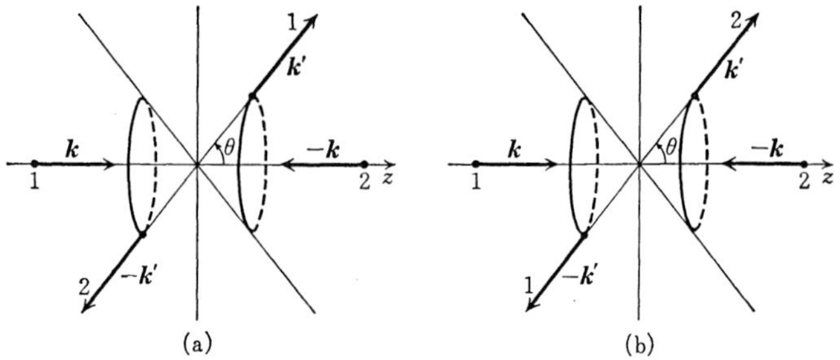

図 4.6 全断面積の積分

である．すなわち散乱角 θ に関する積分の範囲は，区別できる粒子の場合の半分の範囲 $0\to\pi/2$ である．なぜなら，図 4.6 に示したように，区別できる粒子の場合，図(a)と図(b)の散乱は別の散乱過程として観測されるが，同種粒子の場合には，同一の過程として観測される．したがって，このとき散乱角 θ に関して $0\to\pi$ にわたって積分すると，散乱粒子数を二重に数えることになるからである．

さて，(4.7)を Born 近似で計算してみよう．波動関数を

$$\phi_{k}(\boldsymbol{r})=\frac{1}{\sqrt{(2\pi)^3}}\exp(i\boldsymbol{k}\cdot\boldsymbol{r}),\ \phi_{k'}(\boldsymbol{r})=\frac{1}{\sqrt{(2\pi)^3}}\exp(i\boldsymbol{k}'\cdot\boldsymbol{r}) \quad (4.9)$$

とし，これらを(4.7)に代入して Born 近似をとると

$$\sigma^{(\mathrm{B})}(\theta)=\frac{m^2}{(2\pi)^2\hbar^4}\left|\int \mathrm{d}^3\boldsymbol{r}\exp(-i\boldsymbol{k}'\cdot\boldsymbol{r})V(r)\exp(+i\boldsymbol{k}\cdot\boldsymbol{r}) \pm\int \mathrm{d}^3\boldsymbol{r}\exp(+i\boldsymbol{k}'\cdot\boldsymbol{r})V(r)\exp(+i\boldsymbol{k}\cdot\boldsymbol{r})\right|^2 \quad (4.10)$$

である．ここで図 4.7 のように

$$\boldsymbol{K}=\boldsymbol{k}'-\boldsymbol{k},\qquad \boldsymbol{L}=\boldsymbol{k}'+\boldsymbol{k} \quad (4.11)$$

とおくと，

$$K=2k\sin(\theta/2),\qquad L=2k\cos(\theta/2) \quad (4.12)$$

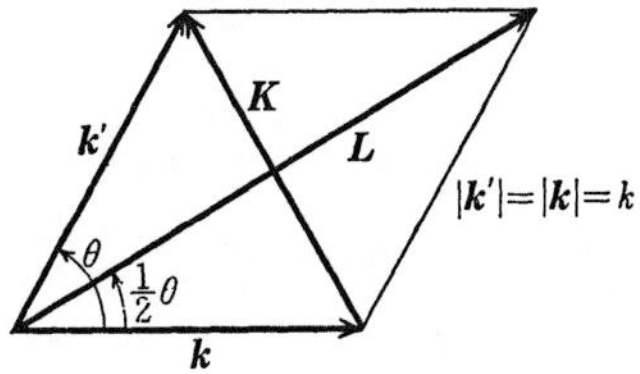

図 **4.7** 散乱による波動の変化

である．そこで(4.10)の角積分を実行すると

$$\sigma^{(\mathrm{B})}(\theta) = \frac{4m^2}{\hbar^4}\left[K^{-1}\int_0^\infty V(r)r\sin Kr\mathrm{d}r \pm L^{-1}\int_0^\infty V(r)r\sin Lr\mathrm{d}r\right]^2 \tag{4.13}$$

となる．

ここでポテンシャル $V(r)$ として

$$V(r) = \frac{e^2}{r}\exp(-\kappa r) \tag{4.14}$$

をとると

$$\int_0^\infty V(r)r\sin Kr\mathrm{d}r = \frac{e^2K}{K^2+\kappa^2} \xrightarrow[\kappa\to 0]{} \frac{e^2}{K} \tag{4.15}$$

である．$\kappa\to 0$ の極限では，(4.14)は Coulomb ポテンシャルになり，このとき第1 Born 近似が Rutherford 散乱に対して，偶然正しい結果をもたらしたことを考えて，この場合について(4.13)を計算してみよう．このとき，(4.13)は

$$\begin{aligned}\sigma^{(\mathrm{B})}(\theta) &= \frac{4m^2e^4}{\hbar^4}\left[\frac{1}{K^4}+\frac{1}{L^4}\pm\frac{2}{K^2L^2}\right]\\ &= \frac{e^4}{4m^2v^4}\left[\frac{1}{\sin^4(\theta/2)}+\frac{1}{\cos^4(\theta/2)}\pm\frac{2}{\sin^2(\theta/2)\cos^2(\theta/2)}\right]\end{aligned} \tag{4.16}$$

となる．第1項はもちろん，第2章(4.25)の Rutherford の散乱断面積と同じ形である．ただし，いまの場合，m は換算質量であることに注意しよう．第2項は波動関数の対称化(あるいは反対

称化)により現われた項で，また第3項は第1項と第2項の干渉項である．

二つの粒子がスピン0のBose粒子で，波動関数が対称化されるとき，すなわち2個のα粒子(電荷をeとする)の散乱のような場合，微分断面積は

$$\sigma^{(\mathrm{B})}(\theta)=\frac{e^4}{4m^2v^4}\left[\frac{1}{\sin^4(\theta/2)}+\frac{1}{\cos^4(\theta/2)}+\frac{2}{\sin^2(\theta/2)\cdot\cos^2(\theta/2)}\right] \tag{4.17}$$

で表わされる．

次に，スピン1/2のFermi粒子の散乱の場合，例えば電子-電子散乱の場合を考える．このとき，2個の電子のスピン関数が対称であり3重状態(triplet state)であれば，その空間的波動関数は反対称関数でなければならない．一方，スピン関数が反対称で1重状態(singlet state)であれば，その空間的波動関数は対称関数である．したがって，微分断面積は

$$\sigma(\theta)=\frac{3}{4}\sigma^{(t)}(\theta)+\frac{1}{4}\sigma^{(s)}(\theta) \tag{4.18}$$

で表わされる．ここで$\sigma^{(t)}(\theta)$は3重状態における微分断面積であり，$\sigma^{(s)}(\theta)$は1重状態における微分断面積である．ここで，$\sigma^{(t)}(\theta)$に対しては(4.16)の負号のほうをとり，$\sigma^{(s)}(\theta)$では正号のものをとる．すると

$$\sigma^{(\mathrm{B})}(\theta)=\frac{e^4}{4m^2v^4}\left[\frac{1}{\sin^4(\theta/2)}+\frac{1}{\cos^4(\theta/2)}-\frac{1}{\sin^2(\theta/2)\cdot\cos^2(\theta/2)}\right] \tag{4.19}$$

をうる．

(4.17)と(4.19)の微分断面積で，右辺の第2項は2個の古典力学的粒子を区別しない場合にも現われる項であるが，第3項は量

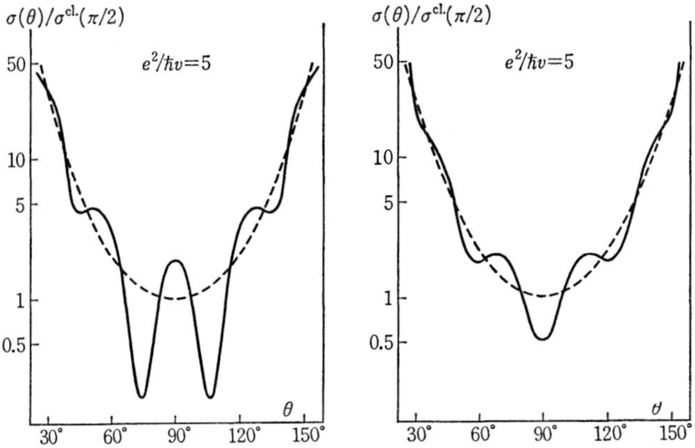

(a) 実線は(4.20)，点線は$\sigma^{\mathrm{cl.}}(\theta)$　　(b) 実線は(4.21)，点線は$\sigma^{\mathrm{cl.}}(\theta)$

図 4.8　同種の荷電粒子の散乱の微分断面積の角分布

子力学的な意味で粒子を区別できないことによって現われた項である．しかし，これらの第3項の表式は，Born 近似にもとづいてえられた表式であり，正確ではない．Coulomb ポテンシャルによる散乱を厳密に扱うときには，微分断面積はそれぞれ次式で与えられる．すなわち，2個の α 粒子の散乱のとき

$$\sigma(\theta) = \frac{e^4}{4m^2v^4}\left[\frac{1}{\sin^4(\theta/2)}+\frac{1}{\cos^4(\theta/2)} + \frac{2\cos\left[(e^2/\hbar v)\log\{\tan^2(\theta/2)\}\right]}{\sin^2(\theta/2)\cdot\cos^2(\theta/2)}\right] \tag{4.20}$$

である．ただし α 粒子の電荷を e と書いた．電子-電子散乱のときには，

$$\sigma(\theta) = \frac{e^4}{4m^2v^4}\left[\frac{1}{\sin^4(\theta/2)}+\frac{1}{\cos^4(\theta/2)} - \frac{\cos\left[(e^2/\hbar v)\log\{\tan^2(\theta/2)\}\right]}{\sin^2(\theta/2)\cdot\cos^2(\theta/2)}\right] \tag{4.21}$$

である．(4.20)と(4.21)の第3項は，無次元の数$e^2/\hbar v$が大きくなるほど，散乱角θの変化による振動がはげしくなる．図4.8(a)および(b)はそれぞれ，$e^2/\hbar v=5$とおいたときの微分断面積(4.20)および(4.21)の角分布を示したものである．なお，図4.8の$\sigma^{\mathrm{cl.}}(\theta)$は，(4.20)と(4.21)の第3項を除いた古典的微分断面積を表わしている．また縦軸は対数スケールで書いてある．図をみると明らかなように，Bose粒子の図(a)の場合，$\theta=\pi/2$に極大値があるのに対して，Fermi粒子の図(b)では，$\theta=\pi/2$に極小値がある．

§5 多粒子系による散乱

多数の原子から構成されている物体や，多数の核子からなる原子核に，たとえば中性子のような粒子を衝突させることによって，物体の原子的構造や原子核の構造を調べることができる．ここでは，入射粒子と標的系を構成している原子あるいは核子とが区別できる粒子であると仮定して，粒子の多粒子系による散乱の問題を考えよう．

いま，N個の同種粒子からなる標的系を考えて，これに粒子を衝突させたとする．このとき全体系を記述するハミルトニアンHは

$$H=H_0+V;\qquad H_0=H_n+H_{\mathrm{A}} \tag{5.1}$$

で表わされる．ここでH_nは，入射する粒子の自由ハミルトニアンであり，入射粒子の質量をmとすると

$$H_n=\frac{1}{2m}\boldsymbol{p}_n^{\,2} \tag{5.2}$$

である．H_{A}はN個の粒子からなる標的系の複雑なハミルトニアンである．Vは入射粒子と標的系のすべての粒子との間の相互作

用を表わし

$$V=\sum_{\alpha=1}^{N}V_{\alpha}=\sum_{\alpha=1}^{N}V(\boldsymbol{r}_n-\boldsymbol{r}_{\alpha}) \tag{5.3}$$

で与えられる．ここで$\boldsymbol{r}_n$は入射する粒子の位置を示す演算子であり，$\boldsymbol{r}_{\alpha}$は標的系を構成する粒子の位置を表わす演算子である．このとき，体系の初め(あるいは終り)の状態は

$$H_0\phi(\boldsymbol{k}_a, \mathrm{A}_a)=E_a\phi(\boldsymbol{k}_a, \mathrm{A}_a) \tag{5.4}$$

の解として与えられる．ここで

$$\begin{aligned} H_n\phi(\boldsymbol{k}_a) &= \mathcal{E}_a\phi(\boldsymbol{k}_a), \\ \phi(\boldsymbol{k}_a) &= \frac{1}{\sqrt{(2\pi)^3}}\exp(i\boldsymbol{k}_a\cdot\boldsymbol{r}_n), \\ H_{\mathrm{A}}\phi(\mathrm{A}_a) &= E_a{}^{\mathrm{A}}\phi(\mathrm{A}_a), \\ E_a &= \mathcal{E}_a+E_a{}^{\mathrm{A}}, \\ \phi(\boldsymbol{k}_a, \mathrm{A}_a) &= \phi(\boldsymbol{k}_a)\phi(\mathrm{A}_a) \end{aligned} \tag{5.5}$$

である．

さて，初めの状態のエネルギーが$E_i=\mathcal{E}_i+E_i{}^{\mathrm{A}}$であるとき，(2.91)の積分方程式は

$$T(E_i)=V+VG_0(E_i)T(E_i) \tag{5.6}$$

と書かれる．ここでE_iは$E_i+i\epsilon$を省略したもので，以下では混同のない限り，すべてこの省略記号を用いる．(5.6)で

$$G_0(E_i)=(E_i-H_0+i\epsilon)^{-1} \tag{5.7}$$

である．(5.6)を逐次に展開し，(5.3)を代入すれば

$$\begin{aligned} T(E_i) &= V+VG_0(E_i)V+VG_0(E_i)VG_0(E_i)V+\cdots \\ &= \sum_{\alpha}V_{\alpha}+\sum_{\alpha,\beta}V_{\alpha}G_0(E_i)V_{\beta} \\ &\quad +\sum_{\alpha,\beta,\gamma}V_{\alpha}G_0(E_i)V_{\beta}G_0(E_i)V_{\gamma}+\cdots. \end{aligned} \tag{5.8}$$

をうる．ここで$\alpha, \beta, \gamma, \cdots$の和は標的系の粒子全体にわたってとるものである．(5.8)の展開式では，入射粒子と各標的粒子との

間の相互作用が乱雑に含まれていて，そのために，散乱過程に対して見通しのよい物理的解釈を与えることができない．そこで(5.8)を次のように整理し直す．いま，演算子 $\Lambda_\alpha(E_i)$ を

$$\Lambda_\alpha(E_i) \equiv V_\alpha + V_\alpha G_0(E_i) \sum_\beta V_\beta + V_\alpha G_0(E_i) \sum_\beta V_\beta G_0(E_i) \sum_\gamma V_\gamma + \cdots. \tag{5.9}$$

で定義する．すると明らかに

$$T(E_i) = \sum_\alpha \Lambda_\alpha(E_i) \tag{5.10}$$

である．さて，(5.9)で β に関する和を，$\beta=\alpha$ の項とそれ以外の項に分解する．すなわち

$$\begin{aligned}\Lambda_\alpha(E_i) = {} & V_\alpha + V_\alpha G_0(E_i) V_\alpha + V_\alpha G_0(E_i) V_\alpha G_0(E_i) \sum_\gamma V_\gamma + \cdots \\ & + V_\alpha G_0(E_i) \sum_{\beta \neq \alpha} V_\beta + V_\alpha G_0(E_i) \sum_{\beta \neq \alpha} V_\beta G_0(E_i) \sum_\gamma V_\gamma + \cdots \\ = {} & V_\alpha + V_\alpha G_0(E_i)\Big[V_\alpha + V_\alpha G_0(E_i) \sum_\gamma V_\gamma + \cdots\Big] \\ & + V_\alpha G_0(E_i) \sum_{\beta \neq \alpha}\Big[V_\beta + V_\beta G_0(E_i) \sum_\gamma V_\gamma + \cdots\Big]\end{aligned} \tag{5.11}$$

である．(5.11)の最後の表式を(5.9)と比較すると，

$$\Lambda_\alpha(E_i) = V_\alpha + V_\alpha G_0(E_i) \Lambda_\alpha(E_i) + V_\alpha G_0(E_i) \sum_{\beta \neq \alpha} \Lambda_\beta(E_i) \tag{5.12}$$

をうる．これより

$$\Lambda_\alpha(E_i) = \frac{1}{1 - V_\alpha G_0(E_i)} V_\alpha + \frac{1}{1 - V_\alpha G_0(E_i)} V_\alpha G_0(E_i) \sum_{\beta \neq \alpha} \Lambda_\beta(E_i) \tag{5.13}$$

がえられる．ここで

$$T_\alpha(E_i) \equiv \frac{1}{1 - V_\alpha G_0(E_i)} V_\alpha \tag{5.14}$$

とおくと，(5.13)は

$$\Lambda_\alpha(E_i) = T_\alpha(E_i) + T_\alpha(E_i) G_0(E_i) \sum_{\beta \neq \alpha} \Lambda_\beta(E_i) \tag{5.15}$$

となる．この積分方程式を逐次展開し，(5.10)を用いると

$$T(E_i)=\sum_{\alpha}T_\alpha(E_i)+\sum_{\alpha}\sum_{\beta\neq\alpha}T_\alpha(E_i)G_0(E_i)T_\beta(E_i)$$
$$+\sum_{\alpha}\sum_{\beta\neq\alpha}\sum_{\gamma\neq\beta}T_\alpha(E_i)G_0(E_i)T_\beta(E_i)G_0(E_i)T_\gamma(E_i)+\cdots \tag{5.16}$$

となる．(5.16)の展開式は，(5.8)の展開式と比較すると，きわめて見通しのよい形になっている．すなわち，(5.14)の $T_\alpha(E_i)$ は，入射粒子の α 番目の標的粒子による散乱の散乱振幅を与えるものであり，この中には相互作用 V_α の効果が完全にとりこまれている．そして，(5.16)の右辺の第1項は，図4.9(a)に示すように，入射粒子の1個の標的粒子による散乱振幅の和を表わし，第2項は図4.9(b)のように2個の標的粒子による散乱，つまり2重散乱の過程を与えている．すなわち，(5.16)の展開は**多重散乱**(multiple scattering)の過程に対応する展開になっているのである．なお，第3項の中には $\gamma=\alpha$ の項も含まれていて，これは図4.9(d)のように，はじめ標的粒子 α によって散乱された粒子が，他の粒子 β に衝突し，そして再び粒子 α によって散乱される過程を表わすものである．

さて，(2.17)と(2.19)から

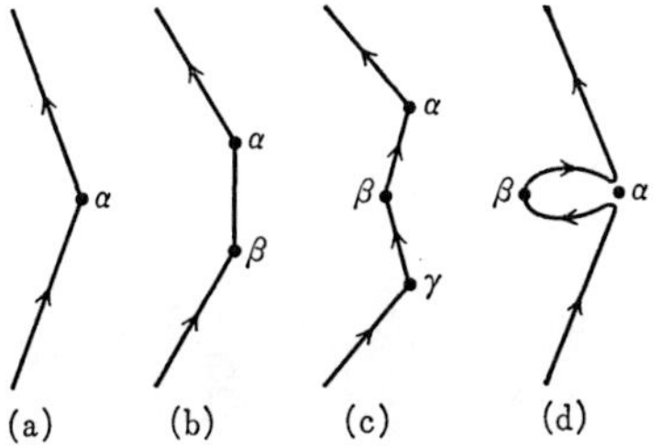

図 4.9 多 重 散 乱

$$\psi_i^{(+)} = U(0, -\infty)\phi(k_i, \mathrm{A}_i) = \left[1 + \frac{1}{E_i - H + i\epsilon} V\right]\phi(k_i, \mathrm{A}_i)$$

である．そこで

$$U(E_i) \equiv 1 + \frac{1}{E_i - H + i\epsilon} V \tag{5.17}$$

で演算子 $U(E_i)$ を定義する．前にも述べたが，この種の演算子は，初めの状態 $\phi(k_i, \mathrm{A}_i)$ に作用したときのみ物理的意味をもつ演算子であって，$U(0, -\infty)$ のようにどのような状態に作用させても意味をもつ厳密な意味での演算子ではないことに注意しよう．(5.17)を変形すると

$$\begin{aligned} U(E_i) &= 1 + \frac{1}{E_i - H_0 + i\epsilon}\left[1 + V\frac{1}{E_i - H + i\epsilon}\right]V \\ &= 1 + \frac{1}{E_i - H_0 + i\epsilon}\left[V + V\frac{1}{E_i - H + i\epsilon} V\right] \\ &= 1 + G_0(E_i)T(E_i) \end{aligned} \tag{5.18}$$

となる．ここで(2.87)を用いた．(5.18)に(5.16)の展開式を代入すると

$$U(E_i) = 1 + \sum_\alpha G_0(E_i)T_\alpha(E_i) + \sum_\alpha \sum_{\beta \neq \gamma} G_0(E_i)T_\alpha(E_i)G_0(E_i)T_\beta(E_i) + \cdots \tag{5.19}$$

となる．ここでさらに，演算子 $\Omega_\alpha(E_i)$ を

$$\Omega_\alpha(E_i) = 1 + G_0(E_i)\sum_{\beta \neq \alpha} T_\beta(E_i)\Omega_\beta(E_i) \tag{5.20}$$

の解として定義する．(5.20)を逐次に展開すると

$$\Omega_\alpha(E_i) = 1 + \sum_{\beta \neq \alpha} G_0(E_i)T_\beta(E_i) + \sum_{\beta \neq \alpha}\sum_{\gamma \neq \beta} G_0(E_i)T_\beta(E_i)G_0(E_i)T_\gamma(E_i) + \cdots$$

である．これと(5.16)を比較すると，

$$T(E_i) = \sum_\alpha T_\alpha(E_i)\Omega_\alpha(E_i) \tag{5.21}$$

と書くことができる．また，(5.19)も

$$U(E_i) = 1 + G_0(E_i) \sum_{\beta=\mathrm{all}} T_\beta(E_i) \Omega_\beta(E_i) \qquad (5.22)$$

と表わされる．(5.20)と(5.22)とを比較すると，両者の相違はβに関する和で，$\beta=\alpha$の項があるか否かだけであることに注意されたい．(5.21)と(5.20)とから，散乱振幅$T(E_i)$は，1個の標的粒子による散乱振幅$T_\alpha(E_i)$がわかっていれば，(5.20)の連立積分方程式を解いて$\Omega_\alpha(E_i)$を求め，その結果を(5.21)に代入することによってえられるわけである．

それでは1個の標的粒子による散乱振幅$T_\alpha(E_i)$はどのようにしたら求められるであろうか．(5.14)を展開すると

$$T_\alpha(E_i) = V_\alpha + V_\alpha G_0(E_i) V_\alpha + V_\alpha G_0(E_i) V_\alpha G_0(E_i) V_\alpha + \cdots \qquad (5.23)$$

である．ここで$G_0(E_i)$は(5.1)と(5.7)より

$$G_0(E_i) = \frac{1}{E_i - (H_n + H_\mathrm{A}) + i\epsilon} \qquad (5.24)$$

で与えられている．この$G_0(E_i)$に対して，次のような近似をおこなう．入射粒子が標的粒子の一つに衝突したとき，標的系の状態は変化するが，標的系全体からみたとき，この変化が小さいとしてこれを無視するのである．このとき，(5.24)の分母のH_Aは初めの状態のエネルギー固有値E_i^Aでおきかえられる．すなわち

$$G_0(E_i) \cong G_n(\varepsilon_i) = \frac{1}{E_i - (H_n + E_i^\mathrm{A}) + i\epsilon} = \frac{1}{\varepsilon_i - H_n + i\epsilon} \qquad (5.25)$$

と近似するのである．この近似を**インパルス近似**(impulse approximation)という．さらに，(5.23)のなかのポテンシャル$V_\alpha = V(\boldsymbol{r}_n - \boldsymbol{r}_\alpha)$を次のように書きかえる．

$$V(\boldsymbol{r}_n - \boldsymbol{r}_\alpha) = \exp(-i\boldsymbol{p}_n \cdot \boldsymbol{r}_\alpha/\hbar) V(\boldsymbol{r}_n) \exp(+i\boldsymbol{p}_n \cdot \boldsymbol{r}_\alpha/\hbar). \qquad (5.26)$$

ここで$\boldsymbol{p}_n$は入射粒子の運動量演算子であり，$\exp(i\boldsymbol{p}_n \cdot \boldsymbol{r}_\alpha/\hbar)$は$\boldsymbol{r}_n$を$-\boldsymbol{r}_\alpha$だけずらす演算子であることを用いている．(5.25)の近似と，(5.26)の関係を利用すると，(5.23)は

$$T_\alpha(E_i) \cong \exp(-i\boldsymbol{p}_n\cdot\boldsymbol{r}_\alpha/\hbar)\Big[V(\boldsymbol{r}_n)+V(\boldsymbol{r}_n)G_n(\mathcal{E}_i)V(\boldsymbol{r}_n)$$
$$+V(\boldsymbol{r}_n)G_n(\mathcal{E}_i)V(\boldsymbol{r}_n)G_n(\mathcal{E}_i)V(\boldsymbol{r}_n)+\cdots\Big]\exp(i\boldsymbol{p}_n\cdot\boldsymbol{r}_\alpha/\hbar)$$
$$=\exp(-i\boldsymbol{p}_n\cdot\boldsymbol{r}_\alpha/\hbar)t(\mathcal{E}_i)\exp(i\boldsymbol{p}_n\cdot\boldsymbol{r}_\alpha/\hbar) \tag{5.27}$$

となる．ここで

$$t(\mathcal{E}_i) = V(\boldsymbol{r}_n)+V(\boldsymbol{r}_n)G_n(\mathcal{E}_i)t(\mathcal{E}_i) \tag{5.28}$$

であり，この積分方程式は入射粒子の変数 $\boldsymbol{r}_n$ のみを含み，標的粒子の変数 $\boldsymbol{r}_\alpha$ にはよらない．すなわち，(5.28)の散乱の方程式は，原点のまわりにひろがるポテンシャル $V(\boldsymbol{r}_n)$ による1粒子の散乱を記述する方程式にほかならない．したがって，(5.28)を解くことにより，(5.27)から $T_\alpha(E_i)$ が近似的に求まる．そこで(5.27)の行列要素をとると

$$\langle\phi(\boldsymbol{k}_f,\mathrm{A}_f)|T_\alpha(E_i)|\phi(\boldsymbol{k}_i,\mathrm{A}_f)\rangle$$
$$=\langle\phi(\boldsymbol{k}_f,\mathrm{A}_f)|\exp(-i\boldsymbol{p}_n\cdot\boldsymbol{r}_\alpha/\hbar)t(\mathcal{E}_i)\exp(i\boldsymbol{p}_n\cdot\boldsymbol{r}_\alpha/\hbar)|\phi(\boldsymbol{k}_i,\mathrm{A}_i)\rangle$$
$$=\langle\phi(\boldsymbol{k}_f)|t(\mathcal{E}_i)|\phi(\boldsymbol{k}_i)\rangle\langle\phi(\mathrm{A}_f)|\exp(-i\boldsymbol{k}_f\cdot\boldsymbol{r}_\alpha)\cdot\exp(i\boldsymbol{k}_i\cdot\boldsymbol{r}_\alpha)|\phi(\mathrm{A}_i)\rangle \tag{5.29}$$

をうる．さて，入射粒子のエネルギー $\mathcal{E}_i$ が小さいとき，第2章(3.6)，および第3章(2.17)と(6.38)を参照すると

$$\langle\phi(\boldsymbol{k}_f)|t(\mathcal{E}_i)|\phi(\boldsymbol{k}_i)\rangle \cong \frac{\hbar^2}{(2\pi)^2 m}\alpha \tag{5.30}$$

と近似することができる．ここで α は，入射粒子のポテンシャル $V(\boldsymbol{r}_n)$ による散乱の散乱長 (scattering length) である．(5.30)を(5.29)に代入することにより，$T_\alpha(E_i)$ の行列要素は

$$\langle\phi(\boldsymbol{k}_f,\mathrm{A}_i)|T_\alpha(E_i)|\phi(\boldsymbol{k}_i,\mathrm{A}_i)\rangle \cong \frac{\hbar^2}{(2\pi)^2 m}\alpha\langle\phi(\mathrm{A}_f)|\exp(i\boldsymbol{k}\cdot\boldsymbol{r}_\alpha)|\phi(\mathrm{A}_i)\rangle \tag{5.31}$$

で表わされることがわかった．ここで

$$\boldsymbol{k} = \boldsymbol{k}_i-\boldsymbol{k}_f \tag{5.32}$$

で，これは入射粒子の散乱の前後における運動量の変化を与えるものである.

(1) 遅い中性子の物体による散乱

多数の原子からなる物体の原子的構造をさぐる方法として，X線回折の方法があることはよく知られている．X線は原子内の電子によって散乱される．そのため，水素原子のような電子数の少ない原子からの散乱の強度が小さく，このような原子の位置をきめることが困難である．これに対して，原子炉で生産される遅い中性子は，その波長がX線と同程度であり，これは電子ではなく，原子核と強く相互作用をする．そのおかげで，遅い中性子を物体に衝突させることによって，原子番号の低い原子の位置も確定することができる．ここでは上に述べた理論にもとづいて，物体による中性子の散乱の問題を調べよう．

さて，いまの場合，入射粒子は遅い中性子である．(5.16)の展開式において，右辺の第2項以下は中性子の多重散乱を表わしている．標的としている物体の厚さが小さいとき，この多重散乱の効果は無視できる．そこでここでは，(5.16)の右辺の第1項のみを考えよう．(5.16)の第1項に，(5.31)を代入すると

$$\begin{aligned}\langle\phi(\boldsymbol{k}_f, \mathrm{A}_f)|T(E_i)|\phi(\boldsymbol{k}_i, \mathrm{A}_i)\rangle &\cong \langle\phi(\boldsymbol{k}_f, \mathrm{A}_f)|\sum_\alpha T_\alpha(E_i)|\phi(\boldsymbol{k}_i, \mathrm{A}_i)\rangle \\ &= \frac{\hbar^2}{(2\pi)^2 m}\alpha\sum_\alpha\langle\phi(\mathrm{A}_f)|\exp(i\boldsymbol{k}\cdot\boldsymbol{r}_\alpha)|\phi(\mathrm{A}_i)\rangle \qquad (5.33)\end{aligned}$$

となる．§2の(5)の結果によると，散乱された中性子の単位エネルギー幅あたりの微分断面積は

$$\begin{aligned}\frac{\mathrm{d}\sigma(\theta)}{\mathrm{d}\mathcal{E}_f} &= \left[\frac{(2\pi)^2 m}{\hbar^2}\right]^2\frac{k_f}{k_i} \\ &\times\sum_{\mathrm{A}_f, \mathrm{A}_i}\delta(E_f-E_i)P_i|\langle\phi(\boldsymbol{k}_f, \mathrm{A}_f)|T(E_i)|\phi(\boldsymbol{k}_i, \mathrm{A}_i)\rangle|^2 \qquad (5.34)\end{aligned}$$

で表わされる．ここで P_i は標的系の初めの状態の分布に対する

統計的な重み(statistical weight)を表わしている．(5.34)に(5.33)を代入し，(5.34)のデルタ関数を Fourier 積分に書きかえると

$$\frac{\mathrm{d}\sigma(\theta)}{\mathrm{d}\mathcal{E}_f}=\frac{k_f}{k_i}\alpha^2\frac{1}{2\pi\hbar}\times\sum_{\mathrm{A}_i,\mathrm{A}_f}\int_{-\infty}^{\infty}\mathrm{d}t\exp\left[i(\mathcal{E}_f-\mathcal{E}_i)t/\hbar\right]\cdot\exp\left[i(E_f{}^{\mathrm{A}}-E_i{}^{\mathrm{A}})t/\hbar\right]$$
$$\times\sum_{\alpha,\beta}P_i\langle\phi(\mathrm{A}_i)|\exp(-i\boldsymbol{k}\cdot\boldsymbol{r}_\alpha)|\phi(\mathrm{A}_f)\rangle\langle\phi(\mathrm{A}_f)|\exp(i\boldsymbol{k}\cdot\boldsymbol{r}_\beta)|\phi(\mathrm{A}_i)\rangle$$

となる．これをさらに次のように変形する．

$$\begin{aligned}\frac{\mathrm{d}\sigma(\theta)}{\mathrm{d}\mathcal{E}_f}&=\frac{k_f}{k_i}\alpha^2\frac{1}{2\pi\hbar}\int_{-\infty}^{\infty}\mathrm{d}t\exp(-i\omega t)\\&\quad\times\sum_{\alpha,\beta}\sum_{\mathrm{A}_i,\mathrm{A}_f}P_i\langle\phi(\mathrm{A}_i)|\exp(-i\boldsymbol{k}\cdot\boldsymbol{r}_\alpha)|\phi(\mathrm{A}_f)\rangle\\&\quad\times\langle\phi(\mathrm{A}_f)|\exp(iH_{\mathrm{A}}t/\hbar)\exp(i\boldsymbol{k}\cdot\boldsymbol{r}_\beta)\exp(-iH_{\mathrm{A}}t/\hbar)|\phi(\mathrm{A}_i)\rangle\\&=\frac{k_f}{k_i}\alpha^2\frac{1}{2\pi\hbar}\int_{-\infty}^{\infty}\mathrm{d}t\exp(-i\omega t)\\&\quad\times\sum_{\alpha,\beta}\sum_{\mathrm{A}_i}P_i\langle\phi(\mathrm{A}_i)|\exp[-i\boldsymbol{k}\cdot\boldsymbol{r}_\alpha(0)]\exp[i\boldsymbol{k}\cdot\boldsymbol{r}_\beta(t)]|\phi(\mathrm{A}_i)\rangle\\&=\frac{k_f}{k_i}\alpha^2\frac{1}{2\pi\hbar}\int_{-\infty}^{\infty}\mathrm{d}t\exp(-i\omega t)\\&\quad\times\sum_{\alpha,\beta}\langle\!\langle\exp[-i\boldsymbol{k}\cdot\boldsymbol{r}_\alpha(0)]\cdot\exp[i\boldsymbol{k}\cdot\boldsymbol{r}_\beta(t)]\rangle\!\rangle.\end{aligned}\tag{5.35}$$

ここで標的系の波動関数の完全性の関係

$$\sum_f|\phi(\mathrm{A}_f)\rangle\langle\phi(\mathrm{A}_f)|=1$$

を利用し，

$$\hbar\omega=\mathcal{E}_i-\mathcal{E}_f\tag{5.36}$$

とおいた．この $\hbar\omega$ は散乱の前後における中性子のエネルギーの変化を与えるものである．また，$\boldsymbol{r}_\beta(t)$ は標的系における Heisenberg 表示の演算子

$$\boldsymbol{r}_\beta(t)=\exp(iH_{\mathrm{A}}t/\hbar)\boldsymbol{r}_\beta\exp(-iH_{\mathrm{A}}t/\hbar)\tag{5.37}$$

である．なお，$\boldsymbol{r}_\alpha(0)=\boldsymbol{r}_\alpha$ である．このように Heisenberg 表示の

演算子が現われるのは，標的系の力学的性質が(5.35)の断面積に反映するはずだからである．最後に，(5.35)の《…》は標的系に対する統計的平均値を示すものである．

さて，(5.35)を

$$\frac{\mathrm{d}\sigma(\theta)}{\mathrm{d}\mathcal{E}_f} = N\alpha^2 \frac{k_f}{k_i} S(\boldsymbol{k}, \omega), \tag{5.38}$$

$$S(\boldsymbol{k}, \omega) = \frac{1}{2\pi\hbar N}\int_{-\infty}^{\infty} \mathrm{d}t \exp(-i\omega t) \times \sum_{\alpha,\beta} \langle\!\langle \exp\{-i\boldsymbol{k}\cdot\boldsymbol{r}_\alpha(0)\} \exp\{i\boldsymbol{k}\cdot\boldsymbol{r}_\beta(t)\}\rangle\!\rangle \tag{5.39}$$

と表現したとき，(5.38)を **van Hove の公式**といい，$S(\boldsymbol{k}, \omega)$ を**力学的構造因子**(dynamical structure factor)という．(5.38)によると，左辺の微分断面積を実験的に測定することによって，$S(\boldsymbol{k}, \omega)$ を知ることができる．これがわかれば，物体内の原子の空間的・時間的分布構造を知ることができるので，(5.38)の公式が中性子散乱によって物体の原子的構造をさぐる方法の基礎式になっている．(5.39)は次のように書きかえることもできる．

$$S(\boldsymbol{k}, \omega) = \frac{1}{2\pi\hbar}\int_{-\infty}^{\infty} \mathrm{d}t \exp(-i\omega t)\int \mathrm{d}^3\boldsymbol{r} \exp(-i\boldsymbol{k}\cdot\boldsymbol{r}) G(\boldsymbol{r}, t), \tag{5.40}$$

$$G(\boldsymbol{r}, t) = \frac{1}{N}\sum_{\alpha,\beta}\int \mathrm{d}^3\boldsymbol{r}' \langle\!\langle \delta(\boldsymbol{r}-\boldsymbol{r}'+\boldsymbol{r}_\alpha(0))\delta(\boldsymbol{r}'-\boldsymbol{r}_\beta(t))\rangle\!\rangle. \tag{5.41}$$

この $G(\boldsymbol{r}, t)$ を**時間・空間的 2 体相関関数**(space-time pair correlation function)という．ここで(5.41)のなかの演算子 $\boldsymbol{r}_\alpha(0)$ と $\boldsymbol{r}_\beta(t)$ とは一般に交換可能でないため，$G(\boldsymbol{r}, t)$ は実数ではないことに注意されたい．しかし，標的系を古典力学的体系であるとみなしたときには，$\boldsymbol{r}_\alpha(0)$ と $\boldsymbol{r}_\beta(t)$ は c 数になり，このとき

$$G^{(c)}(\boldsymbol{r}, t) = \frac{1}{N}\sum_{\alpha,\beta} \langle\!\langle \delta(\boldsymbol{r}-[\boldsymbol{r}_\beta{}^{(c)}(t)-\boldsymbol{r}_\alpha{}^{(c)}(0)])\rangle\!\rangle_c \tag{5.42}$$

となり，これは実数である．これは時刻 $t=0$ における原子の位置と，時刻 t における原子の位置との間の距離が $\boldsymbol{r}$ である確率を表わしている．なお，(5.41)を分解して

$$G(\boldsymbol{r},t)=G_s(\boldsymbol{r},t)+G_d(\boldsymbol{r},t), \tag{5.43}$$

$$G_s(\boldsymbol{r},t)=\frac{1}{N}\sum_{\alpha}\langle\!\langle\delta(\boldsymbol{r}-\boldsymbol{r}'+\boldsymbol{r}_\alpha(0))\delta(\boldsymbol{r}'-\boldsymbol{r}_\alpha(t))\rangle\!\rangle, \tag{5.44}$$

$$G_d(\boldsymbol{r},t)=\frac{1}{N}\sum_{\alpha\neq\beta}\langle\!\langle\delta(\boldsymbol{r}-\boldsymbol{r}'+\boldsymbol{r}_\alpha(0))\delta(\boldsymbol{r}'-\boldsymbol{r}_\beta(t))\rangle\!\rangle \tag{5.45}$$

と表わしたとき，$G_s(\boldsymbol{r},t)$ を**自己相関関数**(self correlation function)，$G_d(\boldsymbol{r},t)$ を**相互相関関数**(distinct correlation function)という．前者は異なる時刻における同じ粒子の相関を記述し，後者は別の1対の粒子の相関を示すものである．

ここで例題として，N 個の原子からなる理想気体を考え，これによって遅い中性子が散乱されるときの断面積を計算しよう．理想気体の場合，各原子は独立に運動し，2原子間の相関はないと考えられるので，(5.43)の自己相関関数の部分に対応する項だけを計算する．このとき(5.39)は

$$S(\boldsymbol{k},\omega)=\frac{1}{2\pi\hbar N}\int \mathrm{d}t\exp(-i\omega t)$$
$$\times\sum_{\alpha}\langle\!\langle\exp\{i\boldsymbol{k}\cdot\boldsymbol{r}_\alpha(0)\}\exp\{-i\boldsymbol{k}\cdot\boldsymbol{r}_\alpha(t)\}\rangle\!\rangle \tag{5.46}$$

で与えられる．気体内の原子は自由運動をしているとしているので，Heisenberg の運動方程式

$$\frac{\mathrm{d}\boldsymbol{r}_\alpha(t)}{\mathrm{d}t}=\frac{i}{\hbar}[H_{\mathrm{A}},\boldsymbol{r}_\alpha(t)]$$

の解は

$$\boldsymbol{r}_\alpha(t)=\boldsymbol{r}_\alpha(0)+\frac{1}{M}\boldsymbol{p}_\alpha(0)\cdot t \tag{5.47}$$

で与えられる．ここで M は標的原子の質量で，$\boldsymbol{p}_\alpha(0)$ は時刻 $t=0$ における原子 α の運動量演算子である．さて，一般に任意の演算

子 A と B の交換関係 $[A, B]$ が c 数であるとき

$$\exp(A)\cdot\exp(B) = \exp\left\{A+B+\frac{1}{2}[A, B]\right\} \tag{5.48}$$

が成立する．いまの場合，(5.47) より

$$[\boldsymbol{r}_\alpha(0), \boldsymbol{r}_\alpha(t)] = \frac{t}{M}[\boldsymbol{r}_\alpha(0), \boldsymbol{p}_\alpha(0)] = \frac{i\hbar}{M}t \tag{5.49}$$

であるから，(5.46) に (5.48) の公式が適用できて

$$\begin{aligned}&\exp\{i\boldsymbol{k}\cdot\boldsymbol{r}_\alpha(0)\}\cdot\exp\{-i\boldsymbol{k}\cdot\boldsymbol{r}_\alpha(t)\}\\ &\quad= \exp\left\{i\boldsymbol{k}\cdot(\boldsymbol{r}_\alpha(0)-\boldsymbol{r}_\alpha(t))+\frac{1}{2}[\boldsymbol{k}\cdot\boldsymbol{r}_\alpha(0), \boldsymbol{k}\cdot\boldsymbol{r}_\alpha(t)]\right\}\\ &\quad= \exp\{-i\boldsymbol{k}\cdot\boldsymbol{p}_\alpha(0)t/M+i\hbar\boldsymbol{k}^2t/2M\}\end{aligned} \tag{5.50}$$

をうる．この結果を (5.46) に代入すると

$$\begin{aligned}S(\boldsymbol{k}, \omega) &= \frac{1}{2\pi\hbar N}\sum_\alpha\int_{-\infty}^{\infty}\mathrm{d}t\,\langle\!\langle\exp\{-i(\omega-\hbar\boldsymbol{k}^2/2M+\boldsymbol{p}_\alpha(0)\cdot\boldsymbol{k}/M)t\}\rangle\!\rangle\\ &= \frac{1}{\hbar}\frac{\int\mathrm{d}^3\boldsymbol{p}_\alpha\exp(-\beta\boldsymbol{p}_\alpha{}^2/2M)\langle\phi(\boldsymbol{p}_\alpha)|\delta(\omega-\hbar\boldsymbol{k}^2/2M-\boldsymbol{p}_\alpha\cdot\boldsymbol{k}/M)|\phi(\boldsymbol{p}_\alpha)\rangle}{\int\mathrm{d}^3\boldsymbol{p}_\alpha\exp(-\beta\boldsymbol{p}_\alpha{}^2/2M)}\end{aligned} \tag{5.51}$$

となる．ここで $\beta=(kT)^{-1}$ で，T は絶対温度，k は Boltzmann 定数である．また，N 個の原子は同種原子であることも利用した．(5.51) の積分は容易に実行でき，その結果

$$S(\boldsymbol{k}, \omega) = \sqrt{\frac{\beta M}{2\pi\hbar^2\boldsymbol{k}^2}}\exp\left\{-\frac{\beta M}{2\boldsymbol{k}^2}\left(\omega-\frac{\hbar^2\boldsymbol{k}^2}{2m}\right)^2\right\} \tag{5.52}$$

をうる．したがって，散乱の微分断面積は，

$$\frac{\mathrm{d}\sigma(\theta)}{\mathrm{d}\mathcal{E}_f} = N\alpha^2\frac{k_f}{k_i}\sqrt{\frac{\beta M}{2\pi\hbar^2\boldsymbol{k}^2}}\exp\left\{-\frac{\beta M}{2\boldsymbol{k}^2}\left(\omega-\frac{\hbar^2\boldsymbol{k}^2}{2m}\right)^2\right\} \tag{5.53}$$

で与えられる．

(2)　光学模型

原子核に中性子が衝突するとき，中性子にとって原子核の存在

は，近似的には原子核の領域にひろがるポテンシャルとみなすことができよう．原子核のこのような模型を**光学模型**(optical model)といい，またこのポテンシャルを**光学ポテンシャル**(optical potential)という．ここでは原子核を多数の核子からなる多体系と考え，入射する中性子が，核内核子と弾性的な多重散乱をおこすという考え方にもとづいて，光学ポテンシャルを導くことにしよう．

多重散乱の問題は，(5.20)の N 個の連立方程式を解いて $\Omega_\alpha(E_i)$ を決め，その結果を(5.21)に代入することによって解決される．しかしここでは，次のような近似的な取り扱いをする．すなわち，核内の核子数が大きくて，(5.22)の $U(E_i)$ の式

$$U(E_i) = 1 + G_0(E_i)T_\alpha(E_i)\Omega_\alpha(E_i) + G_0(E_i)\sum_{\beta\neq\alpha} T_\beta(E_i)\Omega_\beta(E_i) \tag{5.54}$$

において，右辺の $\beta\neq\alpha$ の項の全体と比較して，第2項が無視できると仮定するのである．この近似を**光学近似**(optical approximation)という．この近似のもとでは，(5.54)と(5.20)の $\Omega_\alpha(E_i)$ は同じものであるとみなすことができる．すなわち

$$\Omega_\alpha(E_i) \cong U(E_i) \tag{5.55}$$

である．このように仮定すると，(5.22)は

$$U(E_i) = 1 + G_0(E_i)\left[\sum_{\alpha=\mathrm{all}} T_\alpha(E_i)\right]U(E_i) \tag{5.56}$$

と表わすことができる．これを，(5.17)を積分方程式に書きかえた

$$U(E_i) = 1 + G_0(E_i)VU(E_i) \tag{5.57}$$

と比較すると，光学ポテンシャル V_{OP} は

$$V_{\mathrm{OP}} = \sum_{\alpha=\mathrm{all}} T_\alpha(E_i) \tag{5.58}$$

で与えられることになる．さて，入射中性子のエネルギーが小さ

いとき，(5.30) より

$$\langle\phi(\boldsymbol{k}_f)|t(\mathcal{E}_i)|\phi(\boldsymbol{k}_i)\rangle = \frac{\hbar^2}{(2\pi)^2 m}\alpha \tag{5.59}$$

である．ここで (5.5) を用いると，(5.59) は次の形で表わされる．

$$\frac{1}{(2\pi)^3}\int \mathrm{d}^3\boldsymbol{r}_n \exp\{i(\boldsymbol{k}_i-\boldsymbol{k}_f)\cdot\boldsymbol{r}_n\}\, t(\mathcal{E}_i) = \frac{\hbar^2}{(2\pi)^2 m}\alpha. \tag{5.60}$$

(5.60) の両辺を比較すると

$$t(\mathcal{E}_i) = \frac{2\pi\hbar^2}{m}\alpha\delta^3(\boldsymbol{r}_n) \tag{5.61}$$

であることがわかる．これを (5.27) に代入すれば

$$\begin{aligned} T_\alpha(E_i) &= \exp(-i\boldsymbol{p}_n\cdot\boldsymbol{r}_\alpha/\hbar)\,t(\mathcal{E}_i)\exp(i\boldsymbol{p}_n\cdot\boldsymbol{r}_\alpha/\hbar) \\ &= \frac{2\pi\hbar^2}{m}\alpha\exp(-i\boldsymbol{p}_n\cdot\boldsymbol{r}_\alpha/\hbar)\delta^3(\boldsymbol{r}_n)\exp(i\boldsymbol{p}_n\cdot\boldsymbol{r}_\alpha/\hbar) \\ &= \frac{2\pi\hbar^2}{m}\alpha\delta^3(\boldsymbol{r}_n-\boldsymbol{r}_\alpha) \end{aligned} \tag{5.62}$$

をうる．したがって，(5.58) より

$$V_{\mathrm{OP}}(\boldsymbol{r}_n) = \frac{2\pi\hbar^2}{m}\alpha\sum_{\alpha=1}^{N}\delta^3(\boldsymbol{r}_n-\boldsymbol{r}_\alpha) \tag{5.63}$$

である．ここで原子核内の核子の密度分布関数は

$$\rho(\boldsymbol{r}) = \frac{1}{N}\sum_{\alpha=1}^{N}\delta^3(\boldsymbol{r}-\boldsymbol{r}_\alpha) \tag{5.64}$$

で表わされることを利用すると，光学ポテンシャルは

$$V_{\mathrm{OP}}(\boldsymbol{r}_n) = \frac{2\pi\hbar^2}{m}N\alpha\rho(\boldsymbol{r}_n) \tag{5.65}$$

で与えられることになる．つまり，中性子からみると，原子核の存在は，その大きさの範囲にひろがるポテンシャルとみなすことができる．なお，ここでの近似では，(5.59) が実数の散乱長で表わされると仮定したが，中性子のエネルギーがやや高くなると，$t(\mathcal{E}_i)$ の行列要素は一般には複素数になる．このときには，光学ポ

テンシャルは虚数部分をもつことになり，これが原子核反応を記述する吸収過程を与えるのである．

§6　共鳴散乱

第3章§6で，井戸型ポテンシャルによるS波の共鳴散乱を説明した．ここでは，この共鳴散乱の現象をやや一般的にあつかう方法を考えよう．いま，体系のハミルトニアンを

$$H = H_0 + V \tag{6.1}$$

と書く．ここでH_0は入射粒子と標的系のハミルトニアンの和であり，Vはそれらの間の相互作用のハミルトニアンである．このとき，初めの状態は

$$H_0\Phi(\boldsymbol{k}_i, \alpha_i) = E_i\Phi(\boldsymbol{k}_i, \alpha_i) \tag{6.2}$$

の固有関数として

$$\Phi(\boldsymbol{k}_i, \alpha_i) = \frac{1}{\sqrt{L^3}}\exp(i\boldsymbol{k}_i\cdot\boldsymbol{r})\varphi^{\mathrm{B}}(\alpha_i) \tag{6.3}$$

で与えられる．$\varphi^{\mathrm{B}}(\alpha_i)$は標的系の束縛状態である．ここで$H_0$の固有状態として，(6.3)の型のもののほかに，入射粒子を標的系が吸収した状態$\Phi(0, \alpha_r)$があり，それは

$$H_0\Phi(0, \alpha_r) = E_r\Phi(0, \alpha_r) \tag{6.4}$$

をみたし，そのエネルギー固有値E_rは正の離散的な値をもつものと仮定する．そして，この状態は(6.3)の状態と直交し，

$$\langle\Phi(\boldsymbol{k}_n, \alpha_n)|\Phi(0, \alpha_r)\rangle = 0 \tag{6.5}$$

であるとする．(6.4)の状態は，井戸型ポテンシャルによる散乱の場合の準束縛状態に相当するものであるが，このときには，(6.5)の直交関係は厳密には成立しない．しかし，入射粒子が光子(photon)やパイ中間子(pi-meson)のように生成消滅する粒子であるときには，(6.5)は厳密に成立する．すなわち，(6.3)の平面波の

部分は入射する光子の波動関数であり，また束縛状態 $\varphi^{\mathrm{B}}(\alpha_i)$ は原子内電子の波動関数を表わしているとすると，波動関数 $\Phi(0, \alpha_r)$ は光子を吸収して励起状態に転移した電子の波動関数であると考えればよい．

さて，前節の(5.6)および(5.7)から

$$T(E_i) = V + VG_0(E_i)T(E_i), \tag{6.6}$$

$$G_0(E_i) = \frac{1}{E_i - H_0 + i\epsilon} \tag{6.7}$$

である．(6.6)の形式解は

$$T(E_i) = \frac{1}{1 - VG_0(E_i)} V \tag{6.8}$$

で与えられる．(6.6)の右辺に(6.8)を代入すると

$$T(E_i) = V + VG_0(E_i)\frac{1}{1 - VG_0(E_i)} V \tag{6.9}$$

となる．

ここで，相互作用演算子 V の行列要素の大きさに関して，次のような仮定をする．すなわち，行列要素

$$\langle r|V|k_n, \alpha_n\rangle \equiv \langle \Phi(0, \alpha_r)|V|\Phi(k_n, \alpha_n)\rangle$$

は，相互作用の大きさを示すパラメーターに関して1次の程度の大きさの量であり，それに対して行列要素

$$\langle k_m, \alpha_m|V|k_n, \alpha_n\rangle \equiv \langle \Phi(k_m, \alpha_m)|V|\Phi(k_n, \alpha_n)\rangle$$

の大きさは，相互作用の大きさに関して2次の程度であるとする．また

$$\langle r|V|r\rangle \equiv \langle \Phi(0, \alpha_r)|V|\Phi(0, \alpha_r)\rangle = 0 \tag{6.10}$$

と仮定する．上の仮定は，相互作用ハミルトニアン V のなかには，光子の生成消滅演算子を1個含む1次の相互作用と，それを2個含む2次の相互作用があることを頭のなかに描いていることにもとづくものである．

上の仮定のもとに，(6.9)の行列要素を近似的に計算しよう．いま，(6.4)をみたす状態 $\Phi(0,\alpha_r)$ はただ1個だけ存在すると仮定すると，(6.9)の行列要素は

$$\begin{aligned}\langle \boldsymbol{k}_f,\alpha_f|T(E_i)|\boldsymbol{k}_i,\alpha_i\rangle &\\ \cong \langle \boldsymbol{k}_f,\alpha_f|V(E_i)|\boldsymbol{k}_i,\alpha_i\rangle &\\ +\langle \boldsymbol{k}_f,\alpha_f|V|r\rangle\frac{1}{E_i-E_r+i\epsilon}\left\langle r\left|\frac{1}{1-VG_0(E_i)}\right|r\right\rangle\langle r|V|\boldsymbol{k}_i,\alpha_i\rangle &\end{aligned} \tag{6.11}$$

と近似される．ここでさらに，次のように近似をする．

$$\begin{aligned}&\left\langle r\left|\frac{1}{1-VG_0(E_i)}\right|r\right\rangle\\ &=\langle r|[1+VG_0(E_i)+VG_0(E_i)VG_0(E_i)+\cdots]|r\rangle\\ &\cong 1+\langle r|VG_0(E_i)V|r\rangle\frac{1}{E_i-E_r+i\epsilon}\\ &\quad+\langle r|VG_0(E_i)V|r\rangle\frac{1}{E_i-E_r+i\epsilon}\langle r|VG_0(E_i)V|r\rangle\frac{1}{E_i-E_r+i\epsilon}\\ &\quad+\cdots.\end{aligned} \tag{6.12}$$

ここで(6.10)の仮定によって，V の奇数次の項からの寄与は0であることを用いた．(6.12)をまとめると

$$\left\langle r\left|\frac{1}{1-VG_0(E_i)}\right|r\right\rangle\cong\left[1-\frac{1}{E_i-E_r+i\epsilon}\langle r|VG_0(E_i)V|r\rangle\right]^{-1} \tag{6.13}$$

である．(6.13)を(6.11)に代入すると，

$$\begin{aligned}\langle \boldsymbol{k}_f,\alpha_f|T(E_i)|\boldsymbol{k}_i,\alpha_i\rangle &=\langle \boldsymbol{k}_f,\alpha_f|V|\boldsymbol{k}_i,\alpha_i\rangle\\ &\quad+\frac{\langle \boldsymbol{k}_f,\alpha_f|V|r\rangle\langle r|V|\boldsymbol{k}_i,\alpha_i\rangle}{E_i-E_r+i\epsilon-\langle r|VG_0(E_i)V|r\rangle}\end{aligned} \tag{6.14}$$

をうる．ここで，初めの状態のエネルギー E_i が，共鳴エネルギー E_r にきわめて近い値をもつときを考えると，

$$\langle r|VG_0(E_i)V|r\rangle\cong\langle r|VG_0(E_r)V|r\rangle \tag{6.15}$$

とすることができる．(6.15)は

$$\frac{1}{x+i\epsilon} = \mathrm{P}\frac{1}{x} - i\pi\delta(x) \tag{6.16}$$

の関係を用いると*)

$$\begin{aligned}\langle r|VG_0(E_r)V|r\rangle &= \left\langle r\middle|V\frac{1}{E_r-H_0+i\epsilon}V\middle|r\right\rangle \\ &= \left\langle r\middle|V\mathrm{P}\frac{1}{E_r-H_0}V\middle|r\right\rangle \\ &\quad -i\pi\langle r|V\delta(E_r-H_0)V|r\rangle\end{aligned} \tag{6.17}$$

と変形される．(6.16)と(6.17)において，Pは Cauchy の主値をとることを意味している．(6.17)に完全系 $\{\Phi(k_n,\alpha_n),\Phi(0,\alpha_r)\}$ を挿入し，(6.10)に注意すると

$$\begin{aligned}\langle r|VG_0(E_r)V|r\rangle &= \mathrm{P}\sum_n\frac{|\langle k_n,\alpha_n|V|r\rangle|^2}{E_r-E_n} \\ &\quad -i\pi\sum_n\delta(E_r-E_n)|\langle k_n,\alpha_n|V|r\rangle|^2\end{aligned} \tag{6.18}$$

---

*) (6.16)の関係は次のようにして示される．(6.16)の左辺を変形すると

$$\frac{1}{x+i\epsilon} = \frac{x}{x^2+\epsilon^2} - \frac{i\epsilon}{x^2+\epsilon^2}$$

となる．右辺の第1項は

$$\lim_{\epsilon\to 0}\frac{x}{x^2+\epsilon^2} = \begin{cases}\dfrac{1}{x} & x \neq 0 \text{ のとき} \\ 0 & x=0 \text{ のとき}\end{cases}$$

である．したがって，原点で特異点をもたない関数 $f(x)$ に対して，

$$\lim_{\epsilon\to 0}\int_{-\infty}^{\infty}\frac{x}{x^2+\epsilon^2}f(x)\mathrm{d}x = \mathrm{P}\int_{-\infty}^{\infty}\frac{f(x)}{x}\mathrm{d}x$$

であり，この極限値は Cauchy の主値にほかならない．右辺の第2項は

$$\lim_{\epsilon\to 0}\frac{\epsilon}{x^2+\epsilon^2} = \begin{cases}0 & x \neq 0 \text{ のとき} \\ \dfrac{1}{\epsilon} = \infty & x=0 \text{ のとき}\end{cases}$$

で，これは原点で発散し，その他の x に対しては0である．つまりデルタ関数的な振舞をする．したがって，

$$\lim_{\epsilon\to 0}\int_{-\infty}^{\infty}\frac{\epsilon}{x^2+\epsilon^2}f(x)\mathrm{d}x = f(0)\lim_{\epsilon\to 0}\int_{-\infty}^{\infty}\frac{\epsilon}{x^2+\epsilon^2}\mathrm{d}x = \pi f(0) = \pi\int_{-\infty}^{\infty}\delta(x)f(x)\mathrm{d}x$$

となる．

となる．右辺の第1項は共鳴状態の固有エネルギーの相互作用 V によるずれを与えるものであり，場の量子論の言葉でいえば，状態 $\Phi(0, \alpha_r)$ にある電子の自己エネルギーにほかならない．そこで

$$\Delta E_r \equiv \mathrm{P}\sum_n \frac{|\langle \boldsymbol{k}_n, \alpha_n|V|r\rangle|^2}{E_r - E_n} \tag{6.19}$$

とおくことにする．右辺の第2項は，(3.1)の転移確率のすべての可能な終状態に対する和

$$\sum_n w_{n,r} = \frac{2\pi}{\hbar}\sum_n \delta(E_n - E_r)|\langle \boldsymbol{k}_n, \alpha_n|V|r\rangle|^2 \tag{6.20}$$

と関係がある．すなわち，(6.20)は共鳴状態 $\Phi(0, \alpha_r)$ が崩壊して，粒子 $\boldsymbol{k}_n$ を放出する単位時間当りの Born 近似における全確率にほかならない．そこで

$$\Gamma_r = \hbar\sum_n w_{n,r} \tag{6.21}$$

とおくと，(6.18)は

$$\langle r|VG_0(E_r)V|r\rangle = \Delta E_r - \frac{i}{2}\Gamma_r \tag{6.22}$$

と書くことができる．これを(6.14)に代入すれば

$$\langle \boldsymbol{k}_f, \alpha_f|T(E_i)|\boldsymbol{k}_i, \alpha_i\rangle = \langle \boldsymbol{k}_f, \alpha_f|V|\boldsymbol{k}_i, \alpha_i\rangle + \frac{\langle \boldsymbol{k}_f, \alpha_f|V|r\rangle\langle r|V|\boldsymbol{k}_i, \alpha_i\rangle}{E_i - (E_r + \Delta E_r) + i\Gamma_r/2} \tag{6.23}$$

となる．ここで(2.80)を利用すると，微分断面積は

$$\sigma(\theta) = \frac{L^6}{(2\pi)^3}\cdot\frac{k_f}{k_i}\cdot\frac{2\pi m^2}{\hbar^4}\left|\langle \boldsymbol{k}_f, \alpha_f|V|\boldsymbol{k}_i, \alpha_i\rangle + \frac{\langle \boldsymbol{k}_f, \alpha_f|V|r\rangle\langle r|V|\boldsymbol{k}_i, \alpha_i\rangle}{E_i - (E_r + \Delta E_r) + i\Gamma_r/2}\right|^2 \tag{6.24}$$

で与えられる．この結果を第3章の(6.59)と比較すると，(6.24)の絶対値のなかの第1項は第3章(6.59)のポテンシャル散乱の項に対応し，また(6.24)の第2項が共鳴散乱を表わすことがわかる．

第5章　3体系の散乱理論

§1　組み替え散乱の理論における問題点

第4章の理論では，体系を記述する全ハミルトニアンは

$$H = H_0 + V \tag{1.1}$$

と分割することができ，その分割の仕方は，散乱の前後を通じて変わらないものと考えてきた．すなわち，$-\infty$の時刻から$+\infty$の時刻まで相互作用はつねに V であり，また，$\pm\infty$の時刻における状態は同一のハミルトニアン H_0 の固有状態 $\Phi_n^{(L)}$ として規定され，それらは完全直交系をつくっているとしていた．ところが，いま例えば，区別できる3個の粒子からなる体系を考え，その系を記述する全ハミルトニアン H が

$$H = K_1 + K_2 + K_3 + V_{12} + V_{23} + V_{31} \tag{1.2}$$

で与えられるような場合になると，話が複雑になって，上に述べたように簡単にはいかなくなる．(1.2)で K_1, K_2 および K_3 は3個の粒子の運動エネルギーを示し，また V_{ij} は i 番目の粒子と j 番目の粒子の間の相互作用ポテンシャルを表わすものである．

いま，初めの状態では，粒子1と粒子2とが相互作用 V_{12} によって束縛状態をつくっていて，これに粒子3が衝突するとする．このとき，(1.2)は

$$H = [(K_1 + K_2 + V_{12}) + K_3] + [V_{23} + V_{31}] \tag{1.3}$$

と分解され，初めの状態は

$$[(K_1 + K_2 + V_{12}) + K_3]\Phi_i^{(L)} = E_i\Phi_i^{(L)} \tag{1.4}$$

の固有状態 $\Phi_i^{(L)}$ で与えられる．一方，終りの状態は，例えば粒子1が自由粒子として散乱され，粒子2と粒子3とが相互作用

V_{23} によって束縛状態をつくって散乱される状態であるとすると，ハミルトニアン H は

$$H = [K_1 + (K_2 + K_3 + V_{23})] + [V_{12} + V_{31}] \tag{1.5}$$

と分解され，終状態 $\Phi_f^{(L)}$ は

$$[K_1 + (K_2 + K_3 + V_{23})]\Phi_f^{(L)} = E_f \Phi_f^{(L)} \tag{1.6}$$

で与えられることになる．このように，散乱の前後で，状態を規定するハミルトニアンが変化している散乱を，一般に**組み替え散乱**(rearrangement scattering)という．すなわち，3体以上の体系では，ハミルトニアン H は

$$H = H_{\rm a} + V_{\rm a} = H_{\rm b} + V_{\rm b} = H_{\rm c} + V_{\rm c} = \cdots \tag{1.7}$$

と，いろいろな分割法が可能であり，それにともなって，初めと終りの状態は $H_{\rm a}, H_{\rm b}, H_{\rm c}, \cdots$ の固有状態として規定することができる．

上に述べたような体系に対しては，第4章の理論はどのように修正されるであろうか．ここで，これまで一般におこなわれてきた理論の概要を説明しておこう．さて，初めの状態 $\Phi_{\rm a}^{(L)}$ が

$$H_{\rm a}\Phi_{\rm a}^{(L)} = E_{\rm a}\Phi_{\rm a}^{(L)} \tag{1.8}$$

の固有状態として決められたとき，全体系の Schrödinger の方程式は

$$(E_{\rm a} - H_{\rm a})\Psi_{\rm a}^{(+)} = V_{\rm a}\Psi_{\rm a}^{(+)} \tag{1.9}$$

で与えられる．この微分方程式を外向きの球面波をもつ漸近条件のもとに，積分方程式に直すと

$$\Psi_{\rm a}^{(+)} = \Phi_{\rm a}^{(L)} + \frac{1}{E_{\rm a} - H_{\rm a} + i\epsilon} V_{\rm a}\Psi_{\rm a}^{(+)} \tag{1.10}$$

となる．同様に，終りの状態 $\Phi_{\rm b}^{(L)}$ が

$$H_{\rm b}\Phi_{\rm b}^{(L)} = E_{\rm b}\Phi_{\rm b}^{(L)} \tag{1.11}$$

の解として決められるとすると，

$$\Psi_b^{(-)} = \Phi_b^{(L)} + \frac{1}{E_b - H_b - i\epsilon} V_b \Psi_b^{(-)} \tag{1.12}$$

をうる．(1.10)および(1.12)の積分方程式の形式解は，第2章(2.28)の公式を利用することにより

$$\Psi_a^{(+)} = \Phi_a^{(L)} + \frac{1}{E_a - H + i\epsilon} V_a \Phi_a^{(L)} \tag{1.13}$$

および

$$\Psi_b^{(-)} = \Phi_b^{(L)} + \frac{1}{E_b - H - i\epsilon} V_b \Phi_b^{(L)} \tag{1.14}$$

で与えられる．

さて，(1.13)で添字aをbと書きかえ，それを(1.14)から引くことにより

$$\begin{aligned}\Psi_b^{(-)} - \Psi_b^{(+)} &= \left[\frac{1}{E_b - H - i\epsilon} - \frac{1}{E_b - H + i\epsilon}\right] V_b \Phi_b^{(L)} \\ &= \frac{2i\epsilon}{(E_b - H)^2 + \epsilon^2} V_b \Phi_b^{(L)} \\ &= 2\pi i \delta(E_b - H) V_b \Phi_q^{(L)} \end{aligned} \tag{1.15}$$

をうる．ここで，第4章(2.62)のS行列の表式を拡張して，組み替え散乱におけるS行列を

$$S_{b,a} \equiv \langle \Psi_b^{(-)} | \Psi_a^{(+)} \rangle \tag{1.16}$$

で定義する．(1.15)を(1.16)に代入し，$\Psi_b^{(-)}$を消去すると

$$\begin{aligned} S_{b,a} &= \langle \Psi_b^{(+)} + 2\pi i \delta(E_b - H) V_b \Phi_b^{(L)} | \Psi_a^{(+)} \rangle \\ &= \langle \Psi_b^{(+)} | \Psi_a^{(+)} \rangle - 2\pi i \langle \Phi_b^{(L)} | V_b \delta(E_b - H) | \Psi_a^{(+)} \rangle \\ &= \delta_{a,b} - 2\pi i \delta(E_b - E_a) \langle \Phi_b^{(L)} | V_b | \Psi_a^{(+)} \rangle \end{aligned} \tag{1.17}$$

をうる．これが第4章(2.61)の表式の一般化である．あるいは，(1.15)でbをaに変え，(1.16)から$\Psi_a^{(+)}$を消去すれば

$$S_{b,a} = \delta_{a,b} - 2\pi i \delta(E_b - E_a) \langle \Psi_b^{(-)} | V_a | \Phi_a^{(L)} \rangle \tag{1.18}$$

と表わすこともできる．

以上がこれまでの理論の骨子である．そこで上の理論における問題点をあげよう．まず，その第1点は，(1.17)において

$$\langle \Psi_{\mathrm{b}}^{(\pm)} | \Psi_{\mathrm{a}}^{(\pm)} \rangle = \delta_{\mathrm{b,a}} \tag{1.19}$$

としたことである．この直交・規格化性は本当だろうか．第4章の(2.44)では$L\to\infty$の極限で

$$\langle \Psi_i^{(\pm)} | \Psi_j^{(\pm)} \rangle = \langle \Phi_i^{(L)} | \Phi_j^{(L)} \rangle = \delta_{i,j} \tag{1.20}$$

が成立することが証明され，この関係にもとづいて，S行列のユニタリティーや光学定理などが証明されたのである．このとき，$\Phi_i^{(L)}$と$\Phi_j^{(L)}$とはともにハミルトニアンH_0の固有関数であり，したがって，(1.20)の2番目の等号は当然成立した．しかし，いまの場合には，$\Phi_{\mathrm{a}}^{(L)}$はH_{a}の固有関数であり，一方$\Phi_{\mathrm{b}}^{(L)}$はH_{b}の固有関数である．そして一般に異なるハミルトニアンの固有関数は直交することはない．すなわち，いまの場合，(1.20)と異なり

$$\langle \Phi_{\mathrm{b}}^{(L)} | \Phi_{\mathrm{a}}^{(L)} \rangle \neq \delta_{\mathrm{b,a}} \tag{1.21}$$

である．それにもかかわらず(1.19)が成立していると主張できるのはなぜなのであろうか．物理的観点からみれば，(1.19)は正しいはずである．なぜなら，たとえば終状態$\Phi_{\mathrm{a}}^{(L)}$が自由粒子1と2個の粒子2と3の束縛状態からなる状態であり，一方，終状態$\Phi_{\mathrm{b}}^{(L)}$が相互作用なしにばらばらになっている3個の粒子を表わす状態であるとしたとき，これらの二つの状態は明らかに実験的に区別して観測することができ，したがって，これらの終状態をもたらす散乱状態は直交しているはずだからである．それでは，第4章，§2の(3)の方法をそのままこの場合に適用することによって，(1.19)を証明できるであろうか．(1.13)は次のように書きかえられる．すなわち

$$\Psi_a^{(+)} = \left[1+\frac{1}{E_a-H+i\epsilon}(H-H_a)\right]\Phi_a^{(L)}$$
$$=\frac{i\epsilon}{E_a-H+i\epsilon}\Phi_a^{(L)}. \tag{1.22}$$

これを用いると，第4章(2.36)の計算とまったく同様に

$$\langle\Psi_b^{(+)}|\Psi_a^{(+)}\rangle = \frac{i\epsilon}{E_a-E_b+i2\epsilon}[\langle\Psi_b^{(+)}|\Phi_a^{(L)}\rangle+\langle\Phi_b^{(L)}|\Psi_a^{(+)}\rangle] \tag{1.23}$$

をうる．この右辺に(1.13)の Lippmann-Schwinger の方程式の解を代入すると

$$\langle\Psi_b^{(+)}|\Psi_a^{(+)}\rangle = \frac{i\epsilon}{E_a-E_b+2i\epsilon}\left\{2\langle\Phi_b^{(L)}|\Phi_a^{(L)}\rangle + \left\langle\Phi_b^{(L)}\left|\frac{1}{E_a-H+i\epsilon}V_a\right|\Phi_a^{(L)}\right\rangle + \left\langle\Phi_b^{(L)}\left|V_b\frac{1}{E_b-H-i\epsilon}\right|\Phi_a^{(L)}\right\rangle\right\} \tag{1.24}$$

となる．さて，第4章，§2の(3)における散乱状態の直交・規格化性の証明でもっとも本質的なことは，第4章(2.43)にあるように，その右辺の第1項の $\delta_{i,j}$ に比較して，残りの項は L^{-1} に関して高次であり，したがって $L\to\infty$ の極限で残りの項は消えるということであった．(1.24)では，右辺の第1項に比較して，その第2項以下は L^{-1} に関して高次になっているであろうか．このことを具体的に調べるために，次のような簡単な例を考えてみる．すなわち，図5.1に示すように，第3の粒子の質量が無限に大きく静止しているとする．座標原点を粒子3の位置にとると，この体系のハミルトニアン H は

$$H = K_1+K_2+V_1(\boldsymbol{r}_1)+V_2(\boldsymbol{r}_2)+V_{12}(\boldsymbol{r}_1-\boldsymbol{r}_2) \tag{1.25}$$

で表わされる．このとき，ポテンシャルはすべて体積 a^3 の程度の領域に拡がっているものとする．さて，状態 $\Phi_a^{(L)}$ は，自由粒

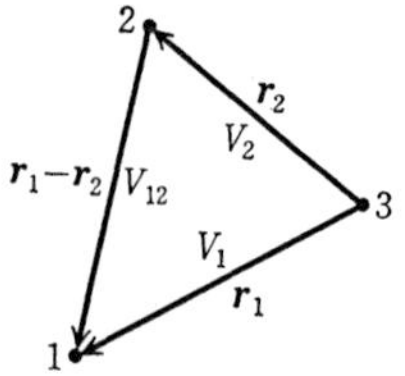

図 5.1　粒子 3 が静止する 3 体系

子 1 と，相互作用 V_2 によって原点 3 に束縛されている粒子 2 を表わすものとする．このとき，H は

$$H_a = K_1 + (K_2 + V_2), \qquad V_a = V_1 + V_{12} \tag{1.26}$$

と分解され，波動関数 $\Phi_a^{(L)}$ は

$$\Phi_a^{(L)} = \frac{1}{\sqrt{L^3}} \exp(i\boldsymbol{k}_1 \cdot \boldsymbol{r}_1) \phi^B(\boldsymbol{r}_2) \tag{1.27}$$

で表わされる．ここで $\phi^B(\boldsymbol{r}_2)$ は粒子 2 の束縛状態の波動関数で，それは大よそポテンシャルの存在する領域 a^3 の範囲に拡がっていて，大体 $|\phi^B|^2 a^3 = 1$ で規格化されている．次に状態 $\Phi_b^{(L)}$ では，粒子 1 も粒子 2 も原点 3 から遠く離れ，またたがいに遠く離れているとする．このとき H は

$$H_b = K_1 + K_2, \qquad V_b = V_1 + V_2 + V_{12} \tag{1.28}$$

と分解され，波動関数 $\Phi_b^{(L)}$ は

$$\Phi_b^{(L)} = \frac{1}{\sqrt{L^3}} \exp(i\boldsymbol{k}_1 \cdot \boldsymbol{r}_1) \cdot \frac{1}{\sqrt{L^3}} \exp(i\boldsymbol{k}_2 \cdot \boldsymbol{r}_2) \tag{1.29}$$

で表わされる．さて，このとき (1.27) と (1.29) より

$$\langle \Phi_b^{(L)} | \Phi_a^{(L)} \rangle \sim \frac{1}{\sqrt{L^3}} \int \mathrm{d}^3 \boldsymbol{r}_2 \exp(-i\boldsymbol{k}_2 \cdot \boldsymbol{r}_2) \phi^B(\boldsymbol{r}_2) \sim \sqrt{\frac{a^3}{L^3}} \tag{1.30}$$

である．一方，たとえば (1.24) の右辺の第 3 項は

$$\left\langle \Phi_b^{(L)} \middle| V_b \frac{1}{E_b - H_a - i\epsilon} \left(1 + V_a \frac{1}{E_b - H - i\epsilon} \right) \middle| \Phi_a^{(L)} \right\rangle$$

と変形される．さて，この第 1 項を考え，相互作用 V_b のうちの

V_2をとると，$E_a=E_b$のとき

$$\left\langle \Phi_b^{(L)} \middle| V_2 \frac{1}{E_b-H_a-i\epsilon} \middle| \Phi_a^{(L)} \right\rangle = \frac{i}{\epsilon}\langle \Phi_b^{(L)} | V_2 | \Phi_a^{(L)} \rangle$$
$$= \frac{i}{\epsilon}\frac{1}{\sqrt{L^3}}\int \mathrm{d}^3\boldsymbol{r}_2 \exp(-i\boldsymbol{k}_2\cdot\boldsymbol{r}_2) V_2(\boldsymbol{r}_2)\phi^{\mathrm{B}}(\boldsymbol{r}_2) \sim \frac{V_0}{\epsilon}\sqrt{\frac{a^3}{L^3}} \tag{1.31}$$

となる．ここでV_0はV_2の深さを示す量である．$\epsilon=\hbar v_0/L$の関係を考慮すると，(1.31)はL^{-1}に関して(1.30)よりも低い次数の項である．すなわち，(1.24)の右辺の第3項の中には，第1項よりもL^{-1}に関して低次の項が含まれていることは確かである．さらに，(1.24)の第3項の残りの項からの寄与を考慮すれば，問題はより深刻になる．したがって，第4章，§2の(3)の方法を上述の組み替え散乱の理論に適用したのでは，(1.20)を証明することはできない．これが問題の第1点である．

問題の第2点は，(1.10)の Lippmann-Schwinger の方程式に関する疑問である．いま体系を構成する粒子の位置変数をまとめて$\boldsymbol{\xi}$と書くことにしよう．3体系の場合には，それは$\boldsymbol{r}_1, \boldsymbol{r}_2$および$\boldsymbol{r}_3$を表わしている．このとき，(1.10)の方程式は次のように変形することができる．すなわち

$$\begin{aligned}\Psi_a^{(+)}(\boldsymbol{\xi}) &= \Phi_a^{(L)}(\boldsymbol{\xi}) + \frac{1}{E_a-H_a+i\epsilon}V_a(\boldsymbol{\xi})\Psi_a^{(+)}(\boldsymbol{\xi})\\ &= \Phi_a^{(L)}(\boldsymbol{\xi}) + \frac{1}{E_a-H_a+i\epsilon}\int \delta(\boldsymbol{\xi}-\boldsymbol{\xi}')V_a(\boldsymbol{\xi}')\Psi_a^{(+)}(\boldsymbol{\xi}')\mathrm{d}\boldsymbol{\xi}'\\ &= \Phi_a^{(L)}(\boldsymbol{\xi}) + \frac{1}{E_a-H_a+i\epsilon}\int \sum_{a'}\Phi_{a'}^{(L)}(\boldsymbol{\xi})\Phi_{a'}^{(L)*}(\boldsymbol{\xi}')\\ &\qquad\times V_a(\boldsymbol{\xi}')\Psi_a^{(+)}(\boldsymbol{\xi}')\mathrm{d}\boldsymbol{\xi}'\\ &= \Phi_a^{(L)}(\boldsymbol{\xi}) + \int \mathrm{d}\boldsymbol{\xi}'\sum_{a'}\frac{\Phi_{a'}^{(L)}(\boldsymbol{\xi})\Phi_{a'}^{(L)*}(\boldsymbol{\xi}')}{E_a-E_{a'}+i\epsilon}V_a(\boldsymbol{\xi}')\Psi_a^{(+)}(\boldsymbol{\xi}')\end{aligned} \tag{1.32}$$

となる．ここで3番目の等号では，H_aの固有関数の完全系$\{\Phi_{a'}^{(L)}\}$を挿入した．(1.32)の最後の表式から，この積分方程式から現われる散乱振幅のタイプは

$$\langle\Phi_{a'}^{(L)}|V_a|\Psi_a^{(+)}\rangle \tag{1.33}$$

のものに限られ，終状態として許されるのは，H_aの固有状態だけであることがわかる．すなわち，H_aが(1.4)のように，相互作用としてV_{12}のみを含むときには，終状態としては，粒子1と粒子2の束縛状態と，それらのV_{12}による散乱状態だけが許され，粒子1(あるいは粒子2)と粒子3との束縛状態などは決して現われない．しかし，積分方程式が物理的に可能なあらゆる終状態への転移を正しく記述しているならば，粒子1(あるいは粒子2)と粒子3の束縛状態も当然終状態として現われるべきである．すなわち，(1.10)の Lippmann-Schwinger の方程式は，散乱状態の漸近的境界条件を正しく反映していないのである．

(1.10)が積分方程式として不完全なことは，次の事実からも示される．いま二つの積分方程式

$$\Psi_a^{(+)} = \Phi_a^{(L)} + \frac{1}{E_i - H_a + i\epsilon} V_a \Psi_a^{(+)}, \tag{1.34}$$

$$\Psi_b^{(+)} = \Phi_b^{(L)} + \frac{1}{E_i - H_b + i\epsilon} V_b \Psi_b^{(+)} \tag{1.35}$$

を考え，(1.35)の形式解

$$\Psi_b^{(+)} = \Phi_b^{(L)} + \frac{1}{E_i - H + i\epsilon} V_b \Phi_b^{(L)}$$

を，恒等式

$$\frac{1}{E_i - H + i\epsilon} = \frac{1}{E_i - H_a + i\epsilon}\left[1 + V_a \frac{1}{E_i - H + i\epsilon}\right]$$

をつかって，次のように変形する．

$$\Psi_b^{(+)}=\Phi_b^{(L)}+\frac{1}{E_i-H_a+i\epsilon}\left[1+V_a\frac{1}{E_i-H+i\epsilon}\right]V_b\Phi_b^{(L)}$$

$$=\Phi_b^{(L)}+\frac{1}{E_i-H_a+i\epsilon}V_b\Phi_b^{(L)}$$

$$+\frac{1}{E_i-H_a+i\epsilon}V_a[\Psi_b^{(+)}-\Phi_b^{(L)}]$$

$$=\frac{i\epsilon}{E_i-H_a+i\epsilon}\Phi_b^{(L)}+\frac{1}{E_i-H_a+i\epsilon}V_a\Psi_b^{(+)}. \qquad (1.36)$$

ここで，一般に $a\neq b$ のとき，$\epsilon\to 0$ の極限で，(1.36)の最後の表式の第1項は0であることが証明できるのである．したがって，(1.36)は斉次の積分方程式

$$\Psi_b^{(+)}=\frac{1}{E_i-H_a+i\epsilon}V_a\Psi_b^{(+)} \qquad (1.37)$$

になる．そこで(1.34)の解 $\Psi_a^{(+)}$ に，(1.37)の解 $\Psi_b^{(+)}$ を加えて

$$\Psi_a^{(+)}+\beta\Psi_b^{(+)} \qquad (1.38)$$

をつくると，これもまた(1.34)の解になっている．ここで β は任意の定数である．つまり，(1.34)の解は一義的に決まらないということである．積分方程式というものは，微分方程式に境界条件を与えたものと同じものであるから，本来その解は一義的に決まるはずのものである．ところがそうでないということは，(1.34)は積分方程式として，数学的に無意味であるということを示している．なぜこんなことになったのか，その理由は後に明らかになるであろう．

上述のように，これまでの形式的な組み替え散乱の理論には，不明確な点が多く含まれていて，その理論は，どうみても不完全である．そこで，話を3体系に限って，上のような矛盾や不明確さのない組み替え散乱の理論を再構成することにしよう．

§2 V座標系における理論

前節でその概要を説明した組み替え散乱の理論における困難の第1点，つまり，散乱状態の直交性の問題から考えることにしよう．いま3体系を考え，初め(あるいは終り)の状態で，粒子1が自由に運動し，粒子2と粒子3とが束縛状態をつくって運動しているとき，この状態を

$$1+(2+3)$$

と表わし，また3個の粒子がばらばらになって自由に運動しているとき，この状態を

$$1+2+3$$

と表わすものとする．これらの初め(あるいは終り)の状態は実験的に区別して観測することのできる異なる状態であり，したがって，それぞれが別種の散乱過程を記述するものと考えて，これらを**チャンネル**(channel)とよぶことにする．すると3体系で可能なチャンネルは，次の4種である．

$$\begin{aligned}&\text{チャンネル A};\ 1+(2+3), \quad \text{チャンネル B};\ 2+(1+3)\\ &\text{チャンネル C};\ 1+2+3, \quad \text{チャンネル D};\ (1+2)+3.\end{aligned} \tag{2.1}$$

3個の粒子全体の束縛状態(1+2+3)は，散乱の初めの状態としてとりえないし，また終りの状態としても，エネルギー保存則と運動量保存則によって許されない．

束縛状態(2+3)の波動関数は，その重心の運動を除けば，それらの粒子の相対座標 $\boldsymbol{r}_{23}$ の関数として，$\varphi^{\mathrm{B}}(\boldsymbol{r}_{23})$ で表わされる．一方，粒子2と粒子3が自由に運動しているときには，その相対運動は平面波 $L^{-3/2}\exp[i\boldsymbol{k}_{23}\cdot\boldsymbol{r}_{23}]$ で表わされる．波動関数 $\varphi^{\mathrm{B}}(\boldsymbol{r}_{23})$ には明らかに相互作用 V_{23} の効果がはいっており，後者の平面波にはその影響は含まれていない．そのために，これらの二つの状態は直交しないわけである．そこで後者の状態として，平面波のか

わりに，相互作用 V_{23} による散乱状態 $\varphi^{(\pm)}(\boldsymbol{r}_{23})$ をとれば，これは前者の波動関数 $\varphi^{\mathrm{B}}(\boldsymbol{r}_{23})$ と直交する．なぜなら，同一のハミルトニアンの束縛状態と散乱状態とは，それらのエネルギー固有値の相違により直交するからである．つまり，§1の理論では，各チャンネルにおける相互作用のとりいれ方に不公平があるわけであり，このことが理論に混乱をもたらしているものと考えられる．そこで相互作用の取り扱い方について，できる限り公平を期すように理論を再構成することにする．そのために，次に述べるような座標系を導入し，その座標系でものを考えることにする．

(1) V座標系と漸近状態

いま，粒子3の位置を基準点にとり，粒子1と粒子2の運動を，粒子3からみて記述する座標系を考え，これをV座標系ということにする．すなわち，図5.2に示されているように，原点Oからみた3個の粒子の位置座標 $\boldsymbol{r}_1, \boldsymbol{r}_2, \boldsymbol{r}_3$ のかわりに，$\boldsymbol{r}_{\mathrm{G}}, \boldsymbol{r}_{13}$ および $\boldsymbol{r}_{23}$ を用いる．ここで $\boldsymbol{r}_{\mathrm{G}}, \boldsymbol{r}_{13}, \boldsymbol{r}_{23}$ は，それぞれ

$$\boldsymbol{r}_{\mathrm{G}} = \frac{m_1\boldsymbol{r}_1+m_2\boldsymbol{r}_2+m_3\boldsymbol{r}_3}{M}; \quad M = m_1+m_2+m_3, \qquad (2.2)$$
$$\boldsymbol{r}_{13} = \boldsymbol{r}_1-\boldsymbol{r}_3, \quad \boldsymbol{r}_{23} = \boldsymbol{r}_2-\boldsymbol{r}_3$$

で与えられ，$\boldsymbol{r}_{\mathrm{G}}$ は3体系の重心，$\boldsymbol{r}_{13}$ と $\boldsymbol{r}_{23}$ とはそれぞれ粒子3からみた粒子1および粒子2の相対座標である．なおここでは基準点として，粒子3の位置をとったが，これは粒子1の位置でも粒

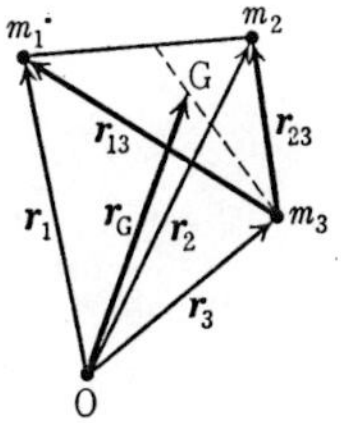

図 5.2 V 座標系

子2の位置でもかまわない．さて，$\boldsymbol{r}_1, \boldsymbol{r}_2, \boldsymbol{r}_3$ に対する正準運動量 $\boldsymbol{p}_1, \boldsymbol{p}_2, \boldsymbol{p}_3$ と，$\boldsymbol{r}_G, \boldsymbol{r}_{13}, \boldsymbol{r}_{23}$ に対する正準運動量 $\boldsymbol{p}_G, \boldsymbol{p}_{13}, \boldsymbol{p}_{23}$ との関係は

$$\begin{aligned} \boldsymbol{p}_G &= \boldsymbol{p}_1 + \boldsymbol{p}_2 + \boldsymbol{p}_3, \\ \boldsymbol{p}_{13} &= \frac{m_2+m_3}{M}\boldsymbol{p}_1 - \frac{m_1}{M}\boldsymbol{p}_2 - \frac{m_1}{M}\boldsymbol{p}_3, \\ \boldsymbol{p}_{23} &= \frac{m_1+m_3}{M}\boldsymbol{p}_2 - \frac{m_2}{M}\boldsymbol{p}_1 - \frac{m_2}{M}\boldsymbol{p}_3 \end{aligned} \tag{2.3}$$

で与えられる．この関係は，第2章§1の方法を用いれば容易に導くことができる．そこで3体系の全ハミルトニアン

$$\begin{aligned} \overline{H} = &\frac{1}{2m_1}\boldsymbol{p}_1^2 + \frac{1}{2m_2}\boldsymbol{p}_2^2 + \frac{1}{2m_3}\boldsymbol{p}_3^2 \\ &+ V_{13}(\boldsymbol{r}_{13}) + V_{23}(\boldsymbol{r}_{23}) + V_{12}(\boldsymbol{r}_{12}) \end{aligned} \tag{2.4}$$

に(2.3)を代入すると

$$\begin{aligned} \overline{H} = &\frac{1}{2M}\boldsymbol{p}_G^2 + \frac{1}{2\mu_{13}}\boldsymbol{p}_{13}^2 + \frac{1}{2\mu_{23}}\boldsymbol{p}_{23}^2 + \frac{1}{m_3}\boldsymbol{p}_{13}\cdot\boldsymbol{p}_2 \\ &+ V_{13}(\boldsymbol{r}_{13}) + V_{23}(\boldsymbol{r}_{23}) + V_{12}(\boldsymbol{r}_{12}) \end{aligned} \tag{2.5}$$

をうる．ここで，$\boldsymbol{r}_{12} \equiv \boldsymbol{r}_{13} - \boldsymbol{r}_{23}$ であり，また

$$\mu_{13} = \frac{m_1 m_3}{m_1+m_3}, \qquad \mu_{23} = \frac{m_2 m_3}{m_2+m_3} \tag{2.6}$$

である．(2.5)の第1項は全系の重心の運動エネルギーを表わしているので，これを分離して除いたものを

$$H_c = \left[\frac{1}{2\mu_{13}}\boldsymbol{p}_{13}^2 + V_{13}\right] + \left[\frac{1}{2\mu_{23}}\boldsymbol{p}_{23}^2 + V_{23}\right] + \left[V_{12} + \frac{1}{m_3}\boldsymbol{p}_{13}\cdot\boldsymbol{p}_{23}\right] \tag{2.7}$$

と書くことにする．(2.7)の第1項と第2項とは，それぞれ粒子3に対する粒子1および2の相対運動を表わす項であり，残りの第3項は粒子1と粒子2との間の相互作用を与える項である．第3項の中の $m_3^{-1}\boldsymbol{p}_{13}\cdot\boldsymbol{p}_{23}$ の項は，粒子1と粒子2の粒子3を通しての

間接的な相互作用を表わしている．すなわち，粒子１と粒子２の間の直接の相互作用 V_{12} がなくても，粒子１が粒子３に衝突することによって，粒子３の運動に変化を与え，この運動の変化が粒子２の運動に影響をおよぼすことによって，粒子１と粒子２の間に間接的に相互作用がはたらく．相互作用 $m_3^{-1}\boldsymbol{p}_{13}\cdot\boldsymbol{p}_{23}$ はこの効果を与えるものである．したがって，この間接的相互作用は $m_3\to\infty$ のとき消えるべきものであるが，この相互作用はたしかにそうなっている．しかし，散乱の理論においては，これをポテンシャルと同列の相互作用とみなすことはできない．なぜなら，この相互作用はポテンシャルとちがって，３個の粒子がたがいに遠く離れても消えないからである．

そこで，この相互作用を消去するために，ユニタリー変換

$$
\begin{aligned}
\bar{\boldsymbol{r}}_{13} &\equiv \exp(iX)\boldsymbol{r}_{13}\exp(-iX) = \boldsymbol{r}_{13}\cosh\alpha+\boldsymbol{r}_{23}\sinh\alpha,\\
\bar{\boldsymbol{r}}_{23} &\equiv \exp(iX)\boldsymbol{r}_{23}\exp(-iX) = \boldsymbol{r}_{23}\cosh\alpha+\boldsymbol{r}_{13}\sinh\alpha,\\
\bar{\boldsymbol{p}}_{13} &\equiv \exp(iX)\boldsymbol{p}_{13}\exp(-iX) = \boldsymbol{p}_{13}\cosh\alpha-\boldsymbol{p}_{23}\sinh\alpha,\\
\bar{\boldsymbol{p}}_{23} &\equiv \exp(iX)\boldsymbol{p}_{23}\exp(-iX) = \boldsymbol{p}_{23}\cosh\alpha-\boldsymbol{p}_{13}\sinh\alpha,\\
\bar{\boldsymbol{p}}_{\mathrm{G}} &\equiv \exp(iX)\boldsymbol{p}_{\mathrm{G}}\exp(-iX) = \boldsymbol{p}_{\mathrm{G}}.
\end{aligned}
\tag{2.8}
$$

をおこなう．ここで演算子 X は

$$
X=\alpha(\boldsymbol{p}_{13}\cdot\boldsymbol{r}_{23}+\boldsymbol{p}_{23}\cdot\boldsymbol{r}_{13}) \tag{2.9}
$$

であり，定数 α は

$$
\tanh 2\alpha = 2\frac{\mu_{13}\mu_{23}}{m_3(\mu_{13}+\mu_{23})}<1 \tag{2.10}
$$

で与えられる．(2.8)の変換によって，(2.7)は

$$
\begin{aligned}
H &\equiv \exp(iX)H_c\exp(-iX)\\
&=\frac{1}{2\bar{\mu}_{13}}\boldsymbol{p}_{13}^{\ 2}+\frac{1}{2\bar{\mu}_{23}}\boldsymbol{p}_{23}^{\ 2}+V_{13}(\bar{\boldsymbol{r}}_{13})+V_{23}(\bar{\boldsymbol{r}}_{23})+V_{12}(\bar{\boldsymbol{r}}_{12})
\end{aligned}
\tag{2.11}
$$

となる．ここで

$$\begin{aligned}\frac{1}{\bar{\mu}_{13}} &= \frac{1}{m_1}\cosh^2\alpha+\frac{1}{m_2}\sinh^2\alpha+\frac{1}{m_3}(\cosh\alpha-\sinh\alpha)^2,\\ \frac{1}{\bar{\mu}_{23}} &= \frac{1}{m_1}\sinh^2\alpha+\frac{1}{m_2}\cosh^2\alpha+\frac{1}{m_3}(\cosh\alpha-\sinh\alpha)^2\end{aligned}\tag{2.12}$$

であり，また

$$\bar{\boldsymbol{r}}_{12} \equiv \bar{\boldsymbol{r}}_{13}-\bar{\boldsymbol{r}}_{23} = \mathrm{e}^{-\alpha}\boldsymbol{r}_{12}\tag{2.13}$$

である．(2.11)のハミルトニアン H は(2.7)のそれとちがって，相互作用の部分はみな粒子間の距離が大きくなると消えるので，これにもとづいて散乱理論を構成することが可能である．さて，(2.11)において

$$H = H_0+W\tag{2.14}$$

と分割する．ここで

$$\begin{aligned}H_0 &= [K_{13}+V_{13}]+[K_{23}+V_{23}],\\ W &= [\bar{V}_{13}-V_{13}]+[\bar{V}_{23}-V_{23}]+\bar{V}_{12}\end{aligned}\tag{2.15}$$

であり，また

$$\begin{aligned}K_{13} &\equiv \frac{1}{2\bar{\mu}_{13}}\boldsymbol{p}_{13}{}^2, \qquad K_{23} \equiv \frac{1}{2\bar{\mu}_{23}}\boldsymbol{p}_{23}{}^2,\\ V_{13} &\equiv V_{13}(\boldsymbol{r}_{13}), \qquad V_{23} \equiv V_{23}(\boldsymbol{r}_{23}),\\ \bar{V}_{13} &\equiv V_{13}(\bar{\boldsymbol{r}}_{13}) = V_{13}(\boldsymbol{r}_{13}\cosh\alpha+\boldsymbol{r}_{23}\sinh\alpha),\\ \bar{V}_{23} &\equiv V_{23}(\bar{\boldsymbol{r}}_{23}) = V_{23}(\boldsymbol{r}_{23}\cosh\alpha+\boldsymbol{r}_{13}\sinh\alpha)\\ \bar{V}_{12} &\equiv V_{12}(\bar{\boldsymbol{r}}_{12}) = V_{12}(\mathrm{e}^{-\alpha}\boldsymbol{r}_{12})\end{aligned}\tag{2.16}$$

である．

上に導いたハミルトニアン(2.14)によって，±∞の時刻における状態を(2.15)の H_0 の固有関数で規定し，相互作用 W が散乱をひきおこすと考えれば，散乱の理論を第2章の理論とほとんど平行的に構成することができるであろう．(2.15)の自由ハミルトニアン H_0 の固有状態を，以下では**漸近状態**(asymptotic state)とよぶことにする．散乱のチャンネルは，この漸近状態によって指定

することができ，このとき(2.1)のかわりに次のように表わすことができる．

$$\text{チャンネル A;}\quad \underbrace{1+(3}_{s}+2),\quad \text{チャンネル B;}\quad \underbrace{2+(3}_{s}+1)$$
$$\text{チャンネル C;}\quad \underbrace{1+3}_{s}\underbrace{+2}_{s},\quad \text{チャンネル D;}\quad (\underline{1+2})\underbrace{+3}_{s}. \tag{2.17}$$

ここでたとえば(3+2)は前と同様に相互作用 V_{23} による束縛状態を表わし，また $\underbrace{1+3}_{s}$ は粒子1の相互作用 V_{13} による粒子3に相対的な散乱状態を表わしている．

チャンネルAの漸近状態 $\varphi_{A,n}{}^{(\pm)}$ は，(2.15)の H_0 と(2.17)から

$$\varphi_{A,n}{}^{(\pm)} = \varphi_{13}{}^{(\pm)}(E_n-\mathcal{E})\cdot\varphi_{23}{}^{B}(\mathcal{E}) \tag{2.18}$$

で表わされる．ここで $\varphi_{23}{}^{B}(\mathcal{E})$ はポテンシャル V_{23} による束縛状態で

$$(K_{23}+V_{23})\varphi_{23}{}^{B}(\mathcal{E}) = \mathcal{E}\varphi_{23}{}^{B}(\mathcal{E}),\quad \mathcal{E}<0 \tag{2.19}$$

の解として与えられ，一方散乱状態 $\varphi_{13}{}^{(\pm)}(E)$ は

$$\varphi_{13}{}^{(\pm)}(E) = \left[1+\frac{1}{E-(K_{13}+V_{13})\pm i\epsilon}V_{13}\right]u_{13}{}^{(L)}(E),\qquad E>0 \tag{2.20}$$

で与えられる．ここで $u_{13}{}^{(L)}(E)$ は

$$K_{13}u_{13}{}^{(L)}(E) = Eu_{13}{}^{(L)}(E) \tag{2.21}$$

をみたす平面波で

$$u_{13}{}^{(L)}(E) = \frac{1}{\sqrt{L^3}}\exp(i\boldsymbol{k}\cdot\boldsymbol{r}_{13}) \tag{2.22}$$

である．こうしてつくった(2.18)の波動関数は，もちろん

$$H_0\varphi_{A,n}{}^{(\pm)} = E_n\varphi_{A,n}{}^{(\pm)} \tag{2.23}$$

のチャンネルAに属する固有関数になっている．同様にして，チャンネルBおよびCの漸近状態は

$$\begin{aligned}\varphi_{B,n}{}^{(\pm)} &= \varphi_{13}{}^{B}(\mathcal{E})\cdot\varphi_{23}{}^{(\pm)}(E_n-\mathcal{E}),\\ \varphi_{C,n}{}^{(\pm)} &= \varphi_{13}{}^{(\pm)}(E)\cdot\varphi_{23}{}^{(\pm)}(E_n-E)\end{aligned} \tag{2.24}$$

で表わされる．

さて，上の漸近状態を構成している波動関数 $\varphi_{13}{}^{\mathrm{B}}$ および $\varphi_{13}{}^{(\pm)}$ は，それぞれポテンシャル V_{13} による1体問題における束縛状態と散乱状態である．したがって，束縛状態の固有関数 $\varphi_{13}{}^{\mathrm{B}}$ の異なる固有値に属するものはたがいに直交し，また束縛状態 $\varphi_{13}{}^{\mathrm{B}}$ と散乱状態 $\varphi_{13}{}^{(\pm)}$ とは，それらのエネルギー固有値の相違により直交している．また，散乱状態 $\varphi_{13}{}^{(\pm)}$ 同士の $L\to\infty$ の極限における直交性の証明は，すでに第4章の(2.44)で与えてある．このことは，漸近状態のもう一つの構成要素 $\varphi_{23}{}^{\mathrm{B}}, \varphi_{23}{}^{(\pm)}$ に関しても同様に成立する．したがって，チャンネルA,B,Cに属する漸近状態は直交し，かつ規格化されている．すなわち

$$\langle\varphi_{\mathrm{M},m}{}^{(\pm)}|\varphi_{\mathrm{N},n}{}^{(\pm)}\rangle=\delta_{\mathrm{M,N}}\delta_{m,n},\quad \mathrm{M,N}=\mathrm{A,B,C} \tag{2.25}$$

である．一方，チャンネルDの漸近状態に関しては，他と趣きを異にしている．すなわち，粒子1と粒子2の束縛状態をつくる相互作用 V_{12} あるいは $\bar{V}_{12}$ は，自由ハミルトニアン H_0 のなかに含まれていない．そこでここでは，チャンネルDの漸近状態 $\varphi_{\mathrm{D},n}$ は，微分方程式

$$(K_{13}+K_{23}+\bar{V}_{12})\varphi_{\mathrm{D},n}=E_n\varphi_{\mathrm{D},n} \tag{2.26}$$

の解として定義されることを指摘するにとどめておく．

(2) 波動演算子と散乱状態

チャンネルA,BおよびCにおける漸近状態は，H_0 の固有状態として与えられている．したがって，これらの漸近状態 $\varphi_{\mathrm{N},n}{}^{(\pm)}$ から相互作用 W によってつくりだされる散乱状態 $\Psi_{\mathrm{N},n}{}^{(\pm)}$ は，第4章の場合と同様にして

$$\Psi_{\mathrm{N},n}{}^{(\pm)}=U(W\,;0,\mp\infty)\varphi_{\mathrm{N},n}{}^{(\pm)} \tag{2.27}$$

で与えられる．ここで波動演算子 $U(W\,;0,\mp\infty)$ などは，第4章(2.13)，(2.14)と同じように

$$U(W\,;0,\mp\infty)\equiv 1-\frac{i}{\hbar}\int_{\mp\infty}^{0}\mathrm{d}t\,\exp(-\epsilon|t|/\hbar)U(W\,;0,t)W(t),$$

$$U(W\,;\pm\infty,0)\equiv 1+\frac{i}{\hbar}\int_{\pm\infty}^{0}\mathrm{d}t\,\exp(-\epsilon|t|/\hbar)W(t)U(W\,;t,0) \tag{2.28}$$

で定義することができる．ここで

$$U(W\,;t,t')=\exp(iH_0t/\hbar)\exp\{-iH(t-t')/\hbar\}\exp(-iH_0t'/\hbar),$$

$$W(t)=\exp(iH_0t/\hbar)W\exp(-iH_0t/\hbar) \tag{2.29}$$

である．(2.29)の関係は，H_0 を自由ハミルトニアンとし，W を相互作用とみなす相互作用表示を考えれば，第4章の議論をそのまま適用することにより導かれる．さて，(2.28)および(2.29)を(2.27)に代入して時間積分を実行すれば，ただちに

$$\Psi_{\mathrm{N},n}{}^{(\pm)}=\left[1+\frac{1}{E_n-H\pm i\epsilon}W\right]\varphi_{\mathrm{N},n}{}^{(\pm)} \tag{2.30}$$

をうる．明らかに，この散乱状態 $\Psi_{\mathrm{N},n}{}^{(\pm)}$ は Lippmann-Schwinger の方程式

$$\Psi_{\mathrm{N},n}{}^{(\pm)}=\varphi_{\mathrm{N},n}{}^{(\pm)}+\frac{1}{E_n-H_0\pm i\epsilon}W\Psi_{\mathrm{N},n}{}^{(\pm)} \tag{2.31}$$

をみたしている．(2.30)はまた

$$\Psi_{\mathrm{N},n}{}^{(\pm)}=\frac{\pm i\epsilon}{E_n-H\pm i\epsilon}\varphi_{\mathrm{N},n}{}^{(\pm)} \tag{2.32}$$

という形で表わすことができることも，第4章のときと同様である．

ここで，チャンネル A, B, C に属する散乱状態 $\Psi_{\mathrm{N},n}{}^{(+)}$ が(1.19)の直交・規格化の条件をみたしていることを示すことにしよう．(2.32)の内積をつくると

$$\langle\Psi_{\mathrm{M},m}{}^{(+)}|\Psi_{\mathrm{N},n}{}^{(+)}\rangle=\frac{i\epsilon}{E_n-E_m+2i\epsilon}\Big[\langle\Psi_{\mathrm{M},m}{}^{(+)}|\varphi_{\mathrm{N},n}{}^{(+)}\rangle+\langle\varphi_{\mathrm{M},m}{}^{(+)}|\Psi_{\mathrm{N},n}{}^{(+)}\rangle\Big] \tag{2.33}$$

となる．ここまでの変形は(1.23)と同じことである．ここで(2.31)を用いると

$$\langle\varphi_{\mathrm{M},m}{}^{(+)}|\Psi_{\mathrm{N},n}{}^{(+)}\rangle=\langle\varphi_{\mathrm{M},m}{}^{(+)}|\varphi_{\mathrm{N},n}{}^{(+)}\rangle+\frac{1}{E_n-E_m+i\epsilon}\langle\varphi_{\mathrm{M},n}{}^{(+)}|W|\Psi_{\mathrm{N},n}{}^{(+)}\rangle,$$

$$\langle\Psi_{\mathrm{M},m}{}^{(+)}|\varphi_{\mathrm{N},n}{}^{(+)}\rangle=\langle\varphi_{\mathrm{M},m}{}^{(+)}|\varphi_{\mathrm{N},n}{}^{(+)}\rangle+\frac{1}{E_m-E_n-i\epsilon}\langle\Psi_{\mathrm{M},m}{}^{(+)}|W|\varphi_{\mathrm{N},n}{}^{(+)}\rangle$$

をうる．これらを(2.33)に代入すれば

$$\langle\Psi_{\mathrm{M},m}{}^{(+)}|\Psi_{\mathrm{N},n}{}^{(+)}\rangle=\frac{i\epsilon}{E_n-E_m+2i\epsilon}\Big[2\delta_{\mathrm{M,N}}\delta_{m,n}+\frac{1}{E_n-E_m+i\epsilon}\Big\{\langle\varphi_{\mathrm{M},m}{}^{(+)}|W|\Psi_{\mathrm{N},n}{}^{(+)}\rangle-\langle\Psi_{\mathrm{M},m}{}^{(+)}|W|\varphi_{\mathrm{N},n}{}^{(+)}\rangle\Big\}\Big] \tag{2.34}$$

となり，この形は第4章(2.39)とまったく同じである．ここで右辺の第1項では，(2.25)の漸近状態の直交・規格化性を用いてある．問題は右辺の第2項である．ここで，相互作用 W は(2.15)により

$$W=\bar{V}_{12}+\bar{V}_{13}+\bar{V}_{23}-V_{13}-V_{23} \tag{2.35}$$

であり，とくに $\bar{V}_{13}$ は $\boldsymbol{r}_{13}$ だけでなく $\boldsymbol{r}_{23}$ を含み，また $\bar{V}_{23}$ は $\boldsymbol{r}_{23}$ および $\boldsymbol{r}_{13}$ を含んでいることに注意されたい．さて，いま M=A, N=C の場合を考えよう．このとき，(2.34)の右辺の第2項のはじめの行列要素は

$$\langle\varphi_{\mathrm{A},m}{}^{(+)}|W|\Psi_{\mathrm{C},n}{}^{(+)}\rangle=\langle\varphi_{13}{}^{(+)}\cdot\varphi_{23}{}^{\mathrm{B}}|WU(W;0,-\infty)|\varphi_{13}{}^{(+)}\cdot\varphi_{23}{}^{(+)}\rangle \tag{2.36}$$

である．ここで，(2.35)の W のなかの5個のポテンシャルのどれをとっても，(2.36)は $L^{-3/2}$ の何乗かに比例することに注意しよう．すなわち

$$\langle\varphi_{13}{}^{(+)}|\bar{V}_{13}|\varphi_{13}{}^{(+)}\rangle \sim \langle\varphi_{13}{}^{(+)}|\bar{V}_{23}|\varphi_{13}{}^{(+)}\rangle \sim \langle\varphi_{13}{}^{(+)}|V_{13}|\varphi_{13}{}^{(+)}\rangle \sim \frac{V_0a^3}{L^3},$$

$$\langle\varphi_{23}{}^{\mathrm{B}}|\bar{V}_{23}|\varphi_{23}{}^{(+)}\rangle \sim \langle\varphi_{23}{}^{\mathrm{B}}|\bar{V}_{13}|\varphi_{23}{}^{(+)}\rangle \sim \langle\varphi_{23}{}^{\mathrm{B}}|V_{23}|\varphi_{23}{}^{(+)}\rangle \sim \frac{V_0a^3}{\sqrt{L^3\cdot a^3}}, \tag{2.37}$$

$$\langle\varphi_{13}{}^{(+)}\varphi_{23}{}^{\mathrm{B}}|\bar{V}_{12}|\varphi_{13}{}^{(+)}\varphi_{23}{}^{(+)}\rangle \sim \frac{V_0a^3}{\sqrt{L^3\cdot a^3}}$$

である．ここで V_0 はポテンシャルの深さ，a^3 はその拡がりの領域の体積，また $L^{-3/2}$ は散乱の波動関数 $\varphi_{13}{}^{(+)}$ あるいは $\varphi_{23}{}^{(+)}$ の規格化の因子を表わしている．なお，$a^{-3/2}$ の因子は，束縛状態の波動関数 $\varphi_{23}{}^{\mathrm{B}}$ が大体 $|\varphi_{23}{}^{\mathrm{B}}|^2\cdot a^3=1$ で規格化されていることによるものである．(2.37)をみると，(2.36)の行列要素は，(2.34)の第2項の前の因子からくる $\epsilon=\hbar v_0/L$ を考慮しても，少なくても $L^{-1/2}$ の程度の大きさであって，これは $L\to\infty$ の極限で0になる．(2.34)の第2項のあとの行列要素についても同じことがいえる．したがって，(2.34)の右辺の第2項は，$L\to\infty$ の極限で0になり，$\Psi_{\mathrm{A},m}{}^{(+)}$ と $\Psi_{\mathrm{C},n}{}^{(+)}$ とはたしかに直交している．同じことが，他の M≠N に対する内積に対しても成立し，それらはすべて直交している．

むしろ問題なのは，M=A，N=A のような同じチャンネルにおける内積である．すなわち，このとき，行列要素

$$\begin{aligned}&\langle\varphi_{\mathrm{A},n}{}^{(+)}|W|\Psi_{\mathrm{A},n}{}^{(+)}\rangle\\&=\langle\varphi_{13}{}^{(+)}\cdot\varphi_{23}{}^{\mathrm{B}}|WU(W;0,-\infty)|\varphi_{13}{}^{(+)}\cdot\varphi_{23}{}^{\mathrm{B}}\rangle\end{aligned} \tag{2.38}$$

のなかには

$$\langle\varphi_{13}{}^{(+)}|\varphi_{13}{}^{(+)}\rangle\langle\varphi_{23}{}^{\mathrm{B}}|-V_{23}|\varphi_{23}{}^{\mathrm{B}}\rangle \sim V_0 \tag{2.39}$$

の型の項が含まれている．すると，(2.34)で $E_n=E_m$ としたとき，$\epsilon^{-1}V_0$ の型の項が現われ，これは $L\to\infty$ の極限で発散してしまう．

$-V_{23}$以外のポテンシャルについては，(2.37)の型になり，心配はいらない．また，$U(W\,;0,-\infty)$の効果を考慮した高次の項では，一つでも$-V_{23}$以外のポテンシャルが含まれているときには，(2.36)のときと同様に，$L\to\infty$の極限で消える．したがって問題は，(2.38)の$WU(W\,;0,-\infty)$の中のWが全部$-V_{23}$になっているときである．ところがこのとき，(2.39)を含めて，$-V_{23}$からの寄与を全部考慮すると，それは0になってしまうのである．このことを示すために，(2.38)のWを$-V_{23}$におきかえると，

$$\left\langle \varphi_{13}{}^{(+)}(E_m-\mathcal{E})\varphi_{23}{}^{\mathrm{B}}(\mathcal{E})\right|-V_{23}$$

$$\times\left[1-\frac{1}{E_n-\{(K_{13}+V_{13})+(K_{23}+V_{23})-V_{23}\}+i\epsilon}V_{23}\right]$$

$$\times\left|\varphi_{13}{}^{(+)}(E_n-\mathcal{E}')\varphi_{23}{}^{\mathrm{B}}(\mathcal{E}')\right\rangle$$

$$=\langle\varphi_{13}{}^{(+)}(E_m-\mathcal{E})|\varphi_{13}{}^{(+)}(E_n-\mathcal{E}')\rangle$$

$$\times\left\langle\varphi_{23}{}^{\mathrm{B}}(\mathcal{E})\right|-V_{23}\left[1-\frac{1}{\mathcal{E}'-K_{23}+i\epsilon}V_{23}\right]\left|\varphi_{23}{}^{\mathrm{B}}(\mathcal{E}')\right\rangle \qquad (2.40)$$

となる．ここで$\varphi_{23}{}^{\mathrm{B}}$が束縛状態であり，(2.19)より

$$\varphi_{23}{}^{\mathrm{B}}(\mathcal{E}')=\frac{1}{\mathcal{E}'-K_{23}}V_{23}\varphi_{23}{}^{\mathrm{B}}(\mathcal{E}'),\qquad \mathcal{E}'<0 \qquad (2.41)$$

をみたしていることを利用すると，(2.40)で

$$\left\langle\varphi_{23}{}^{\mathrm{B}}(\mathcal{E})\right|(-V_{23})\left[1-\frac{1}{\mathcal{E}'-K_{23}}V_{23}\right]\left|\varphi_{23}{}^{\mathrm{B}}(\mathcal{E}')\right\rangle=0 \qquad (2.42)$$

であることがわかる．なお，ここで(2.40)のエネルギー分母には特異点はなく，したがって$+i\epsilon$を0にしてよい．なぜなら，$\mathcal{E}'<0$であり，K_{23}の固有値はつねに正だからである．こうして(2.38)の行列要素は，$L\to\infty$の極限で消えることがわかった．(2.34)の第2項のあとの行列要素についても同様のことがいえ，残るのは右辺の第1項のみであり，したがって，M=A，N=Aのとき，

散乱状態の波動関数 $\Psi_{\mathrm{A},m}{}^{(+)}$ は直交かつ規格化されている．まったく同様のことが，M=N=A 以外の同じチャンネルの内積についてもいえるので，結局 M, N=A, B, C に対して

$$\langle \Psi_{\mathrm{M},m}{}^{(\pm)} | \Psi_{\mathrm{N},n}{}^{(\pm)} \rangle = \delta_{\mathrm{M,N}}\delta_{m,n} \tag{2.43}$$

が成立することが明らかになったわけである．

ここで，(2.43)の直交・規格化性を利用して，波動演算子 $U(W\,;0,\mp\infty)$ の性質を調べよう．そのためには，チャンネル A, B, C に属さない H_0 の固有関数

$$\varphi_{\mathrm{O}} \equiv \varphi_{13}{}^{\mathrm{B}}\cdot\varphi_{23}{}^{\mathrm{B}} \tag{2.44}$$

を波動演算子 $U(W\,;0,\mp\infty)$ に作用させたときどうなるかを調べておく必要がある．(2.44)の状態は，粒子 1 と粒子 2 がともに粒子 3 に束縛されている状態であり，

$$H_0\varphi_{\mathrm{O},n}(\boldsymbol{r}_{13},\boldsymbol{r}_{23}) = E_n\varphi_{\mathrm{O},n}(\boldsymbol{r}_{13},\boldsymbol{r}_{23}) \tag{2.45}$$

の負のエネルギー固有値 E_n に対する解である．さて，このとき，

$$\begin{aligned} U(W\,;0,\mp\infty)\varphi_{\mathrm{O},n} &= \left(1+\frac{1}{E_n-H\pm i\epsilon}W\right)\varphi_{\mathrm{O},n} \\ &= \frac{\pm i\epsilon}{E_n-H\pm i\epsilon}\varphi_{\mathrm{O},n} \end{aligned} \tag{2.46}$$

となる．ところが，全ハミルトニアン H の固有値として許されるのは，散乱状態に対応する正の固有値 E_S と，3 個の粒子の束縛状態に対応する負の固有値 E_B である．(2.46)において，H の固有値として E_S をとったときには，$E_n-E_S\neq 0$ であり，したがって $\epsilon\to 0$ の極限で消える．また，3 粒子の束縛状態の負のエネルギー固有値 E_B は，一般に H_0 の負の固有値 E_n とは一致しない．なぜなら，H の固有値 E_B には相互作用 W の影響が含まれているからである．したがって，$E_n-E_B\neq 0$ であり，このときも $\epsilon\to 0$ の極限で(2.46)は 0 になる．すなわち

$$U(W\,;\,0,\mp\infty)\varphi_{\mathrm{O},n}=0 \tag{2.47}$$

である．

さて，(2.27)より

$$\sum_{\substack{\mathrm{N=A,B,C}\\ n}}|\Psi_{\mathrm{N},n}{}^{(\pm)}\rangle\langle\varphi_{\mathrm{N},n}{}^{(\pm)}|$$
$$=U(W\,;\,0,\mp\infty)\sum_{\substack{\mathrm{N=A,B,C}\\ n}}|\varphi_{\mathrm{N},n}{}^{(\pm)}\rangle\langle\varphi_{\mathrm{N},n}{}^{(\pm)}| \tag{2.48}$$

であり，また(2.47)より

$$0=U(W\,;\,0,\mp\infty)\sum_{n}|\varphi_{\mathrm{O},n}\rangle\langle\varphi_{\mathrm{O},n}| \tag{2.49}$$

である．(2.48)に(2.49)を加えると

$$\sum_{\substack{\mathrm{N=A,B,C}\\ n}}|\Psi_{\mathrm{N},n}{}^{(\pm)}\rangle\langle\varphi_{\mathrm{N},n}{}^{(\pm)}|$$
$$=U(W\,;\,0,\mp\infty)\left[\sum_{\substack{\mathrm{N=A,B,C}\\ n}}|\varphi_{\mathrm{N},n}{}^{(\pm)}\rangle\langle\varphi_{\mathrm{N},n}{}^{(\pm)}|+\sum_{n}|\varphi_{\mathrm{O},n}\rangle\langle\varphi_{\mathrm{O},n}|\right]$$
$$=U(W\,;\,0,\mp\infty). \tag{2.50}$$

最後の等号では，H_0の固有関数の完全性を用いた．(2.50)のエルミット共役をとると

$$U^{\dagger}(W\,;\,0,\mp\infty)=U(W\,;\,\mp\infty,0)=\sum_{\substack{\mathrm{N=A,B,C}\\ n}}|\varphi_{\mathrm{N},n}{}^{(\pm)}\rangle\langle\Psi_{\mathrm{N},n}{}^{(\pm)}| \tag{2.51}$$

となる．(2.50)と(2.51)より

$$U^{\dagger}(W\,;\,0,\mp\infty)U(W\,;\,0,\mp\infty)=U(W\,;\,\mp\infty,0)U(W\,;\,0,\mp\infty)$$
$$=\sum_{\substack{\mathrm{M,N=A,B,C}\\ m,n}}|\varphi_{\mathrm{M},m}{}^{(\pm)}\rangle\langle\Psi_{\mathrm{M},m}{}^{(\pm)}|\Psi_{\mathrm{N},n}{}^{(\pm)}\rangle\langle\varphi_{\mathrm{N},n}{}^{(\pm)}|$$
$$=\sum_{\substack{\mathrm{N=A,B,C}\\ n}}|\varphi_{\mathrm{N},n}{}^{(\pm)}\rangle\langle\varphi_{\mathrm{N},n}{}^{(\pm)}|=1-\sum_{n}|\varphi_{\mathrm{O},n}\rangle\langle\varphi_{\mathrm{O},n}| \tag{2.52}$$

をうる．第4章(2.48)の場合には，これは1になったが，いまの場合にはそうならない．なお，(2.52)の3番目の等号では(2.43)

を用いた．また，

$$U(W;0,\mp\infty)U^{\dagger}(W;0,\mp\infty)$$
$$=\sum_{\substack{\mathrm{M,N=A,B,C}\\ m,n}}|\Psi_{\mathrm{M},m}{}^{(\pm)}\rangle\langle\varphi_{\mathrm{M},m}{}^{(\pm)}|\varphi_{\mathrm{N},n}{}^{(\pm)}\rangle\langle\Psi_{\mathrm{N},n}{}^{(\pm)}|$$
$$=\sum_{\substack{\mathrm{N=A,B,C}\\ n}}|\Psi_{\mathrm{N},n}{}^{(\pm)}\rangle\langle\Psi_{\mathrm{N},n}{}^{(\pm)}|$$
$$=1-\sum_{n}|\Psi_{\mathrm{D},n}{}^{(\pm)}\rangle\langle\Psi_{\mathrm{D},n}{}^{(\pm)}|-\sum_{n}|\Psi_{\mathrm{O},n}\rangle\langle\Psi_{\mathrm{O},n}| \qquad (2.53)$$

である．ここで2番目の等号では，漸近状態の直交・規格化性を用いた．また，最後の等号では全ハミルトニアンHの固有関数$\{\Psi_{\mathrm{A},n}{}^{(\pm)},\Psi_{\mathrm{B},n}{}^{(\pm)},\Psi_{\mathrm{C},n}{}^{(\pm)},\Psi_{\mathrm{D},n}{}^{(\pm)},\Psi_{\mathrm{O},n}\}$の完全性を使った．ここで$\Psi_{\mathrm{D},n}{}^{(\pm)}$はすぐあとで述べるチャンネルDの散乱状態であり，$\Psi_{\mathrm{O},n}$は3個の粒子の束縛状態である．いずれにしても，波動演算子$U(W;0,\mp\infty)$はユニタリー演算子ではないことに注意しよう．

(2.43)でチャンネルA,BおよびCに属する散乱状態の直交・規格化性が示された．それでは相互作用$\bar{V}_{12}$によって束縛状態をつくっているチャンネルDの散乱状態$\Psi_{\mathrm{D},n}{}^{(\pm)}$は，他のチャンネルの散乱状態と直交しているであろうか．散乱状態$\Psi_{\mathrm{D},n}{}^{(\pm)}$は(2.11)より

$$\Psi_{\mathrm{D},n}{}^{(\pm)}=\varphi_{\mathrm{D},n}+\frac{1}{E_n-H\pm i\epsilon}(\bar{V}_{13}+\bar{V}_{23})\varphi_{\mathrm{D},n} \qquad (2.54)$$

で与えられる．ここで漸近状態$\varphi_{\mathrm{D},n}$は(2.26)より

$$(K_{13}+K_{23}+\bar{V}_{12})\varphi_{\mathrm{D},n}(\boldsymbol{r}_{13},\boldsymbol{r}_{23})=E_n\varphi_{\mathrm{D},n}(\boldsymbol{r}_{13},\boldsymbol{r}_{23}) \qquad (2.55)$$

の解として定義されているものである．さて，(2.54)で与えられた散乱状態$\Psi_{\mathrm{D},n}{}^{(\pm)}$は，明らかに積分方程式

$$\Psi_{\mathrm{D},n}{}^{(\pm)}=\varphi_{\mathrm{D},n}+\frac{1}{E_n-(K_{13}+K_{23}+\bar{V}_{12})\pm i\epsilon}(\bar{V}_{13}+\bar{V}_{23})\Psi_{\mathrm{D},n}{}^{(\pm)} \qquad (2.56)$$

をみたしている．ここで，(2.56)の積分方程式の相互作用の項を

他のチャンネルと同じ W で表わすために，次のように変形する．第2章(2.28)の公式を用いると

$$\Psi_{\mathrm{D},n}{}^{(\pm)} = \varphi_{\mathrm{D},n} + \frac{1}{E_n - H_0 \pm i\epsilon}\left[1 - (V_{13} + V_{23} - \bar{V}_{12}) \times \frac{1}{E_n - (K_{13} + K_{23} + \bar{V}_{12}) \pm i\epsilon}\right](\bar{V}_{13} + \bar{V}_{23})\Psi_{\mathrm{D},n}{}^{(\pm)}$$

$$= \varphi_{\mathrm{D},n} + \frac{1}{E_n - H_0 \pm i\epsilon}(\bar{V}_{13} + \bar{V}_{23})\Psi_{\mathrm{D},n}{}^{(\pm)} + \frac{1}{E_n - H_0 \pm i\epsilon}(\bar{V}_{12} - V_{13} - V_{23})[\Psi_{\mathrm{D},n}{}^{(\pm)} - \varphi_{\mathrm{D},n}]$$

$$= \varphi_{\mathrm{D},n} - \frac{1}{E_n - H_0 \pm i\epsilon}(\bar{V}_{12} - V_{13} - V_{23})\varphi_{\mathrm{D},n} + \frac{1}{E_n - H_0 \pm i\epsilon}[(\bar{V}_{13} - V_{13}) + (\bar{V}_{23} - V_{23}) + \bar{V}_{12}]\Psi_{\mathrm{D},n}{}^{(\pm)}$$

$$= \chi_{\mathrm{D},n}{}^{(\pm)} + \frac{1}{E_n - H_0 \pm i\epsilon} W \Psi_{\mathrm{D},n}{}^{(\pm)} \tag{2.57}$$

となる．ここで

$$\chi_{\mathrm{D},n}{}^{(\pm)} = \varphi_{\mathrm{D},n} + \frac{1}{E_n - H_0 \pm i\epsilon}(V_{13} + V_{23} - \bar{V}_{12})\varphi_{\mathrm{D},n} \tag{2.58}$$

である．この $\chi_{\mathrm{D},n}{}^{(\pm)}$ は次のように因数分解することができる．すなわち

$$\chi_{\mathrm{D},n}{}^{(\pm)} = \varphi_{\mathrm{D},n} + \frac{1}{E_n - H_0 \pm i\epsilon}(V_{13} + V_{23})\varphi_{\mathrm{D},n} - \left[1 + \frac{1}{E_n - H_0 \pm i\epsilon}(V_{13} + V_{23})\right]\frac{1}{E_n - (K_{13} + K_{23}) \pm i\epsilon}\bar{V}_{12}\varphi_{\mathrm{D},n}$$

$$= \left[1 + \frac{1}{E_n - H_0 \pm i\epsilon}(V_{13} + V_{23})\right] \times \left[1 - \frac{1}{E_n - (K_{13} + K_{23}) \pm i\epsilon}\bar{V}_{12}\right]\varphi_{\mathrm{D},n}. \tag{2.59}$$

この $\chi_{\mathrm{D},n}{}^{(\pm)}$ の性質を調べるため，次のハミルトニアンを考える．

$$H_D = \frac{1}{2\mu_{13}}\boldsymbol{p}_{13}{}^2 + \frac{1}{2\mu_{23}}\boldsymbol{p}_{23}{}^2 + \frac{1}{m_3}\boldsymbol{p}_{13}\cdot\boldsymbol{p}_{23} + V_{12}(\boldsymbol{r}_{12}). \qquad (2.60)$$

ここで

$$\boldsymbol{R} = \frac{m_1\boldsymbol{r}_{13}+m_2\boldsymbol{r}_{23}}{m_1+m_2}, \quad \boldsymbol{r}_{12} = \boldsymbol{r}_{13}-\boldsymbol{r}_{23},$$
$$\boldsymbol{P}_R = \boldsymbol{p}_{13}+\boldsymbol{p}_{23}, \qquad \boldsymbol{p}_{12} = \frac{m_2\boldsymbol{p}_{13}-m_1\boldsymbol{p}_{23}}{m_1+m_2} \qquad (2.61)$$

なる変換をする．つまり，粒子1と粒子2の重心系をとろうというのである．すると，(2.60)は

$$H_D = \frac{M}{2(m_1+m_2)m_3}\boldsymbol{P}_R{}^2 + \frac{m_1+m_2}{2m_1m_2}\boldsymbol{p}_{12}{}^2 + V_{12}(\boldsymbol{r}_{12}) \qquad (2.62)$$

となる．この H_D の固有状態は

$$\phi_{D,n}(\boldsymbol{R},\boldsymbol{r}_{12}) = u_c{}^{(L)}(\boldsymbol{R},E_n-\mathcal{E})\phi_{12}{}^{B}(\mathcal{E}) \qquad (2.63)$$

と書くことができる．ここで $u_c{}^{(L)}$ は

$$\left[\frac{M}{2(m_1+m_2)m_3}\boldsymbol{P}_R{}^2 - E\right]u_c{}^{(L)}(\boldsymbol{R},E) = 0 \qquad (2.64)$$

をみたす平面波であり，$\phi_{12}{}^{B}$ は

$$\left[\frac{m_1+m_2}{2m_1m_2}\boldsymbol{p}_{12}{}^2 + V_{12} - \mathcal{E}\right]\phi_{12}{}^{B}(\boldsymbol{r}_{12},\mathcal{E}) = 0, \quad \mathcal{E}<0 \qquad (2.65)$$

の解として与えられる粒子1と粒子2の束縛状態の波動関数である．さて，ここで

$$(K_{13}+K_{23}+\bar{V}_{12}) = \exp(iX)H_D\exp(-iX) \qquad (2.66)$$

の関係があることは，(2.7)，(2.11)および(2.60)を見較べるとわかる．したがって，(2.55)の漸近状態 $\varphi_{D,n}$ と，(2.63)の $\phi_{D,n}$ との間には

$$\varphi_{D,n}(\boldsymbol{r}_{13},\boldsymbol{r}_{23}) = \exp(iX)\phi_{D,n}(\boldsymbol{R},\boldsymbol{r}_{12}) \qquad (2.67)$$

の関係がある．そこで(2.59)を次のように計算する．すなわち

$$\chi_{D,n}{}^{(\pm)} = \left[1+\frac{1}{E_n-H_0\pm i\epsilon}(V_{13}+V_{23})\right]\exp(iX)\cdot\exp(-iX)$$
$$\times\left[1-\frac{1}{E_n-(K_{13}+K_{23})\pm i\epsilon}\bar{V}_{12}\right]\exp(iX)\cdot\exp(-iX)\varphi_{D,n}$$
$$=\left[1+\frac{1}{E_n-H_0\pm i\epsilon}(V_{13}+V_{23})\right]\exp(iX)$$
$$\times\left[1-\left\{E_n-\left(\frac{M}{2(m_1+m_2)m_3}\boldsymbol{P}_R{}^2+\frac{m_1+m_2}{2m_1m_2}\boldsymbol{p}_{12}{}^2\right)\pm i\epsilon\right\}^{-1}\right.$$
$$\left.\times V_{12}(\boldsymbol{r}_{12})\right]\phi_{D,n}$$
$$=\left[1+\frac{1}{E_n-H_0\pm i\epsilon}(V_{13}+V_{23})\right]\exp(iX)u_c{}^{(L)}(\boldsymbol{R},E_n-\mathcal{E})$$
$$\times\left(1-\frac{1}{\mathcal{E}-\frac{(m_1+m_2)}{2m_1m_2}\boldsymbol{p}_{12}{}^2}V_{12}(\boldsymbol{r}_{12})\right)\phi_{12}{}^{B}(\mathcal{E})=0. \tag{2.68}$$

最後の等号では，$\phi_{12}{}^{B}(\mathcal{E})$ が(2.65)をみたす束縛状態であることを利用した．上の計算はかなり面倒であったが，結局わかったことは，(2.57)の積分方程式の非斉次項は0であり，(2.57)は

$$\Psi_{D,n}{}^{(\pm)}=\frac{1}{E_n-H_0\pm i\epsilon}W\Psi_{D,n}{}^{(\pm)} \tag{2.69}$$

と書かれるということである．つまり(2.54)で与えられた散乱状態 $\Psi_{D,n}{}^{(\pm)}$ は，チャンネル A, B, C と同じように，相互作用として W を用いるとき，(2.69)の斉次方程式をみたしているということである．このように，$\Psi_{D,n}{}^{(\pm)}$ に対しては非斉次項はないから，この散乱状態を(2.27)のように波動演算子 $U(W\,;0,\mp\infty)$ からつくりだすことはできない．このことは当然といえば，当然のことである．なぜなら波動演算子 $U(W\,;0,\mp\infty)$ は相互作用 V_{12} についての散乱状態をつくり出すことはできても，V_{12} についての束縛状態をつくり出すことはできないからである．

積分方程式(2. 69)をつかうと，$\Psi_{\mathrm{D},m}^{(\pm)}$ と $\Psi_{\mathrm{N},n}^{(\pm)}$ (N=A, B, C) の直交性が次のようにして証明される.

$$\langle\Psi_{\mathrm{N},n}^{(\pm)}|\Psi_{\mathrm{D},n}^{(\pm)}\rangle=\left\langle\varphi_{\mathrm{N},n}^{(\pm)}\middle|1-\frac{1}{E_m-H_0\pm i\epsilon}W\middle|\Psi_{\mathrm{D},n}^{(\pm)}\right\rangle$$
$$=\langle\varphi_{\mathrm{N},n}^{(\pm)}|\Psi_{\mathrm{D},n}^{(\pm)}\rangle-\langle\varphi_{\mathrm{N},n}^{(\pm)}|\Psi_{\mathrm{D},n}^{(\pm)}\rangle$$
$$=0. \tag{2.70}$$

散乱状態 $\Psi_{\mathrm{D},n}^{(\pm)}$ 自身の直交・規格化性

$$\langle\Psi_{\mathrm{D},m}^{(\pm)}|\Psi_{\mathrm{D},n}^{(\pm)}\rangle=\delta_{m,n} \tag{2.71}$$

は，(2. 55)と(2. 56)から，(2. 43)の証明と同様に証明される．このとき，漸近状態 $\varphi_{\mathrm{D},n}$ の直交・規格化性を示すには，(2. 67)の関係を用いて

$$\langle\varphi_{\mathrm{D},m}|\varphi_{\mathrm{D},n}\rangle=\langle\phi_{\mathrm{D},m}|\exp(-iX)\cdot\exp(iX)|\phi_{\mathrm{D},m}\rangle$$
$$=\langle\phi_{\mathrm{D},m}|\phi_{\mathrm{D},n}\rangle=\delta_{m,n} \tag{2.72}$$

とすればよい．なお，(2. 54)に現われる相互作用 $\bar{V}_{13}$ および $\bar{V}_{23}$ は，いずれも変数として $\boldsymbol{r}_{13}$ と $\boldsymbol{r}_{23}$ を含んでいるため，(2. 39)のような項は出てこないことを注意しておこう．結論として，(2. 43)の直交・規格化性は，チャンネル A, B, C および D のすべてに対して成立していることが明らかになった.

積分方程式(2. 31)と(2. 69)とを比較すると，これらの間に矛盾があることがわかる．すなわち，(2. 31)の解を $\Psi_{\mathrm{N},n}^{(\pm)}$ とし，これに(2. 69)の解 $\Psi_{\mathrm{D},n}^{(\pm)}$ を加える．すなわち，任意定数 β を用いて

$$\Psi_{\mathrm{N},n}^{(\pm)}+\beta\Psi_{\mathrm{D},n}^{(\pm)} \tag{2.73}$$

をつくると，これもまた(2. 31)の解になっている．つまり，(2. 31)は境界条件を考慮した積分方程式であるにもかかわらず，その解は一義的ではない．Lippmann-Schwinger の積分方程式のこの矛盾については，すでに§1で指摘したところである．しかし，ここで展開した理論では，波動関数 $\Psi_{\mathrm{N},n}^{(\pm)}$ は積分方程式(2. 31)

の解として与えられているのではなく，(2.27)あるいは(2.30)により，漸近状態 $\varphi_{N,n}{}^{(\pm)}$ に波動演算子を作用させたものとして定義されていることに注意すべきである．こうしてつくられた $\Psi_{N,n}{}^{(\pm)}$ がたまたま，(2.31)の積分方程式をみたしているというだけで，それらは(2.31)の解として定義されたものではない．したがって，ここでの散乱状態は一義的に決まっており，上の矛盾はない．このことはチャンネルDの散乱状態 $\Psi_{D,n}{}^{(\pm)}$ についても同様で，それは(2.54)で与えられ，そのように決まっている $\Psi_{D,n}{}^{(\pm)}$ が，(2.69)の斉次積分方程式をみたしているということにすぎない．すなわち，§1の理論のように，(1.10)の積分方程式の解として $\Psi_a{}^{(\pm)}$ を定義すると，その定義は一義性をもたず，したがって上の矛盾は避けられない．積分方程式(2.31)ではなく，(2.30)を直接導く極限操作(2.28)は，こういう意味でも正当なものであるといえよう．

積分方程式(2.31)と較べて，(2.30)の表式のほうがより適切であるということは，次の点からも明らかである．すなわち，(2.31)に自由ハミルトニアン H_0 の固有関数，つまり漸近状態の完全系を挿入すると

$$\Psi_{N,n}{}^{(\pm)} \cong \varphi_{N,n}{}^{(\pm)} + \int d\boldsymbol{\xi}' \sum_{\substack{M=A,B,C \\ m}} \frac{\varphi_{M,m}{}^{(\pm)}(\boldsymbol{\xi})\varphi_{M,m}{}^{(\pm)}(\boldsymbol{\xi}')}{E_n - E_m \pm i\epsilon} \times W(\boldsymbol{\xi}')\Psi_{N,n}{}^{(\pm)}(\boldsymbol{\xi}') \tag{2.74}$$

となる．ただしここで，H_0 の固有関数のうち，粒子1と粒子2とがともに粒子3に束縛されている状態 $\varphi_{O,n}=\varphi_{13}{}^{B}\cdot\varphi_{23}{}^{B}$ からの寄与は無視した．なぜなら，この状態のエネルギー固有値は負であり，このとき(2.74)のエネルギー分母は極をもたず，したがって粒子1および2が粒子3から遠く離れたとき，散乱波はないからである．(2.74)をみると，終状態としてはチャンネルA, B, Cの

みが許され，チャンネルDの状態が現われる余地がない．すなわち，Lippmann-Schwinger の積分方程式は漸近的境界条件を正しく反映していない．一方，(2.30)では全ハミルトニアンHの固有関数の完全系を挿入しなくてはならない，このとき

$$\Psi_{\mathrm{N},n}{}^{(\pm)} \cong \varphi_{\mathrm{N},n}{}^{(\pm)} + \int \mathrm{d}\boldsymbol{\xi}' \sum_{\substack{\mathrm{M=A,B,}\\ \mathrm{C,D,}\\ m}} \frac{\Psi_{\mathrm{M},m}{}^{(\pm)}(\boldsymbol{\xi})\Psi_{\mathrm{M},m}{}^{(\pm)*}(\boldsymbol{\xi}')}{E_n - E_m \pm i\epsilon} \times W(\boldsymbol{\xi}')\varphi_{\mathrm{N},n}(\boldsymbol{\xi}') \quad (2.75)$$

となる．なお，(2.75)では3個の粒子の束縛状態$\Psi_{0,n}$からの寄与は無視している．この式では，チャンネルDへの転移も含まれていて，すべての可能な終状態が考慮されている．しかし，(2.75)は$\Psi_{\mathrm{N},n}{}^{(\pm)}$に関する非線型方程式であり，これをそのまま解くことはほとんど不可能である．といって，(2.30)の Green 関数$(E_n - H \pm i\epsilon)^{-1}$を$W$のベキに展開したのでは，(2.74)のやり方と本質的に同じことになってしまう．この困難を克服する一つの方法が，§4 で説明する Faddeev の方法である．

(3) S行列とS演算子

S行列は(1.16)と同様に

$$S_{\mathrm{M},f;\mathrm{N},i} = \langle \Psi_{\mathrm{M},f}{}^{(-)} | \Psi_{\mathrm{N},i}{}^{(+)} \rangle \quad (2.76)$$

で定義することができる．ここでM, NはA, B, CおよびDのすべてのチャンネルをとるものとする．チャンネルMおよびNにDが含まれていないときには，(2.27)より

$$\begin{aligned} S_{\mathrm{M},f;\mathrm{N},i} &= \langle \varphi_{\mathrm{M},f}{}^{(-)} | U^\dagger(W; 0, +\infty) U(W; 0, -\infty) | \varphi_{\mathrm{N},i}{}^{(+)} \rangle \\ &= \langle \varphi_{\mathrm{M},f}{}^{(-)} | S(W) | \varphi_{\mathrm{N},i}{}^{(+)} \rangle \end{aligned} \quad (2.77)$$

と書くことができる．ここで演算子$S(W)$は，チャンネルA, BおよびCにおいて，次のように定義される．

$$\begin{aligned} S(W) &\equiv U^\dagger(W; 0, +\infty) U(W; 0, -\infty) \\ &= U(W; +\infty, 0) U(W; 0, -\infty). \end{aligned} \quad (2.78)$$

この S 演算子は，(2.28)を用いて次のように変形することができる．すなわち，

$$
\begin{aligned}
S(W) &= U(W\,;+\infty,0)U(W\,;0,-\infty)\\
&= \left[1-\frac{i}{\hbar}\int_0^\infty \mathrm{d}t\exp(-\epsilon|t|/\hbar)W(t)U(W\,;t,0)\right]U(W\,;0,-\infty)\\
&= U(W\,;0,-\infty)\\
&\qquad +\frac{i}{\hbar}\int_{-\infty}^0 \mathrm{d}t\exp(-\epsilon|t|/\hbar)W(t)U(W\,;t,0)U(W\,;0,-\infty)\\
&\qquad\qquad -\frac{i}{\hbar}\int_{-\infty}^\infty \mathrm{d}t\exp(-\epsilon|t|/\hbar)W(t)U(W\,;t,-\infty)\\
&= U(W\,;-\infty,0)U(W\,;0,-\infty)\\
&\qquad\qquad -\frac{i}{\hbar}\int_{-\infty}^\infty \mathrm{d}t\exp(-\epsilon|t|/\hbar)W(t)U(W\,;t,-\infty)\\
&= 1-\sum_n|\varphi_{\mathrm{O},n}\rangle\langle\varphi_{\mathrm{O},n}|\\
&\qquad -\frac{i}{\hbar}\int_{-\infty}^\infty \mathrm{d}t\exp(-\epsilon|t|/\hbar)W(t)U(W\,;t,-\infty). \qquad (2.79)
\end{aligned}
$$

ここで4番目の等号では，(2.28)の $U(W\,;-\infty,0)$ の定義式を用い，また最後の等号では(2.52)を用いた．第4章(2.54)と比較すると，最後の表式の第2項だけ余分であることに注意しよう．(2.79)の行列要素を，チャンネルA, B, Cに対してとると，第4章(2.61)の計算と同様の方法により

$$
\begin{aligned}
S_{\mathrm{M},f;\mathrm{N},i} = \langle\varphi_{\mathrm{M},f}{}^{(-)}|\varphi_{\mathrm{N},i}{}^{(+)}\rangle-\sum_n\langle\varphi_{\mathrm{M},f}{}^{(-)}|\varphi_{\mathrm{O},n}\rangle\langle\varphi_{\mathrm{O},n}|\varphi_{\mathrm{N},i}{}^{(+)}\rangle\\
-2\pi i\delta(E_f-E_i)\langle\varphi_{\mathrm{M},f}{}^{(-)}|W|\Psi_{\mathrm{N},i}{}^{(+)}\rangle
\end{aligned}
$$

をうる．右辺の第2項は漸近状態 $\varphi_{\mathrm{M},m}{}^{(\pm)}$ と $\varphi_{\mathrm{O},n}$ との直交性で消え，また第1項は $\mathrm{M}\neq\mathrm{N}$ のとき直交することから，

$$
\begin{aligned}
S_{\mathrm{M},f;\mathrm{N},i} = \delta_{\mathrm{M},\mathrm{N}}\langle\varphi_{\mathrm{N},f}{}^{(-)}|\varphi_{\mathrm{N},i}{}^{(+)}\rangle\\
-2\pi i\delta(E_f-E_i)\langle\varphi_{\mathrm{M},f}{}^{(-)}|W|\Psi_{\mathrm{N},i}{}^{(+)}\rangle \qquad (2.80)
\end{aligned}
$$

と書くことができる．

次に初めの状態はチャンネル A, B, C のどれかに属し，終状態がチャンネル D であるときには，(2.76)の S 行列を(2.79)の S 演算子で表わすことはできない．このときは

$$\begin{aligned}
S_{\mathrm{D},f;\mathrm{N},i} &= \langle \Psi_{\mathrm{D},f}{}^{(-)} | \Psi_{\mathrm{N},i}{}^{(+)} \rangle \\
&= \left\langle \Psi_{\mathrm{D},f}{}^{(-)} \middle| \left(1 + \frac{1}{E_i - H + i\epsilon} W\right) \middle| \varphi_{\mathrm{N},i}{}^{(+)} \right\rangle \\
&= \left\langle \Psi_{\mathrm{D},f}{}^{(-)} \middle| W \frac{1}{E_f - H_0 + i\epsilon} \middle| \varphi_{\mathrm{N},i}{}^{(+)} \right\rangle \\
&\qquad + \left\langle \Psi_{\mathrm{D},f}{}^{(-)} \middle| \frac{1}{E_i - H + i\epsilon} W \middle| \varphi_{\mathrm{N},i}{}^{(+)} \right\rangle \\
&= \left[\frac{1}{E_f - E_i + i\epsilon} + \frac{1}{E_i - E_f + i\epsilon} \right] \langle \Psi_{\mathrm{D},f}{}^{(-)} | W | \varphi_{\mathrm{N},i}{}^{(+)} \rangle \\
&= -2\pi i \delta(E_f - E_i) \langle \Psi_{\mathrm{D},f}{}^{(-)} | W | \varphi_{\mathrm{N},i}{}^{(+)} \rangle
\end{aligned} \tag{2.81}$$

となる．ここで3番目の等号では(2.69)を用いた．なお，初めの状態がチャンネルDであるときには，粒子1あるいは粒子2を基準点にとったV座標系を用いれば，そこでのAあるいはBチャンネルが，いまのチャンネルDになっている．したがって，いまの場合，初めの状態がチャンネルDである場合を考える必要はない．

最後に，全系のハミルトニアン H の固有状態の組

$$\{\Psi_{\mathrm{O},n}, \Psi_{\mathrm{A},n}{}^{(\pm)}, \Psi_{\mathrm{B},n}{}^{(\pm)}, \Psi_{\mathrm{C},n}{}^{(\pm)}, \Psi_{\mathrm{D},n}{}^{(\pm)}\} \tag{2.82}$$

が完全直交規格化系をつくっていることを利用して，光学定理を証明しておこう．ここで $\Psi_{\mathrm{O},n}$ は3個の粒子の束縛状態であり，そのエネルギー固有値 E_n は負の値をとる．さて，(2.82)の完全性から

$$\sum_{\substack{\mathrm{L}=\mathrm{O},\mathrm{A},\\ \mathrm{B},\mathrm{C},\mathrm{D}}} \sum_{l} |\Psi_{\mathrm{L},l}{}^{(\pm)}\rangle\langle\Psi_{\mathrm{L},l}{}^{(\pm)}| = 1 \tag{2.83}$$

である．これを散乱状態の直交・規格化性を示す(2.43)に挿入すると

$$\sum_{l}\sum_{\substack{L=A,B,\\C,D}}\langle\Psi_{M,m}{}^{(+)}|\Psi_{L,l}{}^{(-)}\rangle\langle\Psi_{L,l}{}^{(-)}|\Psi_{N,n}{}^{(+)}\rangle=\delta_{M,N}\delta_{m,n}$$
$$(M, N=A, B, C, D). \quad (2.84)$$

ここで，負のエネルギー固有値をもつ $\Psi_{0,n}$ は散乱状態 $\Psi_{N,n}{}^{(+)}$ と直交することを使っている．いま，M, N がチャンネル A, B, C のどれかであるとき，(2.84) は (2.77) と (2.81) から

$$\sum_{L=A,B,C}\sum_{l}\langle\varphi_{M,m}{}^{(+)}|S^{\dagger}(W)|\varphi_{L,l}{}^{(-)}\rangle\langle\varphi_{L,l}{}^{(-)}|S(W)|\varphi_{N,n}{}^{(+)}\rangle$$
$$+\sum_{l}\langle\Psi_{M,m}{}^{(+)}|\Psi_{D,l}{}^{(-)}\rangle\langle\Psi_{D,l}{}^{(-)}|\Psi_{N,n}{}^{(+)}\rangle=\delta_{M,N}\delta_{m,n} \quad (2.85)$$

と書かれる．これからわかるように，S 演算子はユニタリーではない．しかし，(2.84) より (2.76) の S 行列はユニタリーである．S 演算子がユニタリーにならないのは，相互作用 V_{12} による束縛状態を含む散乱状態 $\Psi_{D,l}{}^{(\pm)}$ が，ここでの S 演算子にとっては，反応過程のような役割を果しているからである．さて，(2.85) において，M=N=A，$m=n=i$，$l=f$ とすると，

$$\sum_{L=A,B,C}\sum_{f}|\langle\varphi_{L,f}{}^{(-)}|S(W)|\varphi_{A,i}{}^{(+)}\rangle|^2$$
$$+\sum_{f}|\langle\Psi_{D,f}{}^{(-)}|U(W;0,-\infty)|\varphi_{A,i}{}^{(+)}\rangle|^2=1 \quad (2.86)$$

となる．これに (2.80) と (2.81) を代入し，

$$T_{A,f;A,i}=\langle\varphi_{23}{}^{B}|\varphi_{23}{}^{B}\rangle\langle u_{13}{}^{(L)}|V_{13}|\varphi_{13}{}^{(+)}\rangle$$
$$+\langle\varphi_{A,f}{}^{(-)}|W|\Psi_{A,i}{}^{(+)}\rangle, \quad (2.87)$$

$$T_{N,f;A,i}=\langle\varphi_{N,f}{}^{(-)}|W|\Psi_{A,i}{}^{(+)}\rangle, \quad N=B, C \quad (2.88)$$

$$T_{D,f;A,i}=\langle\Psi_{D,f}{}^{(-)}|W|\varphi_{A,i}{}^{(+)}\rangle, \quad (2.89)$$

$$w_{L,f;A,i}=\frac{2\pi}{\hbar}\delta(E_f-E_i)|T_{L,f;A,i}|^2 \quad (2.90)$$

と書くと，

$$\sum_{f}\{w_{A,f;A,i}+\sum_{L=B,C,D}w_{L,f;A,i}\}=-\frac{2}{\hbar}\,\mathrm{Im}\,T_{A,i;A,i} \quad (2.91)$$

をうる．これは第4章(2.93)の光学定理を一般化したものにほかならない．なお，(2.87)の波動関数 $u_{13}{}^{(L)}$ は

$$u_{13}{}^{(L)}(\boldsymbol{r}_{13}) = \frac{1}{\sqrt{L^3}} \exp(i\boldsymbol{k}_{13}\cdot\boldsymbol{r}_{13}) \qquad (2.92)$$

で与えられる平面波である．

§3　T座標系への変換

前節では，3体系の散乱理論を構成するにあたって，図5.3(a)に示されているようなV座標系を用い，そのとき現われる遠方でも消えない相互作用項 $(1/m_3)\boldsymbol{p}_{13}\cdot\boldsymbol{p}_{23}$ を消去するために，(2.8)の正準変換をおこなったのである．このようにV座標系でものを考えたおかげで，§1の理論とはちがって，漸近状態と散乱状態の完全直交規格化性が明確に示され，これにともなって，散乱系の

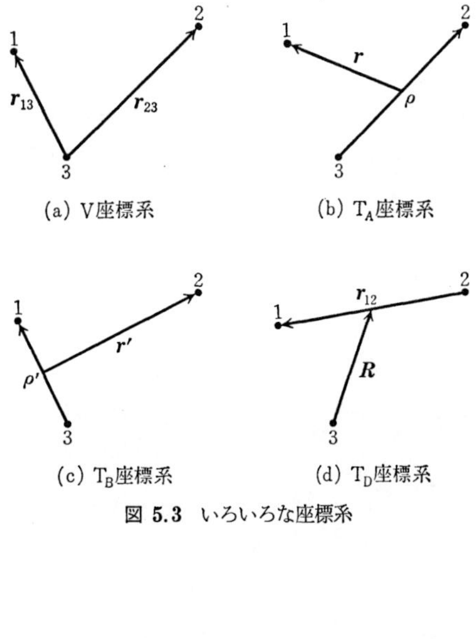

(a) V座標系　(b) T_A座標系　(c) T_B座標系　(d) T_D座標系

図 **5.3**　いろいろな座標系

性格を一般的に議論することが可能になったのである．つまり，V座標系は散乱の一般理論を展開するのに非常に好都合であった．ところが，このV座標系における理論を実際問題の計算に適用しようとすると，いろいろ不便なことがおきる．たとえばチャンネルAを考えてみよう．このとき，図5.3(a)で，粒子2と3とが相互作用 V_{23} により束縛状態をつくっていて，それに粒子1が衝突する．さて，(2.14)，(2.15)および(2.16)によると，粒子1と粒子3の間の最低次の相互作用は $V_{13}(\boldsymbol{r}_{13})$ であると考えられ，一方，粒子1と粒子2の間の最低次の相互作用は $\bar{V}_{12}=V_{12}(\mathrm{e}^{-\alpha}\boldsymbol{r}_{12})$ であるとみなされる．そこで仮に，これらの相互作用がそれぞれ引力と斥力のCoulombポテンシャルであるとしよう．普通なら，これらのポテンシャル $-e^2/r_{13}$ および e^2/r_{12} を加えたものは，双極子ポテンシャルになり，それは束縛系(2+3)の重心と粒子1の間の距離 r の逆2乗に比例する．ところがいまの場合には，$\bar{V}_{12}$ のなかの $\bar{\boldsymbol{r}}_{12}$ には $\exp(-\alpha)$ の因子があり，そのため V_{13} と $\bar{V}_{12}$ の r^{-1} の1次の項が相殺しないで残ることになる．さらに相互作用 $\bar{V}_{13}$ や $\bar{V}_{23}$ を考慮にいれると，話はますます複雑になる．このように，ユニタリー変換(2.8)をおこなったあとのV座標系における相互作用の形は，どうみても不自然である．そして，このことは物理的描像にもとづく合理的な近似法の発見を困難にする．そこで，これまでV座標系で記述されてきた物理量を，物理的直観のきく，より自然な座標系に変換することを考えよう．

(1)　T座標系における初めと終りの状態

まずチャンネルAから考えよう．このとき，粒子2と粒子3が束縛状態をつくっているから，図5.3(b)に示したように，粒子2と粒子3の相対座標 $\boldsymbol{\rho}$ と，それらの重心と粒子1の間を結ぶベクトル $\boldsymbol{r}$ で系を記述する $\mathrm{T_A}$ 座標系を用いるのが自然である．V座

標系の変数 $\boldsymbol{r}_{13}, \boldsymbol{r}_{23}$ と $\boldsymbol{\rho}, \boldsymbol{r}$ の間には

$$\boldsymbol{r} = \boldsymbol{r}_{13} - \frac{m_2}{m_2+m_3}\boldsymbol{r}_{23}, \qquad \boldsymbol{\rho} = \boldsymbol{r}_{23} \tag{3.1}$$

の関係がある．これらに正準共役な変数の間の関係は，第2章§1の方法を用いれば

$$\boldsymbol{p}_r = \boldsymbol{p}_{13}, \qquad \boldsymbol{p}_\rho = \boldsymbol{p}_{23} + \frac{m_2}{m_2+m_3}\boldsymbol{p}_{13} \tag{3.2}$$

で与えられることは容易に示される．(3.1)と(3.2)を(2.7)に代入すると

$$H_c = \frac{1}{2\mu_{1;2,3}}\boldsymbol{p}_r^{\,2} + \frac{1}{2\mu_{23}}\boldsymbol{p}_\rho^{\,2} + V_{23}(\boldsymbol{\rho}) + V_{13}(\boldsymbol{r}, \boldsymbol{\rho}) + V_{12}(\boldsymbol{r}, \boldsymbol{\rho}) \tag{3.3}$$

をうる．ここで $\mu_{1;2,3} = m_1(m_2+m_3)/M$ である．さて，この系の初め(あるいは終り)の状態 $\phi_{\mathrm{A},n}(\boldsymbol{r}, \boldsymbol{\rho})$ は，ハミルトニアン

$$\begin{aligned} H_{\mathrm{A}}^{(\mathrm{T})} &= \frac{1}{2\mu_{13}}\boldsymbol{p}_{13}^{\,2} + \frac{1}{2\mu_{23}}\boldsymbol{p}_{23}^{\,2} + \frac{1}{m_3}\boldsymbol{p}_{13}\cdot\boldsymbol{p}_{23} + V_{23}(\boldsymbol{r}_{23}) \\ &= \frac{1}{2\mu_{1;2,3}}\boldsymbol{p}_r^{\,2} + \frac{1}{2\mu_{23}}\boldsymbol{p}_\rho^{\,2} + V_{23}(\boldsymbol{\rho}) \\ &\equiv K(\boldsymbol{r}, \boldsymbol{\rho}) + V_{23}(\boldsymbol{\rho}) \end{aligned} \tag{3.4}$$

の固有関数として

$$H_{\mathrm{A}}^{(\mathrm{T})}\phi_{\mathrm{A},n}(\boldsymbol{r}, \boldsymbol{\rho}) = E_n\phi_{\mathrm{A},n}(\boldsymbol{r}, \boldsymbol{\rho}) \tag{3.5}$$

で与えられる．

チャンネルCでは，初め(あるいは終り)の状態は3個の粒子がばらばらになっている状態であるから，チャンネルAと同じ $\mathrm{T_A}$ 座標系を利用することができる．このとき初め(あるいは終り)の状態 $\phi_{\mathrm{C},n}(\boldsymbol{r}, \boldsymbol{\rho})$ は

$$H_{\mathrm{C}}^{(\mathrm{T})}\phi_{\mathrm{C},n}(\boldsymbol{r}, \boldsymbol{\rho}) = E_n\phi_{\mathrm{C},n}(\boldsymbol{r}, \boldsymbol{\rho}) \tag{3.6}$$

の解であり，ここで

$$H_{\mathrm{C}}^{(\mathrm{T})} = \frac{1}{2\mu_{1;2,3}}\boldsymbol{p}_r^{\,2} + \frac{1}{2\mu_{23}}\boldsymbol{p}_\rho^{\,2} \equiv K(\boldsymbol{r}, \boldsymbol{\rho}) \tag{3.7}$$

である．

次にチャンネルBでは，粒子1と粒子3の束縛状態がある．したがって，このとき図5.3(c)のT_B座標系を用いるのがよい．V座標系からT_B座標系への変換は

$$\boldsymbol{r}' = \boldsymbol{r}_{23} - \frac{m_1}{m_1+m_3}\boldsymbol{r}_{13}, \qquad \boldsymbol{\rho}' = \boldsymbol{r}_{13},$$
$$\boldsymbol{p}'_{r'} = \boldsymbol{p}_{23}, \qquad \boldsymbol{p}'_{\rho'} = \boldsymbol{p}_{13} + \frac{m_1}{m_1+m_3}\boldsymbol{p}_{23} \tag{3.8}$$

である．これを(2.7)に代入すると，

$$H_c = \frac{1}{2\mu_{2;1,3}}\boldsymbol{p}'_{r'}{}^2 + \frac{1}{2\mu_{13}}\boldsymbol{p}'_{\rho'}{}^2 + V_{13}(\boldsymbol{\rho}') + V_{23}(\boldsymbol{r}',\boldsymbol{\rho}') + V_{12}(\boldsymbol{r}',\boldsymbol{\rho}') \tag{3.9}$$

となる．ここで$\mu_{2;1,3}=m_2(m_1+m_3)/M$である．この場合の初め(あるいは終り)の状態$\phi_{B,n}(\boldsymbol{r}',\boldsymbol{\rho}')$は，ハミルトニアン

$$\begin{aligned} H_B{}^{(T)} &= \frac{1}{2\mu_{13}}\boldsymbol{p}_{13}{}^2 + \frac{1}{2\mu_{23}}\boldsymbol{p}_{23}{}^2 + \frac{1}{m_3}\boldsymbol{p}_{13}\cdot\boldsymbol{p}_{23} + V_{13}(\boldsymbol{r}_{13}) \\ &= \frac{1}{2\mu_{2;1,3}}\boldsymbol{p}'_{r'}{}^2 + \frac{1}{2\mu_{13}}\boldsymbol{p}'_{\rho'}{}^2 + V_{13}(\boldsymbol{\rho}') \\ &\equiv K(\boldsymbol{r}',\boldsymbol{\rho}') + V_{13}(\boldsymbol{\rho}') \end{aligned} \tag{3.10}$$

の固有関数として

$$H_B{}^{(T)}\phi_{B,n}(\boldsymbol{r}',\boldsymbol{\rho}') = E_n\phi_{B,n}(\boldsymbol{r}',\boldsymbol{\rho}') \tag{3.11}$$

をみたしている．

最後にチャンネルDでは，粒子1と粒子2とが束縛状態にあるので，図5.3(d)のT_D座標系を用いるのが自然である．このとき

$$\boldsymbol{r}_{12} = \boldsymbol{r}_{13} - \boldsymbol{r}_{23}, \qquad \boldsymbol{R} = \frac{m_1\boldsymbol{r}_{13}+m_2\boldsymbol{r}_{23}}{m_1+m_2},$$
$$\boldsymbol{p}_{12} = \frac{m_2\boldsymbol{p}_{13}-m_1\boldsymbol{p}_{23}}{m_1+m_2}, \qquad \boldsymbol{P}_R = \boldsymbol{p}_{13}+\boldsymbol{p}_{23} \tag{3.12}$$

であり，波動関数$\phi_{D,n}(\boldsymbol{R},\boldsymbol{r}_{12})$は

$$H_{\mathrm{D}}{}^{(\mathrm{T})}\phi_{\mathrm{D},n}(\boldsymbol{R},\boldsymbol{r}_{12})=E_n\phi_{\mathrm{D},n}(\boldsymbol{R},\boldsymbol{r}_{12}) \tag{3.13}$$

をみたす．ここで

$$\begin{aligned} H_{\mathrm{D}}{}^{(\mathrm{T})}&=\frac{1}{2\mu_{13}}\boldsymbol{p}_{13}{}^2+\frac{1}{2\mu_{23}}\boldsymbol{p}_{23}{}^2+\frac{1}{m_3}\boldsymbol{p}_{13}\cdot\boldsymbol{p}_{23}+V_{12}(\boldsymbol{r}_{12})\\ &=\frac{1}{2\mu_{3;1,2}}\boldsymbol{P}_{\boldsymbol{R}}{}^2+\frac{1}{2\mu_{12}}\boldsymbol{p}_{12}{}^2+V_{12}(\boldsymbol{r}_{12}) \end{aligned} \tag{3.14}$$

である．なお，$\mu_{3;1,2}=m_3(m_1+m_2)/M$ である．

(2) T 座標系における散乱状態と S 行列

チャンネル A, B および C に属する V 座標系における散乱状態 $\Psi_{\mathrm{N},n}{}^{(\pm)}$ は，(2.30) により

$$\Psi_{\mathrm{N},n}{}^{(\pm)}=\left(1+\frac{1}{E_n-H\pm i\epsilon}W\right)\varphi_{\mathrm{N},n}{}^{(\pm)} \tag{3.15}$$

で表わされている．これをそれぞれのチャンネルに適したT座標系における表式に変換しよう．

V 座標系における初め(あるいは終り)の状態を $\Phi_{\mathrm{N},n}$ と書くと，これらは

$$\begin{aligned} &[K_{13}+(K_{23}+V_{23})]\Phi_{\mathrm{A},n}=E_n\Phi_{\mathrm{A},n},\\ &[(K_{13}+V_{13})+K_{23}]\Phi_{\mathrm{B},n}=E_n\Phi_{\mathrm{B},n},\\ &[K_{13}+K_{23}]\Phi_{\mathrm{C},n}=E_n\Phi_{\mathrm{C},n} \end{aligned} \tag{3.16}$$

の解として与えられる．ここで，V_{13} あるいは V_{23} の相互作用を含む部分の波動関数は束縛状態であるとしている．すると，(3.15) の漸近状態 $\varphi_{\mathrm{N},n}{}^{(\pm)}$ は，上の $\Phi_{\mathrm{N},n}$ と次の関係で結ばれている．

$$\begin{aligned} \varphi_{\mathrm{A},n}{}^{(\pm)}&=\left[1+\frac{1}{E_n-H_0\pm i\epsilon}V_{13}\right]\Phi_{\mathrm{A},n},\\ \varphi_{\mathrm{B},n}{}^{(\pm)}&=\left[1+\frac{1}{E_n-H_0\pm i\epsilon}V_{23}\right]\Phi_{\mathrm{B},n},\\ \varphi_{\mathrm{C},n}{}^{(\pm)}&=\left[1+\frac{1}{E_n-H_0\pm i\epsilon}(V_{13}+V_{23})\right]\Phi_{\mathrm{C},n}. \end{aligned} \tag{3.17}$$

これらを(3.15)に代入すると

$$\begin{aligned}\Psi_{\mathrm{A},n}{}^{(\pm)} &= \left[1+\frac{1}{E_n-H\pm i\epsilon}W\right]\left[1+\frac{1}{E_n-H_0\pm i\epsilon}V_{13}\right]\Phi_{\mathrm{A},n}\\ &= \left[1+\frac{1}{E_n-H\pm i\epsilon}W\right.\\ &\qquad\left.+\left(1+\frac{1}{E_n-H\pm i\epsilon}W\right)\frac{1}{E_i-H_0\pm i\epsilon}V_{13}\right]\Phi_{\mathrm{A},n}\\ &= \left[1+\frac{1}{E_n-H\pm i\epsilon}(W+V_{13})\right]\Phi_{\mathrm{A},n}\\ &= \left[1+\frac{1}{E_n-H\pm i\epsilon}\left\{\bar{V}_{13}+(\bar{V}_{23}-V_{23})+\bar{V}_{12}\right\}\right]\Phi_{\mathrm{A},n}. \qquad (3.18)\end{aligned}$$

ここで3番目の等号では，第2章(2.28)の公式を適用した．同様の変形によって

$$\Psi_{\mathrm{B},n}{}^{(\pm)} = \left[1+\frac{1}{E_n-H\pm i\epsilon}\left\{(\bar{V}_{13}-V_{13})+\bar{V}_{23}+\bar{V}_{12}\right\}\right]\Phi_{\mathrm{B},n}, \qquad (3.19)$$

$$\Psi_{\mathrm{C},n}{}^{(\pm)} = \left[1+\frac{1}{E_n-H\pm i\epsilon}(\bar{V}_{13}+\bar{V}_{23}+\bar{V}_{12})\right]\Phi_{\mathrm{C},n} \qquad (3.20)$$

をうる．

(3.18)，(3.19)および(3.20)はV座標系における散乱状態の波動関数を与える表式であるが，これらをそれぞれのT座標系に変換する．その目的のために，まずV座標系の $\Phi_{\mathrm{N},n}$ と，それぞれのT座標系における $\phi_{\mathrm{N},n}$ との関係を調べておこう．(3.16)の第1式と第2式とを $\mathrm{T_A}$ 座標系に変換するために，(2.8)のユニタリー変換の逆変換をおこなう．すなわち，

$$\begin{aligned}&\exp(-iX)[K_{13}+(K_{23}+V_{23})]\exp(iX)\exp(-iX)\Phi_{\mathrm{A},n}\\ &\qquad\qquad = E_n\exp(-iX)\Phi_{\mathrm{A},n},\\ &\exp(-iX)[K_{13}+K_{23}]\exp(iX)\exp(-iX)\Phi_{\mathrm{C},n}\\ &\qquad\qquad = E_n\exp(-iX)\Phi_{\mathrm{C},n}.\end{aligned} \qquad (3.21)$$

ところが，(2.11)から明らかなように

$$\exp(-iX)(K_{13}+K_{23})\exp(iX)=\frac{1}{2\mu_{13}}\boldsymbol{p}_{13}{}^2+\frac{1}{2\mu_{23}}\boldsymbol{p}_{23}{}^2+\frac{1}{m_3}\boldsymbol{p}_{13}\cdot\boldsymbol{p}_{23}$$
$$=\frac{1}{2\mu_{1;2,3}}\boldsymbol{p}_r{}^2+\frac{1}{2\mu_{23}}\boldsymbol{p}_\rho{}^2 \quad (3.22)$$

である．2番目の等号は(3.4)による．また

$$U_{23}\equiv\exp(-iX)V_{23}\exp(iX) \quad (3.23)$$

とおく．すると，(3.21)はそれぞれ

$$(E_n-H_{\mathrm{A}}{}^{(\mathrm{T})})\exp(-iX)\Phi_{\mathrm{A},n}=(U_{23}-V_{23}(\boldsymbol{\rho}))\exp(-iX)\Phi_{\mathrm{A},n}, \quad (3.24)$$

$$(E_n-H_{\mathrm{C}}{}^{(\mathrm{T})})\exp(-iX)\Phi_{\mathrm{C},n}=0 \quad (3.25)$$

となる．次に(3.16)の第2式を$\mathrm{T_B}$座標系に変換する．このときも(2.8)の逆変換をおこなうと

$$\exp(-iX)[(K_{13}+V_{13})+K_{23}]\exp(iX)\exp(-iX)\Phi_{\mathrm{B},n}$$
$$=E_n\exp(-iX)\Phi_{\mathrm{B},n} \quad (3.26)$$

である．ここで(3.10)により

$$\exp(-iX)(K_{13}+K_{23})\exp(iX)=\frac{1}{2\mu_{2;1,3}}\boldsymbol{p}'_{r'}{}^2+\frac{1}{2\mu_{13}}\boldsymbol{p}'_{\rho'}{}^2 \quad (3.27)$$

と表わされることを用いると，(3.26)は

$$(E_n-H_{\mathrm{B}}{}^{(\mathrm{T})})\exp(-iX)\Phi_{\mathrm{B},n}=(U_{13}-V_{13}(\boldsymbol{\rho}'))\exp(-iX)\Phi_{\mathrm{B},n} \quad (3.28)$$

となる．ここで

$$U_{13}\equiv\exp(-iX)V_{13}\exp(iX) \quad (3.29)$$

とおいた．(3.24)と(3.28)とをそれぞれ(3.5)および(3.11)と比較することにより，

$$\exp(-iX)\Phi_{\mathrm{A},n}{}^{(\pm)}=\Bigg[1+\frac{1}{E_n-(K(\boldsymbol{r},\boldsymbol{\rho})+U_{23})\pm i\epsilon}$$
$$\times\Big(U_{23}-V_{23}(\boldsymbol{\rho})\Big)\Bigg]\phi_{\mathrm{A},n}(\boldsymbol{r},\boldsymbol{\rho}),$$

$$\exp(-iX)\Phi_{\mathrm{B},n}{}^{(\pm)}=\left[1+\frac{1}{E_n-(K(\boldsymbol{r}',\boldsymbol{\rho}')+U_{13})\pm i\epsilon}\times\Big(U_{13}-V_{13}(\boldsymbol{\rho}')\Big)\right]\phi_{\mathrm{B},n}(\boldsymbol{r}',\boldsymbol{\rho}') \quad (3.30)$$

と書くことができる．一方，チャンネルCに対しては，(3.6)と(3.25)を比較することにより

$$\exp(-iX)\Phi_{\mathrm{C},n}=\phi_{\mathrm{C},n}(\boldsymbol{r},\boldsymbol{\rho}) \quad (3.31)$$

の関係があることを知る．そこで(3.18)，(3.19)および(3.20)に左から $\exp(-iX)$ を掛けて，(3.30)の第1式および(3.31)を代入すると

$$\begin{aligned}\Psi_{\mathrm{A},n}{}^{\mathrm{T},(\pm)}&\equiv\exp(-iX)\Psi_{\mathrm{A},n}{}^{(\pm)}\\&=\exp(-iX)\left[1+\frac{1}{E_n-H\pm i\epsilon}(\bar{V}_{13}+\bar{V}_{23}-V_{23}+\bar{V}_{12})\right]\\&\qquad\times\exp(iX)\exp(-iX)\Phi_{\mathrm{A},n}\\&=\left[1+\frac{1}{E_n-H_c\pm i\epsilon}(V_{13}+V_{23}+V_{12}-U_{23})\right]\exp(-iX)\Phi_{\mathrm{A},n}\\&=\left[1+\frac{1}{E_n-H_c\pm i\epsilon}(V_{13}+V_{23}+V_{12}-U_{23})\right]\\&\qquad\times\left[1+\frac{1}{E_n-(K(\boldsymbol{r},\boldsymbol{\rho})+U_{23})\pm i\epsilon}(U_{23}-V_{23})\right]\phi_{\mathrm{A},n}(\boldsymbol{r},\boldsymbol{\rho})\\&=\left[1+\frac{1}{E_n-H_c\pm i\epsilon}(V_{13}(\boldsymbol{r},\boldsymbol{\rho})+V_{12}(\boldsymbol{r},\boldsymbol{\rho}))\right]\phi_{\mathrm{A},n}(\boldsymbol{r},\boldsymbol{\rho}).\end{aligned} \quad (3.32)$$

ここで H_c は(3.3)で与えられ，また最後の等号では第2章(2.28)の公式を利用した．まったく同様の変形により，

$$\begin{aligned}\Psi_{\mathrm{B},n}{}^{\mathrm{T},(\pm)}&\equiv\exp(-iX)\Psi_{\mathrm{B},n}{}^{(\pm)}\\&=\left[1+\frac{1}{E_n-H_c\pm i\epsilon}(V_{23}(\boldsymbol{r}',\boldsymbol{\rho}')+V_{12}(\boldsymbol{r}',\boldsymbol{\rho}'))\right]\phi_{\mathrm{B},n}(\boldsymbol{r}',\boldsymbol{\rho}')\end{aligned} \quad (3.33)$$

をうる．ここで H_c は(3.9)で表わされている．チャンネルCにつ

いては，次の結果をうる．

$$\Psi_{\mathrm{C},n}{}^{\mathrm{T},(\pm)} \equiv \exp(-iX)\Psi_{\mathrm{C},n}{}^{(\pm)}$$

$$= \left[1+\frac{1}{E_n-H_c\pm i\epsilon}\left\{V_{13}(\boldsymbol{r},\boldsymbol{\rho})+V_{23}(\boldsymbol{\rho})+V_{12}(\boldsymbol{r},\boldsymbol{\rho})\right\}\right]\phi_{\mathrm{C},n}(\boldsymbol{r},\boldsymbol{\rho}). \tag{3.34}$$

最後にチャンネルDを調べよう．このとき，漸近状態$\varphi_{\mathrm{D},n}$は(2.55)で定義され，

$$(K_{13}+K_{23}+\bar{V}_{12})\varphi_{\mathrm{D},n} = E_n\varphi_{\mathrm{D},n} \tag{3.35}$$

の解である．(2.8)の逆変換により

$$\exp(-iX)(K_{13}+K_{23}+\bar{V}_{12})\exp(iX)$$

$$= \frac{1}{2\mu_{13}}\boldsymbol{p}_{13}{}^2+\frac{1}{2\mu_{23}}\boldsymbol{p}_{23}{}^2+\frac{1}{m_3}\boldsymbol{p}_{13}\cdot\boldsymbol{p}_{23}+V_{12}$$

$$= \frac{1}{2\mu_{3;1,2}}\boldsymbol{P}_R{}^2+\frac{1}{2\mu_{12}}\boldsymbol{p}_{12}{}^2+V_{12}(\boldsymbol{r}_{12}) = H_{\mathrm{D}}{}^{(\mathrm{T})} \tag{3.36}$$

となる．ここで(3.14)を用いた．したがって，(3.35)は

$$H_{\mathrm{D}}{}^{(\mathrm{T})}\exp(-iX)\,\varphi_{\mathrm{D},n} = E_n\exp(-iX)\,\varphi_{\mathrm{D},n} \tag{3.37}$$

と変換される．これを(3.13)と比較すると

$$\phi_{\mathrm{D},n}(\boldsymbol{R},\boldsymbol{r}_{12}) = \exp(-iX)\,\varphi_{\mathrm{D},n}(\boldsymbol{r}_{13},\boldsymbol{r}_{23}) \tag{3.38}$$

である．そこで(2.54)の $\Psi_{\mathrm{D},n}{}^{(\pm)}$ の式に左から$\exp(-iX)$を作用させると，

$$\Psi_{\mathrm{D},n}{}^{\mathrm{T},(\pm)} \equiv \exp(-iX)\Psi_{\mathrm{D},n}{}^{(\pm)}$$

$$= \exp(-iX)\left[1+\frac{1}{E_n-H\pm i\epsilon}(\bar{V}_{13}+\bar{V}_{23})\right]\exp(iX)\exp(-iX)\varphi_{\mathrm{D},n}$$

$$= \left[1+\frac{1}{E_n-H_c\pm i\epsilon}(V_{13}+V_{23})\right]\phi_{\mathrm{D},n}(\boldsymbol{R},\boldsymbol{r}_{12}) \tag{3.39}$$

をうる．ただしここで，H_cは次の形をとる．

$$H_c = \frac{1}{2\mu_{3;1,2}}\boldsymbol{P}_R{}^2+\frac{1}{2\mu_{12}}\boldsymbol{p}_{12}{}^2$$

$$+V_{12}(\boldsymbol{r}_{12})+V_{13}(\boldsymbol{R},\boldsymbol{r}_{12})+V_{23}(\boldsymbol{R},\boldsymbol{r}_{12}). \tag{3.40}$$

以上のやや面倒な計算によって明らかになったことは，V座標系における散乱状態$\Psi_{\mathrm{N},n}{}^{(\pm)}$ (N=A, B, C, D) を$\exp(-iX)$により変換した状態$\Psi_{\mathrm{N},n}{}^{\mathrm{T},(\pm)}$は，それぞれのチャンネルに適当なT座標系を採用したときの初め(あるいは終り)の状態$\phi_{\mathrm{N},n}$からつくりだされた散乱状態になっているということである．つまり，各T座標系における散乱状態$\Psi_{\mathrm{N},n}{}^{\mathrm{T},(\pm)}$とV座標系の散乱状態 $\Psi_{\mathrm{N},n}{}^{(\pm)}$とは，ユニタリー変換

$$\Psi_{\mathrm{N},n}{}^{\mathrm{T},(\pm)} = \exp(-iX)\Psi_{\mathrm{N},n}{}^{(\pm)}(\boldsymbol{r}_{13}, \boldsymbol{r}_{23}) \qquad (3.41)$$

によって結びついていることが明らかになったのである．なお，§1の(1.13)あるいは(1.14)を各チャンネルに適応したT座標系で表わしたものを，(3.32)，(3.33)，(3.34)および(3.39)の右辺と比較すると，これらはまったく一致していることに注意しよう．

さて，(3.41)から次の重要な結論が導かれる．

$$\begin{aligned}\langle\Psi_{\mathrm{M},m}{}^{\mathrm{T},(\pm)}|\Psi_{\mathrm{N},n}{}^{\mathrm{T},(\pm)}\rangle &= \langle\Psi_{\mathrm{M},m}{}^{(\pm)}|\exp(iX)\cdot\exp(-iX)|\Psi_{\mathrm{N},n}{}^{(\pm)}\rangle \\ &= \langle\Psi_{\mathrm{M},m}{}^{(\pm)}|\Psi_{\mathrm{N},n}{}^{(\pm)}\rangle = \delta_{\mathrm{M,N}}\delta_{m,n} \\ &\qquad (\mathrm{M,N} = \mathrm{A,B,C,D}). \qquad (3.42)\end{aligned}$$

ここで最後の等号は(2.43)，(2.70)および(2.71)による．すなわち，それぞれのT座標系で表わされている散乱状態$\Psi_{\mathrm{N},n}{}^{\mathrm{T},(\pm)}$も直交・規格化されている．この関係こそ(1.19)で仮定された式なのである．ここで強調しておきたいことは，T座標系における散乱状態の直交・規格化性(3.42)は，V座標系への回り道をとってはじめて明確に証明できるということである．もしV座標系への回り道をとらず，いきなり各チャンネルに対して，それぞれのT座標系での散乱状態を考えたときには，各T座標系の変数の相違のため，それらの散乱状態の直交・規格化性を示すことはほとんど不可能になってしまうであろう．

この節を終わるにあたって，T座標系におけるS行列を調べて

おこう．(2.76)と(3.42)とから

$$\begin{aligned} S_{\mathrm{M},f;\mathrm{N},i} &= \langle \Psi_{\mathrm{M},f}{}^{(-)} | \Psi_{\mathrm{N},i}{}^{(+)} \rangle \\ &= \langle \Psi_{\mathrm{M},f}{}^{\mathrm{T},(-)} | \exp(-iX) \cdot \exp(iX) | \Psi_{\mathrm{N},i}{}^{\mathrm{T},(+)} \rangle \\ &= \langle \Psi_{\mathrm{M},f}{}^{\mathrm{T},(-)} | \Psi_{\mathrm{N},i}{}^{\mathrm{T},(+)} \rangle \end{aligned} \tag{3.43}$$

である．ここで(3.5), (3.6), (3.11)および(3.13)をまとめて

$$H_{\mathrm{N}}{}^{(\mathrm{T})} \phi_{\mathrm{N},n} = E_n \phi_{\mathrm{N},n} \tag{3.44}$$

と表わし，また

$$H_c = H_{\mathrm{N}}{}^{(\mathrm{T})} + V_{\mathrm{N}} \tag{3.45}$$

と書き，(3.32), (3.33), (3.34)および(3.39)もまとめて

$$\Psi_{\mathrm{N},n}{}^{\mathrm{T},(\pm)} = \left(1 + \frac{1}{E_n - H_c \pm i\epsilon} V_{\mathrm{N}}\right) \phi_{\mathrm{N},n} \tag{3.46}$$

と表現すれば，

$$\Psi_{\mathrm{M},m}{}^{\mathrm{T},(-)} - \Psi_{\mathrm{M},m}{}^{\mathrm{T},(+)} = 2\pi i \delta(E_m - H_c) V_{\mathrm{M}} \phi_{\mathrm{M},m} \tag{3.47}$$

となる．これを(3.43)に代入すると，(3.42)のおかげで

$$\begin{aligned} S_{\mathrm{M},f;\mathrm{N},i} &= \langle \Psi_{\mathrm{M},f}{}^{\mathrm{T},(+)} | \Psi_{\mathrm{N},i}{}^{\mathrm{T},(+)} \rangle - 2\pi i \langle \phi_{\mathrm{M},f} | V_{\mathrm{M}} \delta(E_f - H_c) | \Psi_{\mathrm{N},i}{}^{\mathrm{T},(+)} \rangle \\ &= \delta_{\mathrm{M},\mathrm{N}} \delta_{f,i} - 2\pi i \delta(E_f - E_i) \langle \phi_{\mathrm{M},f} | V_{\mathrm{M}} | \Psi_{\mathrm{N},i}{}^{\mathrm{T},(+)} \rangle \end{aligned} \tag{3.48}$$

をうる．あるいはこれは

$$S_{\mathrm{M},f;\mathrm{N},i} = \delta_{\mathrm{M},\mathrm{N}} \delta_{f,i} - 2\pi i \delta(E_f - E_i) \langle \Psi_{\mathrm{M},f}{}^{\mathrm{T},(-)} | V_{\mathrm{N}} | \phi_{\mathrm{N},i} \rangle \tag{3.49}$$

と表わすこともできる．(1.17)および(1.18)の S 行列の形式的表現は，ここに証明した(3.48)および(3.49)であったのである．さて，(2.82)の H の固有関数の完全系に，ユニタリー変換 $\exp(-iX)$ をほどこしてえられる H_c の固有関数系

$$\{\Psi_{\mathrm{O},n}{}^{\mathrm{T}},\ \Psi_{\mathrm{A},n}{}^{\mathrm{T},(\pm)},\ \Psi_{\mathrm{B},n}{}^{\mathrm{T},(\pm)},\ \Psi_{\mathrm{C},n}{}^{\mathrm{T},(\pm)},\ \Psi_{\mathrm{D},n}{}^{\mathrm{T},(\pm)}\} \tag{3.50}$$

もまた明らかに完全直交規格化系をつくっている．ここで $\Psi_{\mathrm{O},n}{}^{\mathrm{T}} \equiv \exp(-iX)\Psi_{\mathrm{O},n}$ である．したがって，(2.84)に対応して

$$\sum_l \sum_{\substack{\mathrm{L}=\mathrm{A},\mathrm{B},\\ \mathrm{C},\mathrm{D}}} \langle \Psi_{\mathrm{M},m}{}^{\mathrm{T},(+)} | \Psi_{\mathrm{L},l}{}^{\mathrm{T},(-)} \rangle \langle \Psi_{\mathrm{L},l}{}^{\mathrm{T},(-)} | \Psi_{\mathrm{N},n}{}^{\mathrm{T},(+)} \rangle = \delta_{\mathrm{M},\mathrm{N}} \delta_{m,n} \tag{3.51}$$

が成立する．これに(3.48)を代入することにより，初めの状態がチャンネルAに属するときのT座標系における光学定理

$$\sum_f \{w_{A,f;A,i}+\sum_{L=B,C,D} w_{L,f;A,i}\} = -\frac{2}{\hbar}\,\mathrm{Im}\,T_{Ai,A,i} \qquad (3.52)$$

が導かれる．ここで

$$w_{L,f;A,i} = \frac{2\pi}{\hbar}\delta(E_f-E_i)|\langle\phi_{L,f}|V_L|\Psi_{A,i}{}^{T,(+)}\rangle|^2 \qquad (3.53)$$

である．

§4 Faddeev の方法

前節において，それぞれのチャンネルに適応したT座標系を用いることにより，散乱状態を表わす波動関数は(3.46)により与えられることが示された．(3.46)を Lippmann-Schwinger 型の積分方程式

$$\Psi_{N,n}{}^{T,(\pm)} = \phi_{N,n}+\frac{1}{E_n-H_N{}^{(T)}\pm i\epsilon}V_N\Psi_{N,n}{}^{T,(\pm)} \qquad (4.1)$$

で表わしたとき，この積分方程式はすべてのチャンネルに対する終状態を生成せず，その解は一義的に決まらない．また，これらのことが原因で，(4.1)の積分方程式の逐次近似は収束しない．一方，直接(3.46)そのものから散乱状態を具体的に計算することはできない．そこで(3.46)を適当に変形して，すべてのチャンネルに対応する漸近的境界条件を正しく反映し，また解の一義性とともに，逐次近似の収束が保証されている新しい積分方程式をつくる必要がある．ここに述べる Faddeev の方法は，これに対する一つの解答を与えるものである．

(1) Lippmann-Schwinger の方程式の欠陥

(4.1)の積分方程式を捨てて，新しい方法を開発するためには．この積分方程式が一義的な解をもたない原因を明らかにしておく

必要がある．この原因が明らかになれば，新しい積分方程式をつくる手がかりもえられるであろう．いまたとえば，チャンネル C における散乱を考える．このとき，(3.45)において

$$H_c = H_C^{(T)} + V_C; \qquad V_C = V_{12} + V_{23} + V_{31} \tag{4.2}$$

である．S 行列は(3.48)と(3.46)から

$$\begin{aligned} S_{C,f;C,i} &= \delta_{f,i} - 2\pi i\delta(E_f - E_i)\langle\phi_{C,f}|V_C|\Psi_{C,i}{}^{T,(+)}\rangle \\ &= \delta_{f,i} - 2\pi i\delta(E_f - E_i)\left\langle\phi_{C,f}\middle|V_C + V_C\frac{1}{E_i - H_c \pm i\epsilon}V_C\middle|\phi_{C,i}\right\rangle \end{aligned} \tag{4.3}$$

で表わされる．ここで任意の複素数 z を変数とする演算子 $T_C(z)$ を

$$T_C(z) = V_C + V_C\frac{1}{z - H_c}V_C \tag{4.4}$$

で定義すると，これは次の積分方程式をみたす．

$$T_C(z) = V_C + V_C\frac{1}{z - H_C{}^{(T)}}T_C(z). \tag{4.5}$$

(4.5)の積分方程式を解いて(4.3)に代入すれば，S 行列要素が求まるわけである．しかし，(4.5)の積分方程式と(4.1)の Lippmann-Schwinger の方程式は内容的にはまったく同じものであり，Lippmann-Schwinger の方程式の欠陥は，そのまま(4.5)の積分方程式の欠陥となっている．そこでここでは，(4.1)のかわりに(4.5)の積分方程式の性質を調べることにする．

さて，(3.6)において

$$H_C{}^{(T)}\phi_{C,n}(\boldsymbol{r}, \boldsymbol{\rho}) = E_n\phi_{C,n}(\boldsymbol{r}, \boldsymbol{\rho})$$

の解は

$$\phi_{C,p}(\boldsymbol{r}, \boldsymbol{\rho}) = \frac{1}{\sqrt{L^3}}\exp(i\boldsymbol{p}_r\cdot\boldsymbol{r})\cdot\frac{1}{\sqrt{L^3}}\exp(\boldsymbol{p}_\rho\cdot\boldsymbol{\rho}) \tag{4.6}$$

である．ここで $\boldsymbol{p} = (\boldsymbol{p}_r, \boldsymbol{p}_\rho)$ は，状態を指定する c 数の量子数で

ある．波動関数(4.6)の規格化条件を，連続体におけるそれに変更し，また$\boldsymbol{\rho}\equiv\boldsymbol{r}_{23}, \boldsymbol{r}\equiv\boldsymbol{\rho}_1$と書き，$\boldsymbol{p}_\rho\equiv\boldsymbol{p}_{23}$, $\boldsymbol{p}_r\equiv\boldsymbol{p}_1$とおくと，(4.6)は

$$\phi_{\mathrm{C},\boldsymbol{p}}\equiv u(\boldsymbol{p}_{23})u(\boldsymbol{p}_1)=\frac{1}{(2\pi)^3}\exp(i\boldsymbol{p}_{23}\cdot\boldsymbol{r}_{23})\cdot\exp(i\boldsymbol{p}_1\cdot\boldsymbol{\rho}_1) \tag{4.7}$$

と表わされる．なおここで，(4.7)の$\boldsymbol{p}_{23}$は(2.3)あるいは(3.2)の$\boldsymbol{p}_{23}$とは別ものであることに注意されたい．また，この波動関数は，図5.4に示した変数を用いれば，次のように書きかえることもできる．

$$\begin{aligned}\phi_{\mathrm{C},\boldsymbol{p}}&\equiv u(\boldsymbol{p}_{31})u(\boldsymbol{p}_2)=\frac{1}{(2\pi)^3}\exp(i\boldsymbol{p}_{31}\cdot\boldsymbol{r}_{31})\cdot\exp(i\boldsymbol{p}_2\cdot\boldsymbol{\rho}_2),\\ \phi_{\mathrm{C},\boldsymbol{p}}&\equiv u(\boldsymbol{p}_{12})u(\boldsymbol{p}_3)=\frac{1}{(2\pi)^3}\exp(i\boldsymbol{p}_{12}\cdot\boldsymbol{r}_{12})\cdot\exp(i\boldsymbol{p}_3\cdot\boldsymbol{\rho}_3).\end{aligned} \tag{4.8}$$

これらの波動関数を用いて，(4.5)の第1 Born近似を計算すると

$$\begin{aligned}&\langle\phi_{\mathrm{C},\boldsymbol{p}'}|(V_{12}+V_{23}+V_{31})|\phi_{\mathrm{C},\boldsymbol{p}}\rangle\\ &\quad=\delta^3(\boldsymbol{p}_3-\boldsymbol{p}_3')\langle u(\boldsymbol{p}_{12}')|V_{12}|u(\boldsymbol{p}_{12})\rangle+\delta^3(\boldsymbol{p}_1-\boldsymbol{p}_1')\langle u(\boldsymbol{p}_{23}')|V_{23}|u(\boldsymbol{p}_{23})\rangle\\ &\qquad+\delta^3(\boldsymbol{p}_2-\boldsymbol{p}_2')\langle u\ \boldsymbol{p}_{31}')|V_{31}|u(\boldsymbol{p}_{31})\rangle\end{aligned} \tag{4.9}$$

となる．図5.5(a)は，この各項をFeynman図形で表現したものである．(4.9)のデルタ関数の項は，図5.5(a)における素通りする線に対応している．次に(4.5)の第2 Born近似は

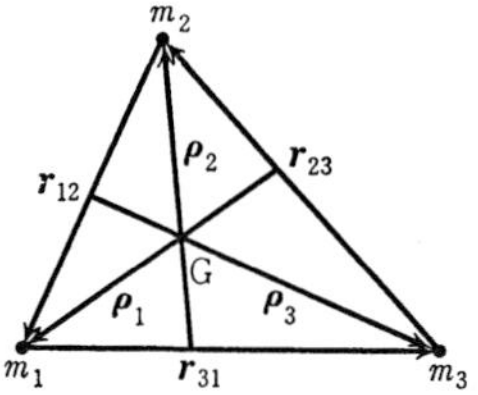

図 5.4 チャンネルCの平面波

$$\left\langle \phi_{C,p'} \middle| V_C \frac{1}{z-H_C^{(T)}} V_C \middle| \phi_{C,p} \right\rangle$$

$$= \delta^3(\boldsymbol{p}_3-\boldsymbol{p}_3')\left\langle u(\boldsymbol{p}_{12}') \middle| V_{12} \frac{1}{z-\boldsymbol{p}_3{}^2/2\mu_{3;1,2}-\boldsymbol{p}_{12}{}^2/2\mu_{12}} V_{12} \middle| u(\boldsymbol{p}_{12}) \right\rangle$$

$$+\delta^3(\boldsymbol{p}_1-\boldsymbol{p}_1')\left\langle u(\boldsymbol{p}_{23}') \middle| V_{23} \frac{1}{z-\boldsymbol{p}_1{}^2/2\mu_{1;2,3}-\boldsymbol{p}_{23}{}^2/2\mu_{23}} V_{23} \middle| u(\boldsymbol{p}_{23}) \right\rangle$$

$$+\delta^3(\boldsymbol{p}_2-\boldsymbol{p}_2')\left\langle u(\boldsymbol{p}_{31}') \middle| V_{31} \frac{1}{z-\boldsymbol{p}_2{}^2/2\mu_{2;3,1}-\boldsymbol{p}_{31}{}^2/2\mu_{31}} V_{31} \middle| u(\boldsymbol{p}_{31}) \right\rangle$$

$$+\left\langle \phi_{C,p'} \middle| V_{12} \frac{1}{z-H_C^{(T)}} V_{23} \middle| \phi_{C,p} \right\rangle+\cdots \tag{4.10}$$

で与えられる．(4.10)の右辺のはじめの3項を示したのが図5.5(b)であり，第4項は図5.5(c)で表わされる．図5.5(a)および(b)では，1個の粒子が他の粒子と相互作用をおこすことなく素通りしている．これに対して，図5.5(c)の過程では，3個の粒子がたがいに相互作用をおこし，素通りする粒子はない．このように，1個の粒子が他の粒子と相互作用をせずに素通りする過程が(4.5)

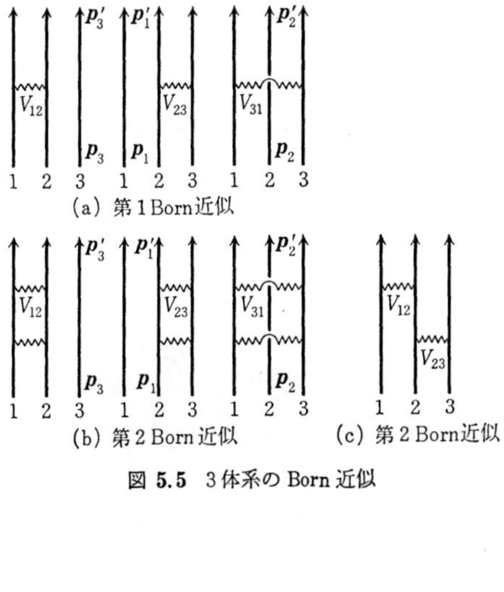

図 5.5 3体系の Born 近似

にふくまれていることが，(4.5) あるいは (4.1) の Lippmann-Schwinger の方程式を数学的に無意味な積分方程式にしているのである．

一般に，積分方程式の解が一義的に決まり，その逐次近似が収束するためには，その積分核が Hilbert-Schmidt 型(あるいは L^2 型)でなければならない．すなわち，(4.5) の行列要素をとり，平面波 $\phi_{\mathrm{C},l}$ の完全系をはさんで

$$\langle\phi_{\mathrm{C},m}|T_{\mathrm{C}}(z)|\phi_{\mathrm{C},n}\rangle=\langle\phi_{\mathrm{C},m}|V_{\mathrm{C}}|\phi_{\mathrm{C},m}\rangle+\sum_{l}\frac{\langle\phi_{\mathrm{C},m}|V_{\mathrm{C}}|\phi_{\mathrm{C},l}\rangle}{z-E_l}\langle\phi_{\mathrm{C},l}|T_{\mathrm{C}}(z)|\phi_{\mathrm{C},n}\rangle \quad (4.11)$$

と表わしたとき，この積分核 $\langle\phi_{\mathrm{C},m}|V_{\mathrm{C}}|\phi_{\mathrm{C},l}\rangle/(z-E_l)$ の絶対値の 2 乗の和

$$\sum_{l,m}\left|\frac{\langle\phi_{\mathrm{C},m}|V_{\mathrm{C}}|\phi_{\mathrm{C},l}\rangle}{z-E_l}\right|^2 \quad (4.12)$$

が有限でなければならない．ところが，このとき積分核は

$$\begin{aligned}\frac{\langle\phi_{\mathrm{C},\boldsymbol{p}'}|V_{\mathrm{C}}(z)|\phi_{\mathrm{C},\boldsymbol{p}}\rangle}{z-E_{\boldsymbol{p}}}&=\delta^3(\boldsymbol{p}_3-\boldsymbol{p}_3')\frac{\langle u(\boldsymbol{p}_{12}')|V_{12}|u(\boldsymbol{p}_{12})\rangle}{z-E_{\boldsymbol{p}}}\\&+\delta^3(\boldsymbol{p}_1-\boldsymbol{p}_1')\frac{\langle u(\boldsymbol{p}_{23}')|V_{23}|u(\boldsymbol{p}_{23})\rangle}{z-E_{\boldsymbol{p}}}\\&+\delta^3(\boldsymbol{p}_2-\boldsymbol{p}_2')\frac{\langle u(\boldsymbol{p}_{31}')|V_{31}|u(\boldsymbol{p}_{31})\rangle}{z-E_{\boldsymbol{p}}}\end{aligned} \quad (4.13)$$

で与えられ，(4.12) の一部には

$$\begin{aligned}&\int \mathrm{d}^3\boldsymbol{p}_{23}\cdot\mathrm{d}^3\boldsymbol{p}_{23}'\int\mathrm{d}^3\boldsymbol{p}_1\cdot\mathrm{d}^3\boldsymbol{p}_1'\frac{[\delta^3(\boldsymbol{p}_1-\boldsymbol{p}_1')]^2}{(z-E_{\boldsymbol{p}})^2}|\langle u(\boldsymbol{p}_{23}')|V_{23}|u(\boldsymbol{p}_{23})\rangle|^2\\&=\delta^3(0)\int\mathrm{d}^3\boldsymbol{p}_{23}\cdot\mathrm{d}^3\boldsymbol{p}_{23}'\int\mathrm{d}\boldsymbol{p}_1\frac{|\langle u(\boldsymbol{p}_{23}')|V_{23}|u(\boldsymbol{p}_{23})\rangle|^2}{(z-E_{\boldsymbol{p}})^2}\end{aligned} \quad (4.14)$$

の型のものが含まれていて，これは $\delta^3(0)$ の存在により明らかに発散する．したがって，(4.11) の積分核は L^2 型ではない．積分核の発散をもたらすデルタ関数の存在は，図 5.5 でいえば素通りの

粒子の存在に対応する．図5.5(c)のように，3個の粒子が相互作用によって連結しているときには，このようなデルタ関数は現われない．つまり，(4.11)の積分方程式が素通りの過程の存在を許していることが原因で，その解は一義的に決まらず，また積分方程式の逐次近似の発散をもたらしているのである．

2体系の散乱の場合には，たとえば2粒子の相対的位置ベクトルを $\boldsymbol{r}_{12}$ と書き，その重心座標を $\boldsymbol{\rho}_3$ とすれば，そのときの $T(z)$ の積分方程式の積分核は，(4.13)の右辺の第1項の形をもっている．このとき，あらかじめ重心の運動を分離しておけば，前の因子 $\delta^3(\boldsymbol{p}_3-\boldsymbol{p}_3')$ は現われない．したがって，2粒子間の相互作用ポテンシャル V_{12} が十分にはやく遠方で小さくなるという条件をみたしていれば，積分核は L^2 型となり，したがって Lippmann-Schwinger の方程式の解は一義的に与えられる．

(2) Faddeev の方程式

上に述べたように，Lippmann-Schwinger の方程式の欠陥の原因は，素通りの過程の存在を許していることにある．そこで Faddeev はこの欠点を除くために，次のような方法を考えた．一般に(3.46)より

$$\Psi_{\mathrm{N},n}{}^{\mathrm{T},(\pm)}=\Big[1+G(E_n+i\epsilon)V_{\mathrm{N}}\Big]\phi_{\mathrm{N},n} \tag{4.15}$$

である．ここで

$$G(z)\equiv\frac{1}{z-H_c} \tag{4.16}$$

とおいた．このとき

$$\begin{aligned}T_{\mathrm{M},f;\mathrm{N},i}&\equiv\langle\phi_{\mathrm{M},f}|V_{\mathrm{M}}|\Psi_{\mathrm{N},i}{}^{\mathrm{T},(\pm)}\rangle\\&=\langle\phi_{\mathrm{M},f}|V_{\mathrm{M}}+V_{\mathrm{M}}G(E_i+i\epsilon)V_{\mathrm{N}}|\phi_{\mathrm{N},i}\rangle\end{aligned} \tag{4.17}$$

となる．この(4.17)がわかれば，(3.48)の S 行列要素を求めたことになる．いま，(2.7)の H_c を適当なT座標系を用いて

$$H_c = H_C^{(T)} + V_C; \qquad V_C = V_{12} + V_{23} + V_{31} \tag{4.18}$$

と表わし，

$$G_0(z) \equiv \frac{1}{z - H_C^{(T)}} \tag{4.19}$$

と定義する．すると，第2章(2.28)の公式より

$$\frac{1}{z-H_c} = \frac{1}{z-H_C^{(T)}} + \frac{1}{z-H_C^{(T)}} V_C \frac{1}{z-H_c}$$

$$= \frac{1}{z-H_C^{(T)}} + \frac{1}{z-H_C^{(T)}} V_C \left[\frac{1}{z-H_C^{(T)}} + \frac{1}{z-H_c} V_C \frac{1}{z-H_C^{(T)}} \right]$$

$$= \frac{1}{z-H_C^{(T)}} + \frac{1}{z-H_C^{(T)}} \left[V_C + V_C \frac{1}{z-H_c} V_C \right] \frac{1}{z-H_C^{(T)}}$$

であるから，

$$G(z) = G_0(z) + G_0(z) T(z) G_0(z), \tag{4.20}$$

$$T(z) = V_C + V_C \frac{1}{z-H_c} V_C = V_C + V_C \frac{1}{z-H_C^{(T)}} T(z). \tag{4.21}$$

したがって，(4.21)から $T(z)$ を求め，これを(4.20)に代入すれば $G(z)$ が決まり，したがって(4.17)がわかるという寸法である．ここまでは，これまでの話と少しも違ったことはない．

ここで，(4.21)の $T(z)$ を求めるために

$$\begin{aligned} T_{12}(z) &\equiv V_{12} + V_{12} G_0(z) T(z), \\ T_{23}(z) &\equiv V_{23} + V_{23} G_0(z) T(z), \\ T_{31}(z) &\equiv V_{31} + V_{31} G_0(z) T(z) \end{aligned} \tag{4.22}$$

によって，T_{12}, T_{23}, T_{31} の演算子を定義する．明らかに

$$T(z) = T_{12}(z) + T_{23}(z) + T_{31}(z) \tag{4.23}$$

である．一方2粒子間の相互作用による散乱過程を記述する演算子を

$$\begin{aligned} t_{12}(z) &\equiv V_{12} + V_{12} G_0(z) t_{12}(z) = V_{12} + t_{12}(z) G_0(z) V_{12}, \\ t_{23}(z) &\equiv V_{23} + V_{23} G_0(z) t_{23}(z) = V_{23} + t_{23}(z) G_0(z) V_{23}, \\ t_{31}(z) &\equiv V_{31} + V_{31} G_0(z) t_{31}(z) = V_{31} + t_{31}(z) G_0(z) V_{31} \end{aligned} \tag{4.24}$$

で定義しておく．さてここで，(4.22)からポテンシャル V_{12} 等を消去する．すなわち，たとえば $T_{12}(z)$ を次のように書きかえる．

$$\begin{aligned} T_{12}(z) &= \left[t_{12}(z)-t_{12}(z)G_0(z)V_{12}\right]+\left[t_{12}(z)-t_{12}(z)G_0(z)V_{12}\right]G_0(z)T(z) \\ &= t_{12}(z)+t_{12}(z)G_0(z)T(z)-t_{12}(z)[V_{12}+V_{12}G_0(z)T(z)] \\ &= t_{12}(z)+t_{12}(z)G_0(z)[T(z)-T_{12}(z)] \\ &= t_{12}(z)+t_{12}(z)G_0(z)[T_{23}(z)+T_{31}(z)]. \end{aligned} \quad (4.25)$$

ここで1番目の等号では(4.24)を用い，3番目の等号では(4.22)を，また最後の等号では(4.23)を使った．まったく同様にして

$$\begin{aligned} T_{23}(z) &= t_{23}(z)+t_{23}(z)G_0(z)[T_{31}(z)+T_{12}(z)], \\ T_{31}(z) &= t_{31}(z)+t_{31}(z)G_0(z)[T_{12}(z)+T_{23}(z)] \end{aligned} \quad (4.26)$$

をうる．(4.25)と(4.26)とをまとめて，マトリックスの形で表現すると

$$\begin{pmatrix} T_{12} \\ T_{23} \\ T_{31} \end{pmatrix} = \begin{pmatrix} t_{12} \\ t_{23} \\ t_{31} \end{pmatrix} + \begin{pmatrix} 0 & t_{12} & t_{12} \\ t_{23} & 0 & t_{23} \\ t_{31} & t_{31} & 0 \end{pmatrix} G_0 \begin{pmatrix} T_{12} \\ T_{23} \\ T_{31} \end{pmatrix} \quad (4.27)$$

となる．この(4.27)を**Faddeevの方程式**といい，これを(4.21)の積分方程式のかわりに使用しようというのである．すなわち，(4.27)の連立積分方程式を解き，その和を求めれば，(4.23)により $T(z)$ が決められるというわけである．

(1)で示したように，(4.21)の $T(z)$ の積分方程式を逐次展開すると，素通りの項が現われ，そのためにこの展開は収束しない．ところが(4.27)を逐次展開しても，t_{ij} に関して素通りの項がでてこない．このことは，(4.25)に(4.26)を入れてみればすぐにわかる．すなわち，

$$T_{12}(z) = t_{12}(z)+t_{12}(z)G_0(z)t_{23}(z)+t_{12}(z)G_0(z)t_{31}(z)+\cdots \quad (4.28)$$

となって，$t_{12}(z)G_0(z)t_{12}(z)$ のような型の項はでてこない．この展開

の右辺の第2項以下には，デルタ関数が現われず，したがって(4.25)の積分方程式の積分核が，遠方で十分にはやく消えるポテンシャルに対してL^2型になっている．このことを示すため，(4.28)の行列要素を計算してみよう．いま，チャンネルCの行列要素をとると，(4.8)より

$$\begin{aligned}\langle\phi_{C,\boldsymbol{p}'}|T_{12}(z)|\phi_{C,\boldsymbol{p}}\rangle &= \delta^3(\boldsymbol{p}_3'-\boldsymbol{p}_3)\langle u(\boldsymbol{p}_{12}')|t_{12}(z)|u(\boldsymbol{p}_{12})\rangle \\ &\quad+\langle u(\boldsymbol{p}_{13}')u(\boldsymbol{p}_3')|t_{12}(z)G_0(z)t_{23}(z)|u(\boldsymbol{p}_{23})u(\boldsymbol{p}_1)\rangle \\ &\quad+\cdots\end{aligned}$$

である．ここで完全系$\{\phi_{C,\boldsymbol{p}''}\}$を挿入し，(4.7)と(4.8)から

$$\phi_{C,\boldsymbol{p}''}=u(\boldsymbol{p}_{12}'')u(\boldsymbol{p}_3'')=u(\boldsymbol{p}_{23}''(\boldsymbol{p}_{12}'',\boldsymbol{p}_3''))u(\boldsymbol{p}_1''(\boldsymbol{p}_{12}'',\boldsymbol{p}_3''))$$

と書かれることに注意すると，

$$\begin{aligned}&\langle\phi_{C,\boldsymbol{p}'}|T_{12}(z)|\phi_{C,\boldsymbol{p}}\rangle \\ &\quad=\delta^8(\boldsymbol{p}_3'-\boldsymbol{p}_3)\langle u(\boldsymbol{p}_{12}')|t_{12}(z)|u(\boldsymbol{p}_{12})\rangle \\ &\qquad+\int \mathrm{d}^3\boldsymbol{p}_{12}''\cdot\mathrm{d}^3\boldsymbol{p}_3''\delta^3(\boldsymbol{p}_3'-\boldsymbol{p}_3'')\langle u(\boldsymbol{p}_{12}')|t_{12}(z)|u(\boldsymbol{p}_{12}'')\rangle \\ &\qquad\qquad\times(z-E_{\boldsymbol{p}''})^{-1}\delta^3(\boldsymbol{p}_1''(\boldsymbol{p}_{12}'',\boldsymbol{p}_3'')-\boldsymbol{p}_1)\langle u(\boldsymbol{p}_{23}'')|t_{23}(z)|u(\boldsymbol{p}_{23})\rangle \\ &\qquad+\cdots \end{aligned} \tag{4.29}$$

となる．右辺の第2項で$\boldsymbol{p}_3''$および$\boldsymbol{p}_{12}''$の積分を実行したあとでは，明らかにデルタ関数はない．なお，ここでは重心の運動を分離してしまってあるので，2体の散乱を表わすt_{12}等の行列要素からデルタ関数は現われない．(4.29)の右辺の第1項にはデルタ関数が存在するが，この項は積分方程式(4.25)における非斉次項であり，したがってこの項のデルタ関数は積分核の発散の問題には無関係である．上の議論は，(4.26)の方程式でも同様に成立する．したがって，(4.27)の積分方程式系は，(4.21)の積分方程式と異なり，その解は一義的に決まり，またその逐次近似も収束する．

これまでは，(4.17)を求める問題を(4.21)の演算子$T(z)$を求

める問題に帰着させて，この $T(z)$ を求める Faddeev の方法を説明してきた．そこでこんどは，(4.15)の散乱状態の波動関数 $\Psi_{\mathrm{N},n}{}^{\mathrm{T},(\pm)}$ を求める方法を調べよう．問題をチャンネルAで考える．このとき散乱状態の波動関数は，(4.15)，(4.18)より明らかなように，Schrödinger 方程式

$$(E_n-H_{\mathrm{C}}{}^{(\mathrm{T})})\Psi_{\mathrm{A},n}{}^{\mathrm{T},(\pm)} = V_{\mathrm{C}}\Psi_{\mathrm{A},n}{}^{\mathrm{T},(\pm)} \tag{4.30}$$

をみたしている．ここで

$$\Psi_{\mathrm{A},n}{}^{\mathrm{T},(\pm)} \equiv \psi_{12,n}{}^{(\pm)}+\psi_{23,n}{}^{(\pm)}+\psi_{31,n}{}^{(\pm)} \tag{4.31}$$

と分解し，右辺の $\psi_{12,n}{}^{(\pm)}$ 等は次の連立微分方程式をみたすものとする．

$$\begin{aligned}(E_n-H_{\mathrm{C}}{}^{(\mathrm{T})}-V_{12})\psi_{12,n}{}^{(\pm)} &= V_{12}(\psi_{23,n}{}^{(\pm)}+\psi_{31,n}{}^{(\pm)}),\\ (E_n-H_{\mathrm{C}}{}^{(\mathrm{T})}-V_{23})\psi_{23,n}{}^{(\pm)} &= V_{23}(\psi_{31,n}{}^{(\pm)}+\psi_{12,n}{}^{(\pm)}),\\ (E_n-H_{\mathrm{C}}{}^{(\mathrm{T})}-V_{31})\psi_{31,n}{}^{(\pm)} &= V_{31}(\psi_{12,n}{}^{(\pm)}+\psi_{23,n}{}^{(\pm)}).\end{aligned} \tag{4.32}$$

これらの3個の方程式の和をとれば，(4.31)の $\Psi_{\mathrm{A},n}{}^{\mathrm{T},(\pm)}$ が(4.30)をみたしていることはすぐにわかる．さて，チャンネルAでは初め(あるいは終り)の状態が(3.5)の $\phi_{\mathrm{A},n}$ で与えられることを考慮して，(4.32)を次の積分方程式系に書きかえる．

$$\begin{aligned}\psi_{12,n}{}^{(\pm)} &= G_{12}V_{12}(\psi_{23,n}{}^{(\pm)}+\psi_{31,n}{}^{(\pm)}),\\ \psi_{23,n}{}^{(\pm)} &= \phi_{\mathrm{A},n}+G_{23}V_{23}(\psi_{31,n}{}^{(\pm)}+\psi_{12,n}{}^{(\pm)}),\\ \psi_{31,n}{}^{(\pm)} &= G_{31}V_{31}(\psi_{12,n}{}^{(\pm)}+\psi_{23,n}{}^{(\pm)}).\end{aligned} \tag{4.33}$$

ここで G_{12} 等は

$$G_{12}(E_n\pm i\epsilon) = \frac{1}{E_n-(H_{\mathrm{C}}{}^{(\mathrm{T})}+V_{12})\pm i\epsilon} \tag{4.34}$$

で定義され，これらは

$$G_{12} = G_0+G_0V_{12}G_{12} \tag{4.35}$$

などの積分方程式をみたす．なお，(4.33)および(4.35)以下では，誤解をまねかないかぎり，G_0 などの変数 z あるいは $E_n\pm i\epsilon$ を省

略して書かないことにする．(4.19)，(4.24)および(4.34)から

$$G_0t_{12} = \frac{1}{z-H_{\mathrm{C}}^{(\mathrm{T})}}\left(V_{12}+V_{12}\frac{1}{z-(H_{\mathrm{C}}^{(\mathrm{T})}+V_{12})}V_{12}\right)$$
$$= \frac{1}{z-H_{\mathrm{C}}^{(\mathrm{T})}}\left(1+V_{12}\frac{1}{z-(H_{\mathrm{C}}^{(\mathrm{T})}+V_{12})}\right)V_{12}$$
$$= \frac{1}{z-(H_{\mathrm{C}}^{(\mathrm{T})}+V_{12})}V_{12} = G_{12}V_{12} \qquad (4.36)$$

の関係が成立するので，これを利用すると，(4.33)は次のように表わすことができる．

$$\psi_{12,n}^{(\pm)} = G_0t_{12}(\psi_{23,n}^{(\pm)}+\psi_{31,n}^{(\pm)}),$$
$$\psi_{23,n}^{(\pm)} = \phi_{\mathrm{A},n}+G_0t_{23}(\psi_{31\ n}^{(\pm)}+\psi_{12,n}^{(\pm)}), \qquad (4.37)$$
$$\psi_{31,n}^{(\pm)} = G_0t_{31}(\psi_{12,n}^{(\pm)}+\psi_{23,n}^{(\pm)}).$$

これをマトリックス形式で表わせば

$$\begin{pmatrix}\psi_{12,n}^{(\pm)}\\ \psi_{23,n}^{(\pm)}\\ \psi_{31,n}^{(\pm)}\end{pmatrix} = \begin{pmatrix}0\\ \phi_{\mathrm{A},n}\\ 0\end{pmatrix}+G_0\begin{pmatrix}0 & t_{12} & t_{12}\\ t_{23} & 0 & t_{23}\\ t_{31} & t_{31} & 0\end{pmatrix}\begin{pmatrix}\psi_{12,n}^{(\pm)}\\ \psi_{23,n}^{(\pm)}\\ \psi_{31,n}^{(\pm)}\end{pmatrix} \qquad (4.38)$$

となる．これが散乱の波動関数に関するFaddeevの方程式といわれるものである．この方程式とLippmann-Schwinger方程式とを比較するために，(4.37)をもう少しくわしく調べよう．(4.33)に(4.35)などを代入して，G_0を用いて表わすと

$$\psi_{12,n}^{(\pm)} = (G_0+G_0V_{12}G_{12})V_{12}(\psi_{23,n}^{(\pm)}+\psi_{31,n}^{(\pm)})$$
$$= G_0V_{12}(\psi_{23,n}^{(\pm)}+\psi_{31,n}^{(\pm)})+G_0V_{12}G_{12}V_{12}(\psi_{23,n}^{(\pm)}+\psi_{31,n}^{(\pm)})$$
$$= G_0V_{12}[(\psi_{23,n}^{(\pm)}+\psi_{31,n}^{(\pm)})+\psi_{12,n}^{(\pm)}]$$
$$= G_0V_{12}\Psi_{\mathrm{A},n}^{\mathrm{T},(\pm)} \qquad (4.39)$$

となる．ここで3番目の等号では(4.33)を用い，また最後の等号は(4.31)による．まったく同様にして

$$\psi_{31,n}^{(\pm)} = G_0V_{31}\Psi_{\mathrm{A},n}^{\mathrm{T},(\pm)} \qquad (4.40)$$

である．また，

$$\begin{aligned}\psi_{23,n}{}^{(\pm)} &= \phi_{A,n}+(G_0+G_0V_{23}G_{23})V_{23}(\psi_{31,n}{}^{(\pm)}+\psi_{12,n}{}^{(\pm)})\\ &= \phi_{A,n}+G_0V_{23}(\psi_{31,n}{}^{(\pm)}+\psi_{12,n}{}^{(\pm)})\\ &\qquad +G_0V_{23}G_{23}V_{23}(\psi_{31,n}{}^{(\pm)}+\psi_{12,n}{}^{(\pm)})\\ &= (1-G_0V_{23})\phi_{A,n}+G_0V_{23}\Psi_{A,n}{}^{T,(\pm)}\\ &= G_0V_{23}\Psi_{A,n}{}^{T,(\pm)} \end{aligned} \tag{4.41}$$

となる．ここで $\phi_{A,n}$ は V_{23} に関する束縛状態であり，したがって，(3.5) より

$$[1-G_0V_{23}]\phi_{A,n}=0$$

であることを使った．(4.39), (4.40) および (4.41) を (4.33) に代入すると，

$$\begin{aligned}\psi_{12,n}{}^{(\pm)} &= G_{12}V_{12}G_0(V_{23}+V_{31})\Psi_{A,n}{}^{T,(\pm)},\\ \psi_{23,n}{}^{(\pm)} &= \phi_{A,n}+G_{23}V_{23}G_0(V_{31}+V_{12})\Psi_{A,n}{}^{T,(\pm)},\\ \psi_{31,n}{}^{(\pm)} &= G_{31}V_{31}G_0(V_{12}+V_{23})\Psi_{A,n}{}^{T,(\pm)}\end{aligned} \tag{4.42}$$

をうる．(4.42) の 3 個の積分方程式の和をつくると，積分方程式

$$\begin{aligned}\Psi_{A,n}{}^{T,(\pm)} = \phi_{A,n}+[&G_{12}V_{12}G_0(V_{23}+V_{31})+G_{23}V_{23}G_0(V_{31}+V_{12})\\ &+G_{31}V_{31}G_0(V_{12}+V_{23})]\Psi_{A,n}{}^{T,(\pm)}\end{aligned} \tag{4.43}$$

が導かれる．この積分方程式が，チャンネル A における (4.1) の積分方程式

$$\Psi_{A,n}{}^{T,(\pm)}=\phi_{A,n}+G_{23}(V_{31}+V_{12})\Psi_{A,n}{}^{T,(\pm)} \tag{4.44}$$

にかわる方程式である．

(4.44) では，終状態として許されるのは，V_{23} に関する束縛状態と散乱状態，つまりチャンネル A とチャンネル C のみであり，チャンネル B とチャンネル D は現われない．これに対して (4.43) の積分方程式では，その右辺の第 2 項に，3 個の Green 関数 G_{12}, G_{23}, G_{31} が対称的に含まれていて，このおかげですべてのチャンネルに対応する終状態が現われている．また，(4.43) の積分核が L^2 型であることは，(4.43) を逐次に展開したとき，素通りする粒子

がないことから明らかであろう．(4.43)の方程式はチャンネルAに対する積分方程式であるが，その他のチャンネルに対する積分方程式も，上と同様な手続きによって導くことができる．(4.43)の方程式は3体系における散乱を扱うための基礎方程式であり，これを逐次近似で解いてもよい．しかし，(4.43)の形をみても明らかなように，近似的にしても，これを解くことはきわめて面倒である．なお最後に，(4.43)の方程式は，(4.20)に(4.23)を代入し，これに(4.36)および

$$T_{12}G_0 = V_{12}G \tag{4.45}$$

の関係を用い，その結果を(4.15)に代入することによっても導くことができることを注意しておこう．

§5　電子の水素原子による散乱

3体系における散乱問題の例題として，水素原子による電子の弾性および非弾性散乱の問題をとりあげよう．これと類似の問題は，すでに第2章§4でやったが，そのときには原子核のまわりの電子の雲の分布は既知のものと仮定し，核外電子の力学的性質は考慮にいれなかった．ここでは，水素原子の中の電子の量子力学的運動をも考慮した，より一般的な理論を構成しようというのである．水素原子の原子核，つまり陽子の質量は，電子のそれに比較して大きいので，ここではこれを近似的に無限大であると仮定し，陽子は散乱の過程で静止しつづけるものとする．3番目の粒子を陽子とすれば，図5.3のV座標系と$\mathrm{T_A}$座標系は同じものである．そこでここでは§2のV座標系における理論を適用しよう．このとき，$m_3=\infty$のおかげで，V座標系におけるいろいろな公式が非常に簡単になるからである．まず，(2.7)の$m_3^{-1}\boldsymbol{p}_{13}\cdot\boldsymbol{p}_{23}$の相互作用は消える．したがって，(2.8)のユニタリー変換は不

要になり，(2.10)の定数αは0となり，それにともなって，(2.8)，(2.13)の$\bar{\boldsymbol{r}}_{13}$と$\boldsymbol{r}_{13}$，$\bar{\boldsymbol{r}}_{23}$と$\boldsymbol{r}_{23}$および$\bar{\boldsymbol{r}}_{12}$と$\boldsymbol{r}_{12}$の区別もいらない．粒子1と粒子2は，いまの場合電子であり，それらの質量をmとすれば，(2.15)のハミルトニアンは

$$H = H_0 + W, \qquad H_0 = [K_{13} + V_{13}] + [K_{23} + V_{23}],$$
$$W = V_{12}, \qquad K_{13} = \frac{1}{2m}\boldsymbol{p}_{13}{}^2, \qquad K_{23} = \frac{1}{2m}\boldsymbol{p}_{23}{}^2$$

と簡単化される．記号を簡単化するため，図5.6に示したように$\boldsymbol{r}_1 \equiv \boldsymbol{r}_{13}$, $\boldsymbol{p}_1 \equiv \boldsymbol{p}_{13}$；$\boldsymbol{r}_2 \equiv \boldsymbol{r}_{23}$, $\boldsymbol{p}_2 \equiv \boldsymbol{p}_{23}$；$K_1 \equiv K_{13}$, $K_2 \equiv K_{23}$；$V = V_{13} = V_{23}$などと書くと，上のハミルトニアンは

$$\begin{aligned} H &= H_0 + V_{12}(\boldsymbol{r}_{12}), \\ H_0 &= [K_1 + V(r_1)] + [K_2 + V(r_2)] \end{aligned} \tag{5.1}$$

と表わされる．ここでVは陽子と電子の間のCoulombの引力ポテンシャルであり，V_{12}は電子間の斥力のポテンシャルである．

いま，電子2が原子核に束縛されていて，電子1が入射するとすると，これは§2のチャンネルAである．終状態もまたチャンネルAに属するとき，そのS行列要素は，(2.80)より

$$\begin{aligned} S_{\mathrm{A},f;\mathrm{A},i} &= \langle \varphi_{\mathrm{A},f}{}^{(-)} | \varphi_{\mathrm{A},i}{}^{(+)} \rangle \\ &\quad -2\pi i\delta(E_f - E_i)\langle \varphi_{\mathrm{A},f}{}^{(-)} | V_{12} | \Psi_{\mathrm{A},i}{}^{(+)} \rangle \end{aligned} \tag{5.2}$$

で与えられる．これに(2.30)を代入すれば

$$\begin{aligned} S_{\mathrm{A},f;\mathrm{A},i} &= \langle \varphi_{\mathrm{A},f}{}^{(-)} | \varphi_{\mathrm{A},i}{}^{(+)} \rangle \\ &\quad -2\pi i\delta(E_f - E_i)\langle \varphi_{\mathrm{A},f}{}^{(-)} | T | \varphi_{\mathrm{A},i}{}^{(+)} \rangle \end{aligned} \tag{5.3}$$

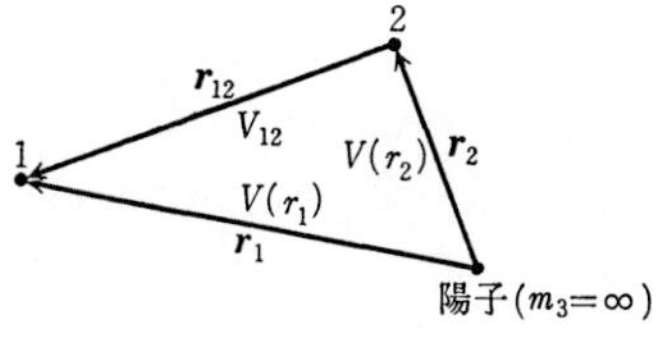

図 **5.6**　電子の水素原子による散乱

と書くこともできる．ここで

$$T \equiv T(\boldsymbol{r}_1, \boldsymbol{r}_2) = V_{12} + V_{12}\frac{1}{E_i - H + i\epsilon}V_{12} \tag{5.4}$$

である．さて，(5.3)の漸近状態$\varphi_{\mathrm{A},i}^{(+)}$などは，(2.18)により

$$\begin{aligned}\varphi_{\mathrm{A},i}^{(+)} &= \varphi^{(+)}(\boldsymbol{r}_1; E_i - \mathcal{E}_n)\varphi_n^{\mathrm{B}}(\boldsymbol{r}_2),\\ \varphi_{\mathrm{A},f}^{(-)} &= \varphi^{(-)}(\boldsymbol{r}_1; E_f - \mathcal{E}_m)\varphi_m^{\mathrm{B}}(\boldsymbol{r}_2)\end{aligned} \tag{5.5}$$

で表わされる．ここで波動関数$\varphi^{(\pm)}$は

$$[K_1 + V(r_1)]\varphi^{(\pm)}(\boldsymbol{r}_1; E) = E\varphi^{(\pm)}(\boldsymbol{r}_1; E), \quad E > 0 \tag{5.6}$$

の解で与えられる散乱状態であり，またφ_m^{B}は

$$[K_2 + V(r_2)]\varphi_m^{\mathrm{B}}(\boldsymbol{r}_2) = \mathcal{E}_m\varphi_m^{\mathrm{B}}(\boldsymbol{r}_2), \quad \mathcal{E}_m < 0 \tag{5.7}$$

の束縛状態に対する解である．

ところで，入射電子1と原子内電子2とは，量子力学的な意味で区別できない同種粒子である．したがって，この2個の電子を含む波動関数は対称化(あるいは反対称化)されなくてはならない．すなわち，(5.5)の漸近状態を表わす波動関数は次のように対称化(あるいは反対称化)されるべきである．

$$\begin{aligned}\varphi_{\mathrm{A},i}^{(+)} \to \varphi_{\mathrm{A},i}^{(+),\mathrm{S}} &\equiv \frac{1}{\sqrt{2}}\Big[\varphi^{(+)}(\boldsymbol{r}_1; E_i - \mathcal{E}_n)\varphi_n^{\mathrm{B}}(\boldsymbol{r}_2)\\ &\qquad \pm \varphi^{(+)}(\boldsymbol{r}_2; E_i - \mathcal{E}_n)\varphi_n^{\mathrm{B}}(\boldsymbol{r}_1)\Big],\\ \varphi_{\mathrm{A},f}^{(-)} \to \varphi_{\mathrm{A},f}^{(-),\mathrm{S}} &\equiv \frac{1}{\sqrt{2}}\Big[\varphi^{(-)}(\boldsymbol{r}_1; E_f - \mathcal{E}_m)\varphi_m^{\mathrm{B}}(\boldsymbol{r}_2)\\ &\qquad \pm \varphi^{(-)}(\boldsymbol{r}_2; E_f - \mathcal{E}_m)\varphi_m^{\mathrm{B}}(\boldsymbol{r}_1)\Big],\end{aligned} \tag{5.8}$$

このとき，(5.3)のS行列要素は次式におきかえられる．

$$\begin{aligned}\langle\varphi_{\mathrm{A},f}^{(-),\mathrm{S}}|S|\varphi_{\mathrm{A},i}^{(+),\mathrm{S}}\rangle &= \langle\varphi_{\mathrm{A},f}^{(-),\mathrm{S}}|\varphi_{\mathrm{A},i}^{(+),\mathrm{S}}\rangle\\ &\quad -2\pi i\delta(E_f - E_i)\langle\varphi_{\mathrm{A},f}^{(-),\mathrm{S}}|T|\varphi_{\mathrm{A},i}^{(+),\mathrm{S}}\rangle.\end{aligned} \tag{5.9}$$

そこでまず，(5.9)の右辺の第1項を調べよう．(5.8)を代入する

と,

$$\langle\varphi_{\mathrm{A},f}{}^{(-),\mathrm{S}}|\varphi_{\mathrm{A},i}{}^{(+),\mathrm{S}}\rangle$$
$$=\frac{1}{2}\langle\varphi^{(-)}(\boldsymbol{r}_1;E_f-\mathcal{E}_m)\varphi_m{}^{\mathrm{B}}(\boldsymbol{r}_2)|\varphi^{(+)}(\boldsymbol{r}_1;E_i-\mathcal{E}_n)\varphi_n{}^{\mathrm{B}}(\boldsymbol{r}_2)\rangle$$
$$+\frac{1}{2}\langle\varphi^{(-)}(\boldsymbol{r}_2;E_f-\mathcal{E}_m)\varphi_m{}^{\mathrm{B}}(\boldsymbol{r}_1)|\varphi^{(+)}(\boldsymbol{r}_2;E_i-\mathcal{E}_n)\varphi_n{}^{\mathrm{B}}(\boldsymbol{r}_1)\rangle$$
$$\pm\frac{1}{2}\langle\varphi^{(-)}(\boldsymbol{r}_1;E_f-\mathcal{E}_m)\varphi_m{}^{\mathrm{B}}(\boldsymbol{r}_2)|\varphi^{(+)}(\boldsymbol{r}_2;E_i-\mathcal{E}_n)\varphi_n{}^{\mathrm{B}}(\boldsymbol{r}_1)\rangle$$
$$\pm\frac{1}{2}\langle\varphi^{(-)}(\boldsymbol{r}_2;E_f-\mathcal{E}_m)\varphi_m{}^{\mathrm{B}}(\boldsymbol{r}_1)|\varphi^{(+)}(\boldsymbol{r}_1;E_i-\mathcal{E}_n)\varphi_n{}^{\mathrm{B}}(\boldsymbol{r}_2)\rangle \quad (5.10)$$

をうる．記法上の都合で，(5.10)の右辺では波動関数の変数 $\boldsymbol{r}_1$ および $\boldsymbol{r}_2$ が書いてあるが，実はこれらの変数については積分されていることに注意されたい．(5.10)の右辺で，第2項と第3項の積分変数を $\boldsymbol{r}_1\leftrightarrow\boldsymbol{r}_2$ と交換すると，第2項と第1項は同じものであり，また第3項と第4項も同じものである．したがって，(5.10)は

$$\langle\varphi_{\mathrm{A},f}{}^{(-),\mathrm{S}}|\varphi_{\mathrm{A},i}{}^{(+),\mathrm{S}}\rangle$$
$$=\langle\varphi^{(-)}(\boldsymbol{r}_1;E_f-\mathcal{E}_m)\varphi_m{}^{\mathrm{B}}(\boldsymbol{r}_2)|\varphi^{(+)}(\boldsymbol{r}_1;E_i-\mathcal{E}_n)\varphi_n{}^{\mathrm{B}}(\boldsymbol{r}_2)\rangle$$
$$\pm\langle\varphi^{(-)}(\boldsymbol{r}_2;E_f-\mathcal{E}_m)|\varphi_n{}^{\mathrm{B}}(\boldsymbol{r}_2)\rangle\cdot\langle\varphi_m{}^{\mathrm{B}}(\boldsymbol{r}_1)|\varphi^{(+)}(\boldsymbol{r}_1;E_i-\mathcal{E}_n)\rangle$$
$$=\langle\varphi_{\mathrm{A},f}{}^{(-)}|\varphi_{\mathrm{A},i}{}^{(+)}\rangle \quad (5.11)$$

となり，(5.9)の右辺の第1項は，(5.3)の右辺と同じものになる．ここで最後の等式では，相互作用 V に関する束縛状態と散乱状態が直交すること，すなわち

$$\langle\varphi^{(-)}|\varphi_n{}^{\mathrm{B}}\rangle=\langle\varphi_m{}^{\mathrm{B}}|\varphi^{(+)}\rangle=0 \quad (5.12)$$

を用いた．次に(5.9)の右辺の第2項を調べよう．(5.1)において，2個の電子は同種粒子であることに注意すると，H_0 および V_{12} は電子の位置 $\boldsymbol{r}_1$ と $\boldsymbol{r}_2$ のいれかえに対して不変である．したがって，(5.4)の演算子 T も

$$T(\boldsymbol{r}_1,\boldsymbol{r}_2)=T(\boldsymbol{r}_2,\boldsymbol{r}_1) \quad (5.13)$$

である．(5.13)に注意しながら(5.10)と同じことをやると

$$\begin{aligned}\langle\varphi_{\mathrm{A},f}{}^{(-),\mathrm{S}}|T|\varphi_{\mathrm{A},i}{}^{(+),\mathrm{S}}\rangle &= \langle\varphi^{(-)}(\boldsymbol{r}_1;E_f-\mathcal{E}_m)\varphi_m{}^{\mathrm{B}}(\boldsymbol{r}_2)|T|\varphi^{(+)}(\boldsymbol{r}_1;E_i-\mathcal{E}_n)\varphi_n{}^{\mathrm{B}}(\boldsymbol{r}_2)\rangle \\ &\quad \pm\langle\varphi^{(-)}(\boldsymbol{r}_2;E_f-\mathcal{E}_m)\varphi_m{}^{\mathrm{B}}(\boldsymbol{r}_1)|T|\varphi^{(+)}(\boldsymbol{r}_1;E_i-\mathcal{E}_n)\varphi_n{}^{\mathrm{B}}(\boldsymbol{r}_2)\rangle \\ &= \langle\varphi_{\mathrm{A},f}{}^{(-)}|T|\varphi_{\mathrm{A},i}{}^{(+)}\rangle\pm\langle\varphi_{\mathrm{B},f}{}^{(-)}|T|\varphi_{\mathrm{A},i}{}^{(+)}\rangle \\ &= \langle\varphi_{\mathrm{A},f}{}^{(-)}|V_{12}|\Psi_{\mathrm{A},i}{}^{(+)}\rangle\pm\langle\varphi_{\mathrm{B},f}{}^{(-)}|V_{12}|\Psi_{\mathrm{A},i}{}^{(+)}\rangle \qquad (5.14)\end{aligned}$$

となる．ここで2番目の等号で(2.24)の第1式を用いた．すなわち，波動関数の対称化(または反対称化)をおこなった散乱振幅は，チャンネルAからチャンネルAへの散乱振幅と，チャンネルAからチャンネルBへの散乱振幅の和(または差)で与えられるのである．前者の散乱を**直接散乱**(direct scattering)といい，後者のそれを**交換散乱**(exchange scattering)という．(5.11)と(5.14)から，対称化(あるいは反対称化)したS行列要素は

$$\begin{aligned}\langle\varphi_{\mathrm{A},f}{}^{(-),\mathrm{S}}|S|\varphi_{\mathrm{A},i}{}^{(+),\mathrm{S}}\rangle &= \langle\varphi_{\mathrm{A},f}{}^{(-)}|\varphi_{\mathrm{A},i}{}^{(+)}\rangle-2\pi i\delta(E_f-E_i) \\ &\quad\times\Big[\langle\varphi_{\mathrm{A},f}{}^{(-)}|V_{12}|\Psi_{\mathrm{A},i}{}^{(+)}\rangle\pm\langle\varphi_{\mathrm{B},f}{}^{(-)}|V_{12}|\Psi_{\mathrm{A},i}{}^{(+)}\rangle\Big]. \qquad (5.15)\end{aligned}$$

で与えられることがわかった．

(5.15)のS行列要素を求めるには，散乱状態$\Psi_{\mathrm{A},i}{}^{(+)}$を求める必要がある．それには，(4.43)のFaddeevの方程式をV座標系で書いたものを用いなければならない．しかし，相互作用V_{12}に関する第1 Born近似を考える限り，Lippmann-Schwingerの方程式(2.31)もFaddeevの方程式も同じ結果を与える．このことは，T座標系における(4.43)と(4.44)との比較によっても示唆される．このとき，(5.15)は次式で近似される．

$$\begin{aligned}\langle\varphi_{\mathrm{A},f}{}^{(-),\mathrm{S}}|S|\varphi_{\mathrm{A},i}{}^{(+),\mathrm{S}}\rangle &\cong \langle\varphi_{\mathrm{A},f}{}^{(-)}|\varphi_{\mathrm{A},i}{}^{(+)}\rangle-2\pi i\delta(E_f-E_i) \\ &\quad\times\Big[\langle\varphi_{\mathrm{A},f}{}^{(-)}|V_{12}|\varphi_{\mathrm{A},i}{}^{(+)}\rangle\pm\langle\varphi_{\mathrm{B},f}{}^{(-)}|V_{12}|\varphi_{\mathrm{A},i}{}^{(+)}\rangle\Big]. \qquad (5.16)\end{aligned}$$

(5.16)の右辺の第1項は，(5.5)から

$$\langle\varphi_{A,f}{}^{(-)}|\varphi_{A,i}{}^{(+)}\rangle$$
$$=\langle\varphi^{(-)}(\boldsymbol{r}_1;E_f-\mathcal{E}_m)\varphi_m{}^{B}(\boldsymbol{r}_2)|\varphi^{(+)}(\boldsymbol{r}_1;E_i-\mathcal{E}_m)\varphi_n{}^{B}(\boldsymbol{r}_2)\rangle$$
$$=\delta_{m,n}\langle\varphi^{(-)}(\boldsymbol{r}_1;E_f-\mathcal{E}_m)|\varphi^{(+)}(\boldsymbol{r}_1;E_i-\mathcal{E}_m)\rangle$$
$$=\delta_{m,n}\Bigg\{\delta_{f,i}-2\pi i\delta(E_i-E_f)$$
$$\times\left\langle u^{(L)}(\boldsymbol{r}_1;\boldsymbol{k}_f)\middle|\left(V+V\frac{1}{\hbar^2k_i{}^2/2m-(K_1+V)+i\epsilon}V\right)\middle|u^{(L)}(\boldsymbol{r}_1;\boldsymbol{k}_i)\right\rangle\Bigg\}$$
$$(5.17)$$

と書かれる．ここでポテンシャルVによる束縛状態の直交規格化性

$$\langle\varphi_m{}^{B}|\varphi_n{}^{B}\rangle=\delta_{m,n} \tag{5.18}$$

を利用した．また，(5.17)の波動関数$u^{(L)}(\boldsymbol{r};\boldsymbol{k})$は

$$K_1u^{(L)}(\boldsymbol{r}_1;\boldsymbol{k})=\frac{\hbar^2}{2m}k^2u^{(L)}(\boldsymbol{r}_1;\boldsymbol{k}) \tag{5.19}$$

の解として与えられる平面波

$$u^{(L)}(\boldsymbol{r}_1;\boldsymbol{k})=\frac{1}{\sqrt{L^3}}\exp(i\boldsymbol{k}\cdot\boldsymbol{r}_1) \tag{5.20}$$

である．なおこのとき，次の関係を用いている．

$$E_i=\frac{\hbar^2}{2m}k_i{}^2+\mathcal{E}_n,\qquad E_f=\frac{\hbar^2}{2m}k_f{}^2+\mathcal{E}_m. \tag{5.21}$$

ここでさらに，(5.16)のVに関する散乱状態$\varphi^{(\pm)}$を平面波$u^{(L)}$で近似する．すると，(5.16)と(5.17)とから

$$\langle\varphi_{A,f}{}^{(-),S}|S|\varphi_{A,i}{}^{(+),S}\rangle$$
$$\cong\delta_{m,n}\delta_{f,i}-2\pi i\delta\,(E_f-E_i)\Big[\delta_{m,n}\langle u^{(L)}(\boldsymbol{r}_1;\boldsymbol{k}_f)|V|u^{(L)}(\boldsymbol{r}_1;\boldsymbol{k}_i)\rangle$$
$$+\langle u^{(L)}(\boldsymbol{r}_1;\boldsymbol{k}_f)\varphi_m{}^{B}(\boldsymbol{r}_2)|V_{12}|u^{(L)}(\boldsymbol{r}_1;\boldsymbol{k}_i)\varphi_n{}^{B}(\boldsymbol{r}_2)\rangle$$
$$\pm\langle u^{(L)}(\boldsymbol{r}_2;\boldsymbol{k}_f)\varphi_m{}^{B}(\boldsymbol{r}_1)|V_{12}|u^{(L)}(\boldsymbol{r}_1;\boldsymbol{k}_i)\varphi_n{}^{B}(\boldsymbol{r}_2)\rangle\Big] \tag{5.22}$$

をうる．ここで右辺の大括弧のなかの第1項は，図5.6の入射電子1の陽子3による散乱を表わしている．したがって，この項は原子に束縛されている電子2の状態を変化させることはない．前の $\delta_{m,n}$ の因子はこの事実を反映し，$m \neq n$ の非弾性散乱の過程においては，この項からの寄与は0である．第2項は，束縛状態にある電子2によって電子1が散乱される過程を表わしている．また，第3項は束縛状態の電子2と電子1とが，電子間相互作用 V_{12} の作用でいれかわって散乱される過程を示すものである．

ここでT座標系における S 行列の表式(3.48)で，上と同じようにBorn近似をとってみよう．チャンネルAおよびBでは，相互作用項はそれぞれ

$$V_{\mathrm{A}} = V_{31} + V_{12} = V(\boldsymbol{r}_1) + V_{12}(\boldsymbol{r}_{12}),$$
$$V_{\mathrm{B}} = V_{23} + V_{12} = V(\boldsymbol{r}_2) + V_{12}(\boldsymbol{r}_{12})$$

で与えられる．ここで $m_3 = \infty$ のときには，図5.3からも明らかなように，$\mathrm{T_A}$ および $\mathrm{T_B}$ 座標系はV座標系に一致することを利用している．さて，(3.48)を対称化(または反対称化)したもののBorn近似の表式は

$$\begin{aligned}
&\langle \phi_{\mathrm{A},f}{}^{(-),\mathrm{S}} | S | \phi_{\mathrm{A},i}{}^{(+),\mathrm{S}} \rangle \\
&\quad \cong \delta_{m,n}\delta_{f,i} - 2\pi i \delta(E_f - E_i) \\
&\qquad \times \Big[\langle u^{(L)}(\boldsymbol{r}_1;\boldsymbol{k}_f)\varphi_m{}^{\mathrm{B}}(\boldsymbol{r}_2) | (V(\boldsymbol{r}_1) + V_{12}(\boldsymbol{r}_{12})) | u^{(L)}(\boldsymbol{r}_1;\boldsymbol{k}_i)\varphi_n{}^{\mathrm{B}}(\boldsymbol{r}_2) \rangle \\
&\qquad \pm \langle u^{(L)}(\boldsymbol{r}_2;\boldsymbol{k}_f)\varphi_m{}^{\mathrm{B}}(\boldsymbol{r}_1) | (V(\boldsymbol{r}_2) + V_{12}(\boldsymbol{r}_{12})) | u^{(L)}(\boldsymbol{r}_1;\boldsymbol{k}_i)\varphi_n{}^{\mathrm{B}}(\boldsymbol{r}_2) \rangle \Big]
\end{aligned} \tag{5.23}$$

で与えられる．これと(5.22)とを比較すると，(5.23)の右辺の大括弧のなかの第2項における

$$\begin{aligned}
&\langle u^{(L)}(\boldsymbol{r}_2;\boldsymbol{k}_f)\varphi_m{}^{\mathrm{B}}(\boldsymbol{r}_1) | V(\boldsymbol{r}_2) | u^{(L)}(\boldsymbol{r}_1;\boldsymbol{k}_i)\varphi_n{}^{\mathrm{B}}(\boldsymbol{r}_2) \rangle \\
&\quad = \langle \varphi_m{}^{\mathrm{B}}(\boldsymbol{r}_1) | u^{(L)}(\boldsymbol{r}_1;\boldsymbol{k}_i) \rangle \langle u^{(L)}(\boldsymbol{r}_2;\boldsymbol{k}_f) | V(\boldsymbol{r}_2) | \varphi_n{}^{\mathrm{B}}(\boldsymbol{r}_2) \rangle \neq 0
\end{aligned} \tag{5.24}$$

だけが余分である．この項は陽子と束縛状態にある電子2との間の相互作用 $V(\boldsymbol{r}_2)$ によって，その電子2が入射電子1といれかわる過程を表わしている．しかし，物理的に考えても，$m_3=\infty$ のとき2電子間の相互作用 V_{12} なしで，電子の交換がおきるはずがない．したがって，(5.23)における(5.24)の項の存在は誤りである．このような誤りが生じた原因は，T座標系における S 行列の表式が，相互作用のとりいれ方に関して不公平であることにある．すなわち，(5.16)のように相互作用 V の効果を厳密にとりいれれば，(5.24)の平面波 $u^{(L)}$ は散乱状態 $\varphi^{(\pm)}$ におきかえられ，(5.24)は

$$\langle\varphi_m{}^{\mathrm{B}}(\boldsymbol{r}_1)|\varphi^{(+)}(\boldsymbol{r}_1;E_i-\mathcal{E}_n)\rangle\langle\varphi^{(-)}(\boldsymbol{r}_2;E_f-\mathcal{E}_m)|V(\boldsymbol{r}_2)|\varphi_n{}^{\mathrm{B}}(\boldsymbol{r}_2)\rangle=0 \tag{5.25}$$

となる．ここで相互作用 V に関する散乱状態と束縛状態との直交性 $\langle\varphi_m{}^{\mathrm{B}}|\varphi^{(+)}\rangle=0$ を利用した．すなわち，(5.24)はそれに相互作用 V の効果を正確にとりいれれば0になるものであり，(5.23)に現われた余分な項(5.24)は，正確でない近似にもとづいて現われた幽霊である．すなわち，T座標系における(3.48)の S 行列の表式で，Born近似などの近似をおこなうことは，はなはだ危険なので注意を要する．

さて，(5.22)において

$$T^{(L),\mathrm{D}}_{m,f;n,i}\equiv\delta_{m,n}\langle u^{(L)}(\boldsymbol{r}_1;\boldsymbol{k}_f)|V(\boldsymbol{r}_1)|u^{(L)}(\boldsymbol{r}_1;\boldsymbol{k}_i)\rangle$$
$$+\langle u^{(L)}(\boldsymbol{r}_1;\boldsymbol{k}_f)\varphi_m{}^{\mathrm{B}}(\boldsymbol{r}_2)|V_{12}|u^{(L)}(\boldsymbol{r}_1;\boldsymbol{k}_i)\varphi_n{}^{\mathrm{B}}(\boldsymbol{r}_2)\rangle, \tag{5.26}$$

$$T^{(L),\mathrm{E}}_{m,f;n,i}\equiv\langle u^{(L)}(\boldsymbol{r}_2;\boldsymbol{k}_f)\varphi_m{}^{\mathrm{B}}(\boldsymbol{r}_1)|V_{12}|u^{(L)}(\boldsymbol{r}_1;\boldsymbol{k}_i)\varphi_n{}^{\mathrm{B}}(\boldsymbol{r}_2)\rangle \tag{5.27}$$

とおくと，転移確率は第4章(2.75)より

$$w_{m,f;n,i}=\frac{2\pi}{\hbar}\delta\left(\frac{\hbar^2}{2m}k_f{}^2+\mathcal{E}_m-\frac{\hbar^2}{2m}k_i{}^2-\mathcal{E}_n\right)\left|T^{(L),\mathrm{D}}_{m,f;n,i}+T^{(L),\mathrm{E}}_{m,f;n,i}\right|^2 \tag{5.28}$$

で与えられる．このときは，一般に $\boldsymbol{k}_f\neq\boldsymbol{k}_i$ であることに注意しよう．すると第4章(2.80)より，微分断面積は

$$\sigma(\theta)=\frac{L^6}{(2\pi)^3}\frac{k_f}{k_i}\frac{2\pi m^2}{\hbar^4}\left|T^{(L),\mathrm{D}}_{m,f;n,i}\pm T^{(L),\mathrm{E}}_{m,f;n,i}\right|^2 \tag{5.29}$$

で表わされる．ここで左辺の θ は電子の散乱角である．(5.26)と(5.27)では，平面波の規格化の係数は(5.20)のようにとってあるが，これを

$$u(\boldsymbol{r}_1;\boldsymbol{k})=\frac{1}{\sqrt{(2\pi)^3}}\exp(i\boldsymbol{k}\cdot\boldsymbol{r}_1) \tag{5.30}$$

などに変えると，(5.29)は

$$\begin{aligned}\sigma(\theta)&=\frac{L^6}{(2\pi)^3}\frac{k_f}{k_i}\frac{2\pi m^2}{\hbar^4}\cdot\left[\frac{(2\pi)^3}{L^3}\right]^2\left|T^{\mathrm{D}}_{m,f;n,i}\pm T^{\mathrm{E}}_{m,f;n,i}\right|^2\\&=\left[\frac{(2\pi)^2m}{\hbar^2}\right]^2\cdot\frac{k_f}{k_i}\left|T^{\mathrm{D}}_{m,f;n,i}\pm T^{\mathrm{E}}_{m,f;n,i}\right|^2\end{aligned} \tag{5.31}$$

となる．ここで $T^{\mathrm{D}}_{m,f;n,i}$ 等は，(5.26)などにふくまれる平面波 $u^{(L)}$ を(5.30)の平面波 u におきかえたものである．

第4章(4.18)と同様に，電子系のスピン状態の対称性(反対称性)を考慮したとき，電子の水素原子による散乱の微分断面積は

$$\sigma(\theta)=\left[\frac{(2\pi)^2m}{\hbar^2}\right]^2\frac{k_f}{k_i}\left\{\frac{1}{4}\left|T^{\mathrm{D}}_{m,f;n,i}+T^{\mathrm{E}}_{m,f;n,i}\right|^2+\frac{3}{4}\left|T^{\mathrm{D}}_{m,f;n,i}-T^{\mathrm{E}}_{m,f;n,i}\right|^2\right\} \tag{5.32}$$

で与えられる．

ここで弾性散乱($m=n$, $k_f=k_i$)のときを考えよう．水素原子が散乱の前後で，その基底状態にあるとき，波動関数は

$$\varphi_0{}^{\mathrm{B}}(\boldsymbol{r})=\frac{1}{\sqrt{\pi}}a_0{}^{-3/2}\exp(-r/a_0) \tag{5.33}$$

で表わされる．ここで $a_0=\hbar^2/me^2$ で，これはBohr半径である．いま $\rho(\boldsymbol{r})=|\varphi_0{}^{\mathrm{B}}(\boldsymbol{r})|^2$, $\boldsymbol{K}=\boldsymbol{k}_i-\boldsymbol{k}_f$ とおくと，(5.26)から

$$f^{\mathrm{D}}(\theta) \equiv -\frac{(2\pi)^2 m}{\hbar^2} T^{\mathrm{D}}_{f;i}$$

$$= -\frac{(2\pi)^2 m}{\hbar^2}\cdot\frac{1}{(2\pi)^3}\left[\int \exp(-i\boldsymbol{k}_f\cdot\boldsymbol{r}_1)\left(-\frac{e^2}{r_1}\right)\exp(i\boldsymbol{k}_i\cdot\boldsymbol{r}_1)\mathrm{d}^3\boldsymbol{r}_1\right.$$

$$\left.+\int \exp(-i\boldsymbol{k}_f\cdot\boldsymbol{r}_1)\left(\frac{e^2}{r_{12}}\right)\exp(i\boldsymbol{k}_f\cdot\boldsymbol{r}_1)\,\rho(\boldsymbol{r}_2)\mathrm{d}^3\boldsymbol{r}_1\mathrm{d}^3\boldsymbol{r}_2\right]$$

$$= -\frac{1}{4\pi}\cdot\frac{2m}{\hbar^2}\int \mathrm{d}^3\boldsymbol{r}_1 \exp(i\boldsymbol{K}\cdot\boldsymbol{r}_1)\left[-\frac{e^2}{r_1}+e^2\int\frac{\rho(\boldsymbol{r}_2)}{|\boldsymbol{r}_1-\boldsymbol{r}_2|}\mathrm{d}^3\boldsymbol{r}_2\right] \tag{5.34}$$

となり，この結果は，第2章(4.11)で$\boldsymbol{Z}=1$とおいたものと完全に一致している．

第2章§4の(1)の場合には，交換散乱を与える$T^{\mathrm{E}}_{f,i}$がなかったが，原子内電子の量子力学的運動を考慮したいまの理論ではこれが現われてくる．この散乱振幅は，弾性散乱の場合，(5.27)より

$$T^{\mathrm{E}}_{f,i} = \frac{1}{(2\pi)^3}\int \exp(-i\boldsymbol{k}_f\cdot\boldsymbol{r}_2)\varphi_0{}^{\mathrm{B}}(\boldsymbol{r}_1)\frac{e^2}{|\boldsymbol{r}_1-\boldsymbol{r}_2|}$$

$$\times\exp(i\boldsymbol{k}_i\cdot\boldsymbol{r}_1)\,\varphi_0{}^{\mathrm{B}}(\boldsymbol{r}_2)\mathrm{d}^3\boldsymbol{r}_1\mathrm{d}^3\boldsymbol{r}_2 \tag{5.35}$$

で与えられる．この積分を実行するのはかなり面倒である．ここでは，その積分法の手続きの概略を述べるに止めておこう．簡単な積分で

$$\frac{1}{|\boldsymbol{r}_1-\boldsymbol{r}_2|} = \frac{1}{2\pi^2}\int \mathrm{d}^3\boldsymbol{\kappa}\frac{\exp\{i\boldsymbol{\kappa}\cdot(\boldsymbol{r}_1-\boldsymbol{r}_2)\}}{\kappa^2} \tag{5.36}$$

であることが確かめられる．これを(5.35)に代入すると

$$T^{\mathrm{E}}_{f,i} = \frac{1}{(2\pi)^3}\cdot\frac{e^2}{2\pi^2}\int \mathrm{d}^3\boldsymbol{\kappa}\frac{1}{\kappa^2}$$

$$\times\int \mathrm{d}^3\boldsymbol{r}_2 \exp\{-i(\boldsymbol{k}_f+\boldsymbol{\kappa})\cdot\boldsymbol{r}_2\}\varphi_0{}^{\mathrm{B}}(\boldsymbol{r}_2)\cdot\int \mathrm{d}^3\boldsymbol{r}_1 \exp\{i(\boldsymbol{k}_i+\boldsymbol{\kappa})\cdot\boldsymbol{r}_1\}\varphi_0{}^{\mathrm{B}}(\boldsymbol{r}_1)$$

である．(5.33)を代入すると

$$\int d^3 \boldsymbol{r} \exp\{-i(\boldsymbol{k}+\boldsymbol{\kappa})\cdot\boldsymbol{r}\}\varphi_0{}^{\mathrm{B}}(\boldsymbol{r}) = 8\sqrt{\pi}\,a_0{}^{3/2}\frac{1}{[1+a_0{}^2|\boldsymbol{k}_f+\boldsymbol{\kappa}|^2]^2}$$

であるから

$$T^{\mathrm{E}}_{f,i} = \frac{4e^2a_0{}^3}{\pi^4}\int d^3\boldsymbol{\kappa}\frac{1}{\kappa^2[1+a_0{}^2|\boldsymbol{k}_f+\boldsymbol{\kappa}|^2]^2[1+a_0{}^2|\boldsymbol{k}_i+\boldsymbol{\kappa}|^2]^2} \tag{5.37}$$

となる．この積分は，場の量子論における Feynman のパラメーター積分の方法によって，正確に実行することができる．しかしその計算はかなり面倒なので，ここでは省略する．Feynman の積分法に興味のある読者は，場の量子論の書物を参照されるとよい．大雑把にいえば，この交換散乱の振幅は直接散乱の 10％の程度の大きさであり，Born 近似そのものの誤差を考えると，(5. 37) を厳密に積分しても，物理的にはあまり意味はなさそうである．

付　　録

A　Legendre の関数と球面調和関数

Legendre の関数 $P_l(x)$ は，変域 $1 \geqq x \geqq -1$ で

$$P_l(x) = \frac{1}{2^l l!}\frac{\mathrm{d}^l}{\mathrm{d}x^l}(x^2-1)^l \qquad l = 0, 1, 2, \cdots. \tag{A. 1}$$

で定義される．l の小さい値に対して(A. 1)を具体的に書くと，

$$P_0(x) = 1; \quad P_1(x) = x; \quad P_2(x) = \frac{1}{2}(3x^2-1);$$

$$P_3(x) = \frac{1}{2}(5x^3-3x); \quad \cdots$$

で，$P_l(1)=1$，$P_l(-1)=(-1)^l$ である．

この関数は微分方程式

$$\frac{\mathrm{d}}{\mathrm{d}x}\left[(1-x^2)\frac{\mathrm{d}P_l(x)}{\mathrm{d}x}\right]+l(l+1)P_l(x) = 0 \tag{A. 2}$$

をみたしていることは，(A. 1)を(A. 2)に代入してみればわかる．(A. 2)に $P_{l'}(x)$ をかけて積分し，部分積分をおこなうことにより，次の結果をうる．

$$\int_{-1}^{1} P_{l'}(x)\left[\frac{\mathrm{d}}{\mathrm{d}x}\left((1-x^2)\frac{\mathrm{d}P_l(x)}{\mathrm{d}x}\right)+l(l+1)P_l(x)\right]\mathrm{d}x$$

$$=\int_{-1}^{1}\left[(x^2-1)\frac{\mathrm{d}P_{l'}}{\mathrm{d}x}\frac{\mathrm{d}P_l}{\mathrm{d}x}+l(l+1)P_{l'}P_l\right]\mathrm{d}x = 0.$$

ここで，l と l' とをいれかえて引き算をすると

$$[l(l+1)-l'(l'+1)]\int_{-1}^{1} P_{l'}(x)P_l(x) = 0$$

である．したがって，$l' \neq l$ のとき

$$\int_{-1}^{1} P_{l'}(x)P_l(x)\mathrm{d}x = 0 \tag{A. 3}$$

である．すなわち，Legendre の関数は直交関数である．(A. 1) を用いて，部分積分をくりかえすことにより

$$\int_{-1}^{1} P_l^2(x)\mathrm{d}x = \frac{2}{2l+1} \tag{A. 4}$$

を証明することができる．(A. 3) と (A. 4) とをまとめて表現すると

$$\int_{-1}^{1} P_{l'}(x)P_l(x)\mathrm{d}x = \frac{2}{2l+1}\delta_{l',l} \tag{A. 5}$$

である．

Legendre の陪関数 (associated Legendre function) $P_l^m(x)$ は

$$P_l^m(x) = (1-x^2)^{\frac{m}{2}}\frac{\mathrm{d}^m P_l(x)}{\mathrm{d}x^m},$$

$$m = 0, 1, 2, \cdots, l \tag{A. 6}$$

で定義される関数で，l と m の小さい値に対して

$$P_1^1(x) = (1-x^2)^{\frac{1}{2}};$$

$$P_2^1(x) = 3(1-x^2)^{\frac{1}{2}}x; \quad P_2^2(x) = 3(1-x^2);$$

$$P_3^1(x) = \frac{3}{2}(1-x^2)^{\frac{1}{2}}(5x^2-1); \quad P_3^2(x) = 15(1-x^2)x;$$

$$P_3^3(x) = 15(1-x^2)^{\frac{3}{2}}; \quad \cdots$$

である．この関数は微分方程式

$$\frac{\mathrm{d}}{\mathrm{d}x}\left[(1-x^2)\frac{\mathrm{d}P_l^m(x)}{\mathrm{d}x}\right]+\left[l(l+1)-\frac{m^2}{1-x^2}\right]P_l^m(x) = 0 \tag{A. 7}$$

の解になっている．(A. 6) と (A. 7) から

$$\int_{-1}^{1} P_{l'}^m(x)P_l^m(x)\mathrm{d}x = \frac{2}{2l+1}\frac{(l+m)!}{(l-m)!}\delta_{l',l} \tag{A. 8}$$

が証明できる．

さて，Legendre の陪関数を用いて，**球面調和関数** (spherical

harmonics)が

$$Y_{l,m}(\theta,\varphi) = (-1)^m\left[\frac{(2l+1)}{4\pi}\frac{(l-m)!}{(l+m)!}\right]^{\frac{1}{2}} P_l{}^m(\cos\theta)\exp(im\varphi) \tag{A. 9}$$

で定義される．演算子

$$\begin{aligned} \boldsymbol{L}^2 &\equiv -\hbar^2\left[\frac{1}{\sin\theta}\frac{\partial}{\partial\theta}\left(\sin\theta\frac{\partial}{\partial\theta}\right)+\frac{1}{\sin^2\theta}\frac{\partial^2}{\partial\varphi^2}\right], \\ L_z &= \frac{\hbar}{i}\frac{\partial}{\partial\varphi} \end{aligned} \tag{A. 10}$$

を考えると，これは角運動量の大きさと，その z 成分を表わしている．(A. 9)に(A. 10)を作用させることにより

$$\begin{aligned} \boldsymbol{L}^2 Y_{l,m}(\theta,\varphi) &= \hbar^2 l(l+1)Y_{l,m}(\theta,\varphi), \\ & \qquad l = 0, 1, 2, \cdots \\ L_z Y_{l,m}(\theta,\varphi) &= \hbar m Y_{l,m}(\theta,\varphi), \\ & \qquad m = -l, -l+1, \cdots, l-1, l \end{aligned} \tag{A. 11}$$

となることが容易にたしかめられる．(A. 9)より

$$Y_{l,-m}(\theta,\varphi) = (-1)^m Y_{l,m}{}^*(\theta,\varphi) \tag{A. 12}$$

である．l, m の小さい値に対して，$Y_{l,m}(\theta,\varphi)$ は

$$Y_{0,0} = \frac{1}{\sqrt{4\pi}};$$

$$Y_{1,0} = \sqrt{\frac{3}{4\pi}}\cos\theta; \quad Y_{1,1} = -\sqrt{\frac{3}{8\pi}}\sin\theta\exp(i\varphi);$$

$$Y_{2,0} = \sqrt{\frac{5}{16\pi}}(3\cos^2\theta-1); \quad Y_{2,1} = -\sqrt{\frac{15}{8\pi}}\sin\theta\cos\theta\exp(i\varphi);$$

$$Y_{2,2} = \sqrt{\frac{15}{32\pi}}\sin^2\theta\exp(2i\varphi)$$

となっている．またこれは次の直交・規格化性をもつ．

$$\int_0^{2\pi}\mathrm{d}\varphi\int_0^{\pi}\sin\theta\mathrm{d}\theta Y_{l',m'}{}^*(\theta,\varphi)Y_{l,m}(\theta,\varphi) = \delta_{l',l}\delta_{m',m}. \tag{A. 13}$$

B 球面 Bessel 関数

Helmholtz の方程式

$$[\triangle+k^2]\psi(\boldsymbol{x}) = 0 \tag{B.1}$$

を球座標系で表わすと

$$\left[\frac{1}{r}\frac{\partial^2}{\partial r^2}r+\frac{1}{r^2\sin\theta}\frac{\partial}{\partial\theta}\left(\sin\theta\frac{\partial}{\partial\theta}\right)\right.$$
$$\left.+\frac{1}{r^2\sin^2\theta}\frac{\partial^2}{\partial\varphi^2}+k^2\right]\psi(r,\theta,\varphi) = 0 \tag{B.2}$$

となる．いま，角度 φ によらない場合を考えて，(B. 2) の解 $\psi(r,\theta)$ を直交関数系 $P_l(\cos\theta)$ で展開する．すなわち

$$\psi(r,\theta) = \sum_{l=0}^{\infty} R_l(r)P_l(\cos\theta). \tag{B.3}$$

これを (B. 2) に代入すると，$R_l(r)$ は次の微分方程式をみたす．

$$\left[\frac{\mathrm{d}^2}{\mathrm{d}r^2}+\frac{2}{r}\frac{\mathrm{d}}{\mathrm{d}r}+k^2-\frac{l(l+1)}{r^2}\right]R_l(r) = 0.$$

ここで，$x=kr$ とおくと，この微分方程式は

$$\left[\frac{\mathrm{d}^2}{\mathrm{d}x^2}+\frac{2}{x}\frac{\mathrm{d}}{\mathrm{d}x}+1-\frac{l(l+1)}{x^2}\right]R_l(x) = 0 \tag{B.4}$$

となる．さらに

$$R_l(x) = \frac{1}{\sqrt{x}}f_l(x) \tag{B.5}$$

と書くと，$f_l(x)$ は Bessel の微分方程式

$$\left[\frac{\mathrm{d}^2}{\mathrm{d}x^2}+\frac{1}{x}\frac{\mathrm{d}}{\mathrm{d}x}+\left(1-\frac{(l+1/2)^2}{x^2}\right)\right]f_l(x) = 0 \tag{B.6}$$

をみたすことがわかる．この微分方程式の独立な 2 個の解は，**Bessel 関数** $J_{l+\frac{1}{2}}(x)$，および **Neumann の関数** $N_{l+\frac{1}{2}}(x)$ で与えられる．Neumann の関数は，Bessel 関数 $J_n(x)$ を用いて

$$N_n(x) = \frac{J_n(x)\cos n\pi-J_{-n}(x)}{\sin n\pi} \tag{B.7}$$

で定義される．なお，Bessel 関数は

$$J_n(x) = \sum_{m=0}^{\infty} \frac{(-1)^m}{m!(n+m)!}\left(\frac{x}{2}\right)^{n+2m} \tag{B. 8}$$

で与えられている．

(B. 5)の変換を考慮して，

$$j_l(x) = \sqrt{\frac{\pi}{2x}}J_{l+\frac{1}{2}}(x), \qquad n_l(x) = \sqrt{\frac{\pi}{2x}}N_{l+\frac{1}{2}}(x) \tag{B. 9}$$

でそれぞれ**球面 Bessel 関数**(spherical Bessel function)および**球面 Neumann 関数**を定義する．これらは(B. 4)の独立な 2 個の解であるから，角度 φ によらない場合の(B. 2)の一般解は

$$\psi(r, \theta) = \sum_{l=0}^{\infty}[A_l j_l(kr) + B_l n_l(kr)]P_l(\cos\theta) \tag{B. 10}$$

で与えられる．ここで未定の定数 A_l および B_l は，微分方程式(B. 2)に与えられるべき境界条件によって決まる．さらに，

$$h_l^{(1)}(x) = j_l(x) + in_l(x), \qquad h_l^{(2)}(x) = j_l(x) - in_l(x) \tag{B. 11}$$

によって，それぞれ**第 1 種球面 Hankel 関数**および**第 2 種球面 Hankel 関数**が定義される．(B. 9)を(B. 8)と比較することにより，l の小さい値に対して

$$j_0(x) = \frac{\sin x}{x}, \qquad j_1(x) = \frac{\sin x}{x^2} - \frac{\cos x}{x},$$

$$j_2(x) = \left(\frac{3}{x^3} - \frac{1}{x}\right)\sin x - \frac{3\cos x}{x^2},$$

$$n_0(x) = -\frac{\cos x}{x}, \qquad n_1(x) = -\frac{\cos x}{x^2} - \frac{\sin x}{x},$$

$$n_2(x) = -\left(\frac{3}{x^3} - \frac{1}{x}\right)\cos x - \frac{3\sin x}{x^2}$$

であり，これらは初等関数で表わされることがわかる．一般には

$$j_l(x) = (-x)^l\left(\frac{1}{x}\frac{\mathrm{d}}{\mathrm{d}x}\right)^l\left(\frac{\sin x}{x}\right),$$
$$n_l(x) = -(-x)^l\left(\frac{1}{x}\frac{\mathrm{d}}{\mathrm{d}x}\right)^l\left(\frac{\cos x}{x}\right) \tag{B. 12}$$

である．Bessel 関数の漸近形から，原点の近くで

$$j_l(x) \xrightarrow[x\to 0]{} \frac{x^l}{(2l+1)!!}\left(1-\frac{x^2}{2(2l+3)}+\cdots\right),$$
$$n_l(x) \xrightarrow[x\to 0]{} -\frac{(2l-1)!!}{x^{l+1}} \tag{B. 13}$$

であることがわかる．すなわち，$n_l(x)$ は原点で発散している．ただし，(B. 13) で

$$(2l+1)!! = (2l+1)(2l-1)(2l-3)\cdots 5\cdot 3\cdot 1$$
$$(2l-1)!! = (2l-1)(2l-3)(2l-5)\cdots 5\cdot 3\cdot 1\cdot 1$$

である．一方，x の大きいところでは

$$j_l(x) \xrightarrow[x\to\infty]{} \frac{1}{x}\sin\left(x-\frac{l\pi}{2}\right),\quad n_l(x) \xrightarrow[x\to\infty]{} -\frac{1}{x}\cos\left(x-\frac{l\pi}{2}\right),$$
$$h^{(1)}(x) \xrightarrow[x\to\infty]{} (-i)^{l+1}\frac{\exp(ix)}{x},\quad h^{(2)}(x) \xrightarrow[x\to\infty]{} (i)^{l+1}\frac{\exp(-ix)}{x} \tag{B. 14}$$

と表わすことができる．

ここで，**Rayleigh の公式**

$$\exp(ikz) = \exp(ikr\cos\theta) = \sum_{l=0}^{\infty}(2l+1)i^l j_l(kr)P_l(\cos\theta) \tag{B. 15}$$

を証明しておこう．左辺は z 方向に進行する平面波であるから，明らかに (B. 1) の Helmholtz の方程式の解になっている．しかもこれは原点 $r=0$ で有限である．したがって，この場合には (B. 10) の一般解で $B_l=0$ とおかなければならない．すなわち

$$\exp(ikr\cos\theta) = \sum_{l=0}^{\infty} A_l j_l(kr)P_l(\cos\theta) \tag{B. 16}$$

である．この両辺を比較して A_l を決めればよいわけである．

(B. 16)は r のいかんにかかわらず成立しなければならないから，ここでは r が小さいときを考える．左辺を $(kr\cos\theta)$ のベキに展開し，右辺に(B. 13)を利用すると

$$\sum_{l=0}^{\infty}\frac{(ikr\cos\theta)^l}{l!}\sim\sum_{l=0}^{\infty}A_l\frac{(kr)^l}{(2l+1)!!}P_l(\cos\theta)$$

となる．(A. 1)より $P_l(\cos\theta)$ の最高ベキ $(\cos\theta)^l$ を含む項の係数は $(2l)!/2^l(l!)^2$ であるから

$$\frac{(ikr\cos\theta)^l}{l!}=A_l\frac{(2l)!}{2^l(l!)^2}\frac{(kr\cos\theta)^l}{(2l+1)!!}$$

でなければならない．これから

$$A_l=i^l(2l+1)$$

となり，これを(B. 16)に代入することによって，(B. 15)をうる．

最後に，第3章(3. 3)の Green 関数の部分波展開式

$$\frac{\exp(ikR)}{R}=ik\sum_{l=0}^{\infty}(2l+1)j_l(kr_<)h_l^{(1)}(kr_>)P_l(\cos\chi) \qquad \text{(B. 17)}$$

$$\equiv\begin{cases} ik\sum_{l=0}^{\infty}(2l+1)j_l(kr')h_l^{(1)}(kr)P_l(\cos\chi) & r>r' \\ & \text{(B. 18)} \\ ik\sum_{l=0}^{\infty}(2l+1)j_l(kr)h_l^{(1)}(kr')P_l(\cos\chi) & r'>r \end{cases}$$

$$\text{(B. 19)}$$

を証明しよう．ここで $R=|\boldsymbol{r}-\boldsymbol{r}'|$ で，また角 χ はベクトル $\boldsymbol{r}$ と $\boldsymbol{r}'$ の間の角度である．$R\neq 0$ のとき，(B. 17)の左辺は(B. 1)の Helmholtz の方程式をみたしている．そこでいま $r>r'$ のときを考えよう．このとき，左辺は $r\to\infty$ で外向きの球面波 $\exp(ikr)/r$ を表わしている．したがって，(B. 17)の左辺は，(B. 11)の第1種 Hankel 関数 $h^{(1)}(kr)$ で展開できるはずである．

$$\frac{\exp(ikR)}{R}=\sum_{l=0}^{\infty}A_l(kr')h_l^{(1)}(kr)P_l(\cos\chi). \qquad \text{(B. 20)}$$

一方，r を固定して，r' を変数とみたときにも，(B. 17) の左辺はやはり Helmholtz の方程式の解になっている．そして $r\neq 0$ であるから，r' に関しては原点で特異性はない．したがって，

$$\frac{\exp(ikR)}{R} = \sum_{l=0}^{\infty} B_l(kr)j_l(kr')P_l(\cos\chi) \tag{B. 21}$$

と展開される．(B. 20) と (B. 21) とが同時に成立するためには

$$\frac{\exp(ikR)}{R} = \sum_{l=0}^{\infty} C_l j_l(kr')h_l^{(1)}(kr)P_l(\cos\chi) \tag{B. 22}$$

の形をもたなければならない．ここで未定定数 C_l を決定するために，$r\to\infty$ のところで (B. 22) の両辺を比較する．(B. 22) の左辺で，$R\to r-r'\cos\chi$ であり，左辺では (B. 14) の漸近形が利用できるので

$$\frac{1}{r}\exp\{ik(r-r'\cos\chi)\} = \sum_{l=0}^{\infty} C_l j_l(kr')(-)i^{l+1}\frac{\exp(ikr)}{kr}P_l(\cos\chi)$$

となる．すなわち

$$\exp(-ikr'\cos\chi) = \sum_{l=0}^{\infty} C_l\frac{(-i)^{l+1}}{k}j_l(kr')P_l(\cos\chi) \tag{B. 23}$$

である．さて，Rayleigh の公式 (B. 15) で $\theta=\pi-\chi$ とおいて，$P_l(-\cos\chi)=(-1)^l P_l(\cos\chi)$ の関係を利用すると

$$\exp(-ikr'\cos\chi) = \sum_{l=0}^{\infty} (2l+1)(-i)^l j_l(kr')P_l(\cos\chi) \tag{B. 24}$$

となる．(B. 23) と (B. 24) とを比較すると

$$C_l = ik(2l+1)$$

をうる．これを (B. 22) に代入したものが，(B. 18) である．これまでは $r>r'$ としてきたが，$r'>r$ のときにも，まったく同様の手続きで，(B. 19) が証明できる．この二つの場合をまとめて表現したものが (B. 17) である．

参考文献

手もとにある散乱理論に関する書物をあげておくと，

1) T. Y. Wu and T. Ohmura, *Quantum Theory of Scattering* (Prentice-Hall, 1962)

2) M. L. Goldberger and K. M. Watson, *Collision Theory* (John Wiley & Sons, 1964)

3) N. F. Mott and H. S. W. Massey, *The Theory of Atomic Collisions*, 3rd ed. (Oxford, 1965)

4) R.G.Newton, *Scattering Theory of Waves and Particles* (McGraw-Hill, 1966)

5) C. J. Joachain, *Quantum Collision Theory* (North-Holland, 1975)

がある．日本語の書物では

6) 朝永振一郎，谷純男，宮島龍興，会津晃，宮沢弘成；量子力学における数学的方法（岩波講座，現代応用数学）

があるのみである．なお，散乱理論の簡単な解説は，多くの量子力学の教科書に与えられている．

散乱理論とその応用に関する論文は，おそらく数千，数万とあり，とてもここに挙げきれるものではない．そこで，ここでは代表的な古典的論文として

7) C. Møller, Danske Videnskab. Selskab. Mat-fys. Medd. **23** (1945).

8) B. A. Lippmann and J. Schwinger, Phys. Rev. **79** (1950), 469.

9) M. Gell-Mann and M. L. Goldberger, Phys. Rev. **91** (1953), 368.

の三つだけあげておこう．なお，

10) J. M. Blatt and V. F. Weisskopf, *Theoretical Nuclear Physics* (John Wiley & Sons, 1952)

は，散乱理論の原子核への適用にくわしい．

第4章で使った極限操作は

11) S. Sunakawa, Prog. Theor. Phys. **14** (1955), 175.

による．第5章の3体系をV座標系で記述する方法は

12) S. Sunakawa, Prog. Theor. Phys. **24** (1960), 963.

13) M. Hirooka and S. Sunakawa, Prog. Theor. Phys. **52** (1974), 131.

14) K. Matsuda, M. Hirooka and S. Sunakawa, Prog. Theor. Phys. **5** (1975), 79.

で開発された．Faddeev の方法に関する文献としては

15) L. D. Faddeev, Soviet Phys. JETP **12** (1961), 1014.

16) S. Weinberg, Phys. Rev. B **133** (1964), 232.

をあげておく．なお，3体系の散乱問題の日本語による解説が

17) 笹川辰弥，日本物理学会誌，**23** (1968), 736; **26** (1971), 658.

にある．

索　引

ア 行

カ 行

サ 行

■岩波オンデマンドブックス■

散乱の量子論

1977年 6月24日 第1刷発行
1997年 4月24日 第7刷発行
2015年11月10日 オンデマンド版発行

著 者 砂川重信(すなかわしげのぶ)

発行者 岡本 厚

発行所 株式会社 岩波書店
〒101-8002 東京都千代田区一ツ橋 2-5-5
電話案内 03-5210-4000
http://www.iwanami.co.jp/

印刷/製本・法令印刷

ISBN 978-4-00-730309-8 Printed in Japan